Fachberichte Messen · Steuern · Regeln

Herausgegeben von M. Syrbe und M. Thoma

19

R. Kofahl

Robuste Parameteradaptive Regelungen

Springer-Verlag
Berlin Heidelberg NewYork
London Paris Tokyo 1988

Autor:
Dr.-Ing. Rüdiger Kofahl
Institut für Regelungstechnik
Fachgebiet Regelsystemtechnik und Prozeßlenkung
TH Darmstadt
Schloßgraben 1
6100 Darmstadt

D 17: Parameteradaptive Regelungen mit robusten Eigenschaften (TH Darmstadt)

ISBN 3-540-19463-0 Springer-Verlag Berlin Heidelberg NewYork
ISBN 0-387-19463-0 Springer-Verlag NewYork Heidelberg Berlin

CIP-Titelaufnahme der Deutschen Bibliothek
Kofahl, Rüdiger:
Robuste parameteradaptive Regelungen / R. Kofahl.
Berlin ; Heidelberg ; NewYork ; London ; Paris ; Tokyo : Springer, 1988
(Fachberichte Messen, Steuern, Regeln ; 19)
ISBN 3-540-19463-0 (Berlin ...)
ISBN 0-387-19463-0 (NewYork ...)
NE: GT

Offsetdruck: Color-Druck Dorfi GmbH, Berlin; Bindearbeiten: B. Helm, Berlin
2160/3020-543210 – Gedruckt auf säurefreiem Papier

Für Marianne

Vorwort

Die vorliegende Arbeit entstand während meiner Tätigkeit als wissenschaftlicher Mitarbeiter bei Herrn Prof. Dr.-Ing. R. Isermann am Institut für Regelungstechnik, Fachgebiet Regelsystemtechnik und Prozeßlenkung, der Technischen Hochschule Darmstadt.

Herrn Prof. Dr.-Ing. R. Isermann danke ich besonders für die Anregung zum Studium dieser Thematik und die stetige Unterstützung bei der Durchführung der Arbeit.

Herrn Prof. Dr.rer.nat. Dipl.-Ing. H. Tolle danke ich für das der Arbeit entgegengebrachte große Interesse und die Übernahme des Korreferates.

Danken möchte ich auch meinen Kollegen am Institut, die durch kritische Diskussionen zum Gelingen dieser Arbeit beigetragen haben. Ebenso bedanke ich mich bei den ehemaligen Studenten, die Verifikation und Vertiefung zahlreicher Ergebnisse im Rahmen ihrer Studien- oder Diplomarbeiten durchgeführt haben.

Mein Dank gilt auch Frau von Alten für die sorgfältige und engagierte Gestaltung des Textes auf einem Textverarbeitungssystem sowie Frau Mikisch für die Erstellung der Reinzeichnungen.

Darmstadt, im Juli 1988 Rüdiger Kofahl

Inhaltsverzeichnis

Verzeichnis der wichtigsten Formelzeichen

Lateinische Symbole

A	Systemmatrix, allg. Matrix
$A(z^{-1})$	Nennerpolynom Prozeß-Übertragungsfunktion
a_i	Koeffizienten in $A(z^{-1})$
a, a(k)	Kenngröße Robustheit
$B(z^{-1}$	Zählerpolynom Prozeß-Übertragungsfunktion
b_i	Koeffizienten in $B(z^{-1})$
$\underline{b}$	Eingangsvektor
c	Gleichwert
$\underline{c}$	Ausgangsvektor
D	Digonalmatrix
d	diskrete Totzeit
e(k)	a-priori Fehler, Gleichungsfehler
$\underline{e}$	Gleichungsfehlervektor
$\underline{e}_\Theta(k)$	Parameterfehlervektor
e_B	Beobachterfehler
G(s)	s-Übertragungsfunktion (allg.)
$G_p(s)$	s-Übertragungsfunktion eines Prozesses
$G_R(s)$	s-Übertragungsfunktion eines Reglers
G(z)	z-Übertragungsfunktion (allg.)
$G_p(z)$	z-Übertragungsfunktion eines Prozesses
$G_R(z)$	z-Übertragungsfunktion eines Reglers
$G_w(z)$	z-Führungsübertragungsfunktion
g(k)	Werte der Gewichtsfolge
h(k)	Werte der Übergangsfolge
$\underline{h}$	Beobachter-Rückführverstärkung
I	Einheitsmatrix
Im{}	Imaginärteil
J	Quadratischer Güteindex
K_p	Prozeßverstärkung
K_R	Reglerverstärkung (PI, PID)
K	Reglerverstärkung (P)
k	$=kT_0$; diskrete Zeiteinheit

$\underline{k}$	Zustandsregler-Rückführverstärkung
m	Ordnung der Prozeßübertragungsfunktion, Anzahl von Zuständen
N	Anzahl Meßwerte
$N(k), N_0$	Gedächtnislänge
$\mathcal{N}$	Nichtlinearität
n	Anzahl Parameter
n(t)	Störsignal Regelgröße
P, P(k)	Riccati- oder Kovarianzmatrix
$P(z^{-1})$	Nennerpolynom Reglerübertragungsfunktion
p_i	Koeffizienten in $P(z^{-1})$
Q	Bewertungsmatrix quadrat. Gütekriterium
$Q(z^{-1})$	Zählerpolynom Reglerübertragungsfunktion
q_i	Koeffizienten in $Q(z^{-1})$
R	obere Dreiecksmatrix SRIF
r	Bewertungsfaktor im quadrat. Gütekriterium
Re{}	Realteil
S	Wurzel von P
T	orthogonale Transformationsmatrix
T_D	Differenzierzeit
T_G	Ausgleichszeit
T_I	Integrierzeit
T_0	Abtastzeit
T_t	Totzeit
T_u	Verzugszeit
T_1	Verzögerungszeitkonstante
T_{95}	Einschwingzeit auf 95 % des Endwertes
T_Σ	Summenzeitkonstante
t	kontinuierliche Zeit
U	obere Dreiecksmatrix mit Einheitsdiagonale
U_0	Beharrungswert Stellgröße
u(k), u(z)	Stellgröße
ü	Überschwingweite
V	quadrat. Verlustfunktion
w(k), w(z)	Soll- oder Führungsgröße
$\underline{x}(k)$	Zustandsvektor

$\underline{\tilde{x}}(k)$	Zustandsfehlervektor
y(k),y(z)	Regelgröße, Ausgangssignal
$z_n(k)$	variabler Eigenwert des LS-Parameterschätzers
z	Varianz von $\underline{\varsigma}(k)$

Griechische Symbole

α	Gewichtungsparameter quadrat. Gütekriterim
β	Hilfsgröße, unterschiedlich verwendet
$\underline{\chi}(k)$	Rückführvektor Parameterschätzung
ϵ	Toleranzband Deadbeat-Regler
$\underline{\eta}(k)$	Parameterstörung
$\underline{\Theta},\underline{\Theta}(k)$	Parametervektor
ϑ	Temperatur
κ	Konditionszahl
$\lambda,\lambda(k)$	Vergessensfaktor Parameterschätzung
$\mu,\mu(k)$	Faktor der multiplikativen Variation; als Index: mit μ multiplikativ variierte Größe
$\nu(k)$	Signalstörung von y(k)
$\underline{\xi}(t)$	Prozeßstörung
σ^2	Varianz
Σ_0	Bezugsgröße Varianz
τ	Zeitkonstante
$\nu(k)$	Signalstörung von y(k)
Φ	Systemmatrix stochastisches System
φ	Phasenwinkel
Ψ	Meßmatrix
$\underline{\Psi}(k)$	Meßvektor
Ω	Varianz Störung n(k)
ω	Kreisfrequenz

Zusatzzeichen

$\underline{\ }$	Vektor
$\hat{\ }$	Schätzwert
$\dot{\ }$	zeitliche Ableitung
^{T}	transponierte Matrix (Vektor)
Δ	Abweichung, Änderung
$\bar{\ }$	Mittelwert
A	Austritt WAT
D	Dampf
E	Eintritt WAT
F	Fluid (Wasser)
L	Luft
ϑ	Temperatur

Abkürzungen

B	Beobachter
DB	Deadbeat(-Regler)
det(A)	Determinante der Matrix A
KF	Kalman-Filter
LS	least-squares (Methode der kleinsten Quadrate)
$\dot{M}$	Massenstrom
MV	Minimal-Varianz-Regler
opt	Optimalität
RLS	rekursive Methode der kleinsten Quadrate
SRIF	square-root information filter, Kapitel 2.2.2
stab	Stabilität
UD	U-D-Faktorisierung, Kapitel 2.3.2
WAT	Wärmeaustauscher
ZR	Zustandsregler

Einleitung

Adaptive Regelungen erhöhen die Güte konventioneller Regelungen. Sie ermöglichen eine günstige Parametereinstellung durch die selbsttätige Anpassung des Reglers an eine weitgehend unbekannte Regelstrecke und deren Veränderungen. Parameteradaptive Regelungen besitzen kein vorgeschriebenes Referenzverhalten für den geschlossenen Kreis. Daher lassen sich Prozeßidentifikationsverfahren und Reglertypen in gewissen Grenzen unabhängig wählen und auf die Regelstrecke abstimmen. Bisherige Forschungsarbeiten widmeten sich überwiegend diesen Einzelelementen und ihrer geeigneter Kombination, wobei typische digitale Regelalgorithmen wie Deadbeat- und Minimalvarianz-Regler neben Zustandsreglern im Vordergrund standen. Spätere Arbeiten erweiterten das parameteradaptive Prinzip auf spezielle Klassen nichtlinearer Prozesse und auf Mehrgrößenregelungen. Asymptotische Konvergenz der Parameterschätzung bei fortdauernder Anregung wurde gezeigt; die Stabilität eines parameteradaptiven Kreises kann daraus gefolgert werden.

Parallel zu dieser Algorithmenentwicklung und -verifikation wurden an Laborprozessen und auch einigen industriellen Anlagen praktische Erfahrungen mit parameteradaptiven Regelungen gesammelt. Hierbei stellte sich heraus, daß ein zuverlässiges, stabiles Langzeitverhalten tatsächlich die Beachtung einiger formaler Voraussetzungen verlangt. Außerdem wurde klar, daß eine Akzeptanz adaptiver Systeme in Anwenderkreisen offenbar nur über die Verfügbarkeit einfacher, bekannter Regler vom PID-Typ mit leicht nachvollziehbaren Einstellalgorithmen erreicht werden kann. Sollen Regler im Betrieb adaptiert werden, so genügt die Gewährleistung der asymptotitschen Stabilität nicht, sondern die Regelgüte sollte der eines für den jeweiligen Arbeitspunkt gut eingestellten Reglers vergleichbar sein. Die zur Sicherstellung dieser Forderungen zu erwartende zusätzliche

Rechenleistung ist andererseits heute durch die enormen Leistungssteigerungen von Rechnerbausteinen bei fallenden Preisen wirtschaftlich verfügbar.

Die vorliegende Arbeit befaßt sich mit der Robustheit parameteradaptiver Systeme in formaler und in praktischer Hinsicht mit dem Ziel, auch bei nichtidealen Verhältnissen einen sicheren Adaptionsprozeß und eine vernünftige Regelgüte zu gewährleisten. Die Robustheit eines parameteradaptiven Systems wird als Unempfindlichkeit seiner Regeleigenschaften gegenüber nichtidealen Vorgaben, einwirkenden Störungen und Streckenänderungen aufgefaßt. Gerade die Regelung zeitvarianter Prozesse stellt ein wichtiges Anwendungsgebiet für adaptive Regelungen dar. Sie erfordert besondere algorithmische Maßnahmen und ist mit den klassischen Stabilitätskriterien nur schwer zu fassen.

Die Arbeit gliedert sich in drei Teile. Sie umfassen die Darstellung der Grundelemente parameteradaptiver Regelungen, eine formale Robustheitsanalyse quadratisch optimaler Zustandsrückführungen und rekursiver Parameterschätzer sowie die Synthese robuster parameteradaptiver Regelungen für anwendungsnahe Bedingungen.

Im ersten Teil werden Algorithmen angegeben, die eine numerisch zuverlässige Parameterschätzung auch bei kleinen Abtastzeiten und gering gestörten Signalen gewährleisten. Zwei grundsätzlich unterschiedliche Lösungsmethoden des Schätzproblems durch Transformation und Lösung eines überbestimmten Gleichungssystems oder rekursive Optimalfilterung führen auf unterschiedliche Schätzalgorithmen, die entsprechend zusätzlicher Anforderungen wie Rechenzeit, Strukturbestimmung und Identifikationssteuerung ausgewählt werden können. Für die wichtigsten im adaptiven Kreis eingesetzten Regelalgorithmen vom Deadbeat-, Minimal- Varianz- und PID-Typ werden die Robustheitseigenschaften bei Streckenverstärkungsänderungen untersucht. Außerdem wird ein Entwurfsverfahren für digitale PID-Regler entwickelt, das auf klassischen Einstellregeln basiert, jedoch so gestaltet ist, daß es sich in die Arbeitsweise parameteradaptiver Regelungen gut einfügt.

Der Analyse der Robustheit von quadratisch optimalen (Riccati-) Zustandsrückführungen ist der zweite Hauptabschnitt gewidmet. Hier werden zunächst bekannte Ergebnisse zur Robustheit der Stabilität von Zustandsreglern bei Strecken- oder Rückführungsvariationen zusammengestellt und anschließend um Untersuchungen zum Erhalt der Optimalitätseigenschaft erweitert. Die Ergebnisse sind unabhängig von adaptiven Regelungen auch für den Entwurf und die Analyse fester Zustandsrückführungen verwendbar. Die Dualität von Regelung und Beobachtung erlaubt die Übertragung der Robustheitsergebnisse auf quadratisch optimale vollständige Beobachter.

Einen wichtigen Aspekt der Arbeit stellt die *quantitative* Analyse der Robustheit der rekursiven Parameterschätzung dar. Formuliert man die parametrische Darstellung des Prozeßmodelles als Parameterzustandsmodell, so können der Parameterschätzer nach der Methode der kleinsten Quadrate als zeitvarianter Parameterbeobachter aufgefaßt und die Robustheitsergebnisse für Zustandsbeobachter z. T. auf die Parameterschätzung übertragen werden. Sie erlauben formal tiefergehende Einsichten in das datenabhängige Verhalten dieses wichtigen Elements des adaptiven Kreises.

Der dritte und umfangreichste Teil behandelt Fragen der Synthese parameteradaptiver Regelungen. Zunächst werden Stabilität und Konvergenz mit Hilfe der Ljapanov-Methode untersucht sowie formale Überlegungen zur Robustheit des adaptiven Gesamtsystems, der notwendigen Anregung und zulässiger Modellfehler unter Ausnutzung der Robustheitsanalyse des Parameterschätzers angestellt. Hier wurde auch eine kurze Zusammenstellung bekannter Robustheitsprobleme bei Modellreferenz-adaptiven Systemen aufgenommen. Die Eigenschaften "robust" und "adaptiv" werden vergleichend diskutiert, um der Kärung des Begriffes robuste adaptive Systeme näherzukommen.

Neben der auch formal problemlosen Einmaleinstellung von Reglern an parameterunbekannten Strecken stellt die Adaption an zeitvarianten Strecken im Regelbetrieb das entscheidende Problem dar. Wichtige bekannte Verfahren werden auf ihre Anwendbarkeit hin untersucht und modifiziert. Die Anwendung der geschlossenen Robustheitsaussagen für den Parameterschätzer führt auf ein Verfahren, das die beschleunigte Adaption nach Streckenänderungen mit einstellbarer Robustheit ermöglicht. Ebenso kann die Steuerung der Adaption über ein aus der Schätzung selbst berechnetes Kriterium erfolgen. Dies führt zur Synthese einer weitgehend prozeßunabhängigen Überwachung. Wichtige praktische Aspekte zur Wahl und effiziente Verfahren zur Bestimmung der Strukturparameter Ordnung und Totzeit sowie der geeigneten Abtastzeit werden dargestellt. Selbst grenzstabile und instabile Prozesse lassen sich unter bestimmten Bedingungen parameteradaptiv regeln. Für Prozesse mit nicht stetig differenzierbaren Nichtlinearitäten wie Reibung und Lose wird ein Verfahren abgeleitet, das eine adaptive Kompensation dieser nichtlinearen Komponenten ermöglicht.

Eine Pilotstudie verifiziert einige der entwickelten Verfahren und zeigt die praktische Funktionsfähigkeit moderner parameteradaptiver Regelungen.

Ziel der Arbeit ist es, neben einem Beitrag zur formalen Robustheitsanalyse digitaler und parameteradaptiver Systeme einen Überblick der Realisierungsmöglichkeiten zu geben und die Anwendung moderner adaptiver Regelungen durch die Zusammenstellung geeigneter Algorithmen und zahlreicher praktischer Hinweise voranzubringen.

I Elemente parameteradaptiver Regelungen

Im vorliegenden Abschnitt werden nach einer kurzen Klassifikation adaptiver Regler die grundlegende Funktionsweise von parameteradaptiven Regelungen und die Anforderungen für praktische Anwendungen dargestellt. Dem Begriff der Robustheit bei adaptiven Systemen ist ein eigener Abschnitt gewidmet.

In Kapitel 2 werden numerisch stabile algorithmische Formulierungen von Parameterschätzverfahren nach der Methode der kleinsten Quadrate dargestellt. Hier wird besonders der prinzipielle algorithmische Unterschied zwischen der Lösung eines überbestimmten Gleichungssystems - den Verfahren der Informationsform - und den auf einer rekursiven Filterung beruhenden Verfahren der Kovarianzsform deutlich gemacht. Beide Ansätze führen zum gleichen Ergebnis und schaffen so für den Anwender eine Wahlmöglichkeit.

In Kapitel 3 werden als wesentliches Kennzeichen parameteradaptiver Regelungen die unterschiedlichen einsetzbaren Reglertypen vorgestellt. Deadbeat- und Minimal-Varianz-Regler treten seit einiger Zeit bei Anwendungen in den Hintergrund. Dies hängt mit ihren Eigenschaften als Kompensationsregler zusammen. Die grundlegenden Gleichungen werden kurz zusammengestellt; der Schwerpunkt liegt auf der Robustheitsanalyse im Hinblick auf Streckenverstärkungsvariationen. Zustandsregler sind mit den heute verfügbaren Rechenleistungen ohne weiteres adaptiv zu betreiben. Es werden der Entwurf über die diskrete Riccati-Gleichung dargestellt und einige praktische Probleme in adaptiven Kreisen besprochen. Als universell einsetzbare Regler haben sich neben Zustandsreglern PID-strukturierte Ein/Ausgangsregler bewährt. Deren spezielle Entwurfsproblematik wird diskutiert und ein für industrielle Anwendungen entwickeltes Einstellverfahren ausführlich dargestellt. Abschließend werden die Robustheitsaussagen für digitale Ein/Ausgangsregler nochmals vergleichend zusammengefaßt.

1 Grundlagen

Steuerungen und Regelungen dienen der gezielten Beeinflussung einer physikalischen oder chemischen Größe. Meist werden bestimmte zeitliche Verläufe dieser Größe vorgegeben; Zweck der Steuerung ist die möglichst ideale Realisierung dieser Vorgabe am tatsächlichen Prozeß. Liegen detaillierte Informationen über die Wirkungsweise der Stellgröße auf die Steuergröße (Prozeßausgangsgröße) vor und ändert sich dieser Zusammenhang nicht, kann man eine Steuerung mit offenem Wirkungsablauf (feedforward control) entsprechend den Anforderungen berechnen und diese einhalten.

Unterliegen der Prozeß selbst oder seine Meßsignale von außen einwirkenden Veränderungen oder Störungen, so erreicht man die gewünschte Güte des Folgeverhaltens nur mit einer Regelung, die über ihren geschlossenen Wirkungsablauf mit Rückführung und Vergleich der Regelgröße mit der Sollgröße die Auswirkungen solcher Veränderungen und Störungen zumindest weitgehend dämpfen kann. Durch die Rückführung entsteht ein bei Steuerungen unbekanntes Problem: Die Stabilität des Regelkreises kann gefährdet werden. Zur Erzielung des gewünschten Verhaltens, das Stabilität einschließt, müssen die Parameter des Reglers richtig eingestellt werden, d.h. zur jeweiligen Strecke passen. Dies ist eine schwierige Aufgabe, falls über die Strecke wenig Kenntnisse vorliegen oder sie sich verändert.

Eine Lösung dieses grundlegenden regelungstechnischen Problems stellen *adaptive Regler* dar, deren Parameter ständig oder gelegentlich derart verstellt werden, daß immer eine möglichst gute Anpassung der dynamischen Eigenschaften des Reglers an die der Strecke gewährleistet ist. Ein für heutige Anwendungen sehr wichtiges Einsatzgebiet ist auch die Ersteinstellung von Reglern an einer Strecke, deren Parameter unbekannt sind.

Eine grundsätzlich andere Lösung zur Regelung veränderlicher (nicht: unbekannter) Strecken sind robuste fest eingestellte Regler, deren Struktur und Parameter so ausgelegt werden, daß sie in einem relativ großen Parameterraum der veränderlichen Strecke eine akzeptable, ggf. genau spezifizierte Regelgüte erreichen. Dieses Vorgehen gewährleistet vor allem die Stabilität des Regelkreises. Dies stellt dagegen bei adaptiven Systemen wegen der von den Regelkreisdaten abhängigen Reglereinstellung ein erhebliches Problem dar. Der Einsatz robuster Regler erfordert eine relativ genaue systemtechnische Modellierung der Regelstrecke und ein Reglerentwurfsprogramm. Robuste Regler mit spezifizierten Eigenschaften werden daher vorwiegend an Fahrzeugen und elektrischen Maschinen eingesetzt, da hier die Modellbildung gut möglich ist.

Die Selbsteinstellung eines Reglers an einer unbekannten oder unbekannt veränderlichen Strecke erfordert dagegen die Gewinnung von Information aus den am Prozeß gemessenen Signalen, gewöhnlich den Ein- und Ausgangsgrößen. Diese Signale enthalten unter bestimmten Voraussetzungen ausreichende Information über die zu regelnde Strecke und deren Veränderungen. Diese Information wird im Regelbetrieb ausgewertet und über einen Algorithmus der Parametersatz des Reglers geeignet verstellt; der Rechenaufwand wird hier im Unterschied zu robusten Reglern in den Regler selbst übertragen.

1.1 Klassifikation adaptiver Regelungen

Im Laufe des etwa dreißigjährigen Entwicklungsprozesses adaptiver Regelungen haben sich naturgemäß verschiedenste Verfahren entwickelt, die sich jedoch in Hauptgruppen einordnen lassen.

Zunächst kann man den Regler (bei vorgegebener Struktur dessen Parameter) in Abhängigkeit von auf den Regelkreis einwirkenden Störgrößen adaptieren, sofern die Störungen meßbar und die Charakteristik ihres Einflusses auf den Regelkreis bekannt sind. In diese Klasse gehören alle führungsgrößenabhängig umgeschalteten Regler, die für bestimmte Arbeitsbereiche einen voreingestellten Parametersatz besitzen. Ebenso sind Regleranpassungen in Abhängigkeit von Signalstörungen oder meßbaren Prozeßänderungen, z.B. bei Chargenbetrieb in der Verfahrenstechnik denkbar. Diese *gesteuert adaptiven Regler* werden nur aufgrund von außen auf den Regelkreis einwirkenden Signalen verändert; das charakteristische Verhalten des Regelkreises ändert sich also in genau vorhersehbarer Weise, da die jeweiligen Regler im voraus feststehen.

Adaptive Regler mit Rückführung werten dagegen ein Fehlersignal aus, das sich aus den Signalen des Regelkreises (meist Stell- und Regelgröße) ableitet. Die Adaption führt hier eine zeitvariante nichtlineare Rückführung in den Regelkreis ein. Dies bedeutet ein besonderes *Stabilitätsproblem des adaptiven Kreises*.

In der Klasse der adaptiven Regler mit Rückführung unterscheidet man zwei etablierte Realisierungsmethoden: Die *Modellreferenz - adaptiven Regler* (engl. MRAC) und die *adaptiven Regler mit Identifikationsmodell* der Regelstrecke, die häufig als parameteradaptive Regler nach dem Gewißheitsprinzip ausgeführt sind, vgl. z.B. Isermann (1987).

Adaptive Regler mit Bezugsmodell, Bild 1.1, führen einen Modellfehler, der aus dem Vergleich der gemessenen Regelgröße mit der aus einem Modellführungsverhalten erzeugten Modellregelgröße gewonnen wird, über eine integrierende Einrichtung zur Veränderung der Reglereinstellung zurück. Sie können direkt oder indirekt (mit Identifikation des Streckenmodelles) ausgeführt sein. Eine ausführliche Übersicht der Methoden wird von Landau (1974) und Narendra, Valavani (1979) gegeben.

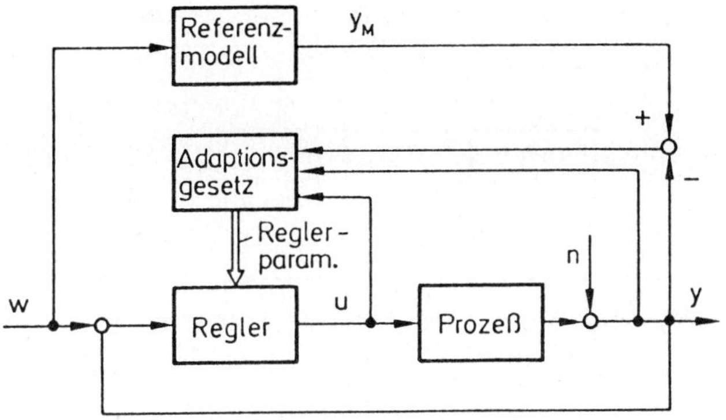

Bild 1.1: Struktur adaptiver Regler mit Referenzmodell (MRAC).

Kennzeichen dieser Systeme ist ein relativ aufwendiges Entwurfsverfahren, da einerseits ein realisierbares Modellverhalten für den Regelkreis vorgegeben, andererseits das Adaptionsgesetz berechnet werden muß. Durch die notwendige detaillierte mathematische Analyse und explizite Synthese des adaptiven Kreises resultieren häufig Stabilitätsaussagen für das adaptive System. Eine vollständige Adaption des Regelkreises an sein Modellverhalten ist nur über Kompensationsregler möglich, was wiederum strenge Anforderungen an die für solche Systeme zulässige Klasse von Prozessen und Signalen stellt. Einige spezielle Eigenschaften von MRAC-Systemen werden in Kapitel 7 im Rahmen der Robustheitsdiskussion dargestellt.

Adaptive Regler mit Identifikationsmodell, Bild 1.2, gewinnen aus den gemessenen Aus- und Eingangsgrößen der Strecke unter vorgegebenen Strukturkenntnissen (bei linearen Strecken sind dies die Ordnung und die Totzeit) über Identifikation ein Modell der Regelstrecke. Dieses steht dann zur Berechnung der Parameter eines Reglers zur Verfügung.

Allerdings ist eine ausreichende Anregung der zu identifizierenden Strecke für eine Konvergenz des Prozeßmodells gegen die Parameter der Strecke Voraussetzung. Dies steht im Regelkreis jedoch in Widerspruch zur Forderung nach möglichst

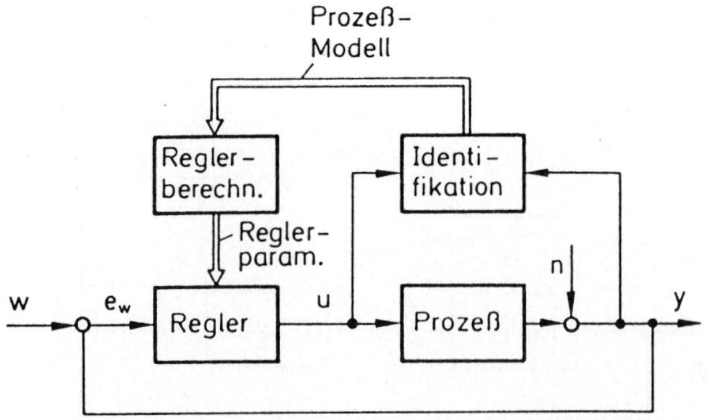

Bild 1.2: Struktur adaptiver Regler mit Identifikationsmodell.

geringen Stellbewegungen während des Regelbetriebes in einem Arbeitspunkt. Dieser Widerspruch ist prinzipieller Natur und kann als Dualitätsproblem bezeichnet werden. Der von Feldbaum (1960, 1961) vorgeschlagene ideale *duale Regler* ermöglicht eine gleichzeitige Erfüllung beider Aufgaben, ist jedoch nur sehr aufwendig realisierbar. Auch Realisierungen von suboptimal dualen Systemen sind mit einem sehr großen Rechenaufwand verbunden (Wittenmark, Elevitch, 1985).

Anwendbar und realisierbar sind dagegen nicht duale Regler. Man unterscheidet hier die *vorsichtigen Regler* (cautious controller), die bei Erkennung einer Unsicherheit in der gewonnenen Information zunehmend vorsichtige Stellgrößen produzieren. Dies kann zu weiter abnehmender Schätzsicherheit und damit zu einem "Einschlafen" des Reglers führen. Dies ist ein unerwünschter Effekt, so daß heutige adaptive Systeme meist nach dem *Gewißheitsprinzip* (certainty equivalence principle) entworfen werden. Dies ist vereinfacht dadurch charakterisiert, daß die unbekannten Parameter $\underline{\Theta}$ der Strecke durch deren Schätzwerte $\hat{\underline{\Theta}}$ direkt, d.h. ohne Berücksichtigung deren Unsicherheit, ersetzt und zur Reglerberechnung verwendet werden. Dieses Prinzip liegt auch den in dieser Arbeit untersuchten *parameteradaptiven Regelungen* (PAC) zugrunde. Eine Übersicht unterschiedlicher Verfahren, Probleme und Anwendungen adaptiver Regelungen findet man in Åström (1983) und Lammers (1984).

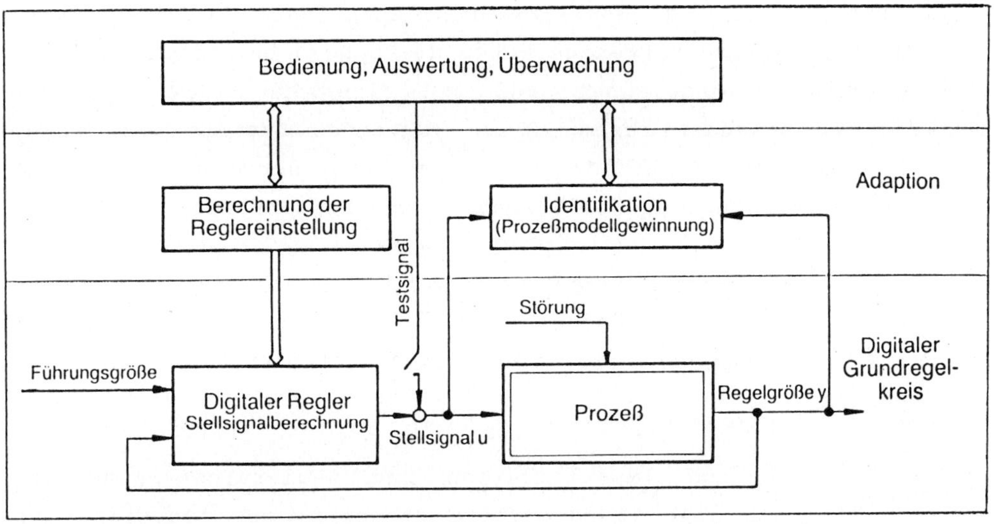

Bild 1.3: Struktur moderner parameteradaptiver Regelungen.

1.2 Funktionsweise parameteradaptiver Regelungen

In der Basisform bestehen parameteradaptive Regelungen, Bild 1.3, aus einem Standard-Regelkreis, der wegen der heute üblichen Realisierung der Systeme auf Digitalrechnern als digitaler Regelkreis mit Abtast- und Haltegliedern ausgeführt ist, und einer Adaptionsebene, in der die Stell- und Regelgröße des Kreises zur Einstellung des Reglers verarbeitet werden. Dies geschieht in der Regel mit Parameter-Schätzverfahren nach der Methode der kleinsten Quadrate (least squares, LS), auf die in Kapitel 2 detailliert eingegangen wird. Mit vorzugebender Strukturinformation über den Prozeß können die Parameter der den Prozeß beschreibenden z-Übertragungsfunktion mit realen Signalen ausreichend genau geschätzt werden. Dieses Prozeßmodell bildet die Grundlage für die Berechnung der Parameter eines in der Struktur vorgegebenen diskreten Reglers.

Im Unterschied zu Modellreferenz-adaptiven Verfahren sind parameteradaptive Verfahren durch die nahezu beliebige Wahl des Reglertyps gekennzeichnet, vgl. z.B. Isermann (1982). Aus der Sicht des Anwenders haben diese adaptiven Systeme also keine spezielle Struktur, sondern zeichnen sich durch die Fähigkeit der Selbsteinstellung der Parameter des Reglers aus.

Deadbeat- und Minimal-Varianz-Algorithmen spielen aus später näher beschriebenen Gründen heute nur für spezielle Anwendungen eine Rolle. Dagegen werden PID- und Zustandsregler zunehmend eingesetzt.

Die Trennung von Identifikation und Reglereinstellung erleichtert auch eine übergeordnete Steuerung der Adaption, die häufig als Überwachung bezeichnet wird. Einer der wesentlichen Gründe für die Einführung einer dritten Steuerungsebene in parameteradaptiven Systemen war die Beobachtung, daß bei Anwendung der formal korrekt arbeitenden Algorithmen mitunter unerwartet unzulässige Zustände des Regelkreises entstanden. Dies bezieht sich insbesondere auf die Ergebnisse der Parameterschätzung im laufenden Regelbetrieb. Da diese wegen des Gewißheitsprinzips unmittelbar zum Reglerentwurf herangezogen werden, können über ein falsches Streckenmodell ungünstige oder sogar instabile Regler/Streckenkombinationen entstehen.

Solche Phänomene werden vor allem in folgenden Situationen beobachtet:

I. <u>Beharrungszustände</u>: Regel- und Stellgröße "fahren Strich". Dies kann zu einer Divergenz der Parameterschätzwerte führen, da die Voraussetzung der genügenden Anregung des identifizierten Systems verletzt wird. Bei ungünstig programmierten Algorithmen können numerische Effekte zum frühzeitigen Auslöser werden.

II. Transiente Zustände der Adaption: Ändern sich die Parameter des Prozesses, so folgen die geschätzten Parameterwerte wegen der Filtereigenschaft des Schätzalgorithmus der tatsächlichen Entwicklung verzögert nach. Die Folgegeschwindigkeit hängt von dem bisherigen Schätzverlauf und einem Gedächtnisfaktor λ ab. In diesen Übergangszuständen können nichtzutreffende (d.h. um mehr als ein tolerables Fehlerband abweichende) Parameterschätzwerte entstehen, die zu ungünstigen Reglereinstellungen führen und das Regelverhalten vorübergehend negativ beeinflussen. Dies ist ein Widerspruch zur Forderung nach einer Regelgüte, die der mit einem für den jeweiligen Arbeitspunkt festeingestellten Regler erzielbaren Güte gleichwertig ist.

III. Nichtstationäre Störung der Signale: Ist das Ausgangssignal $y(k)$ durch Störungen verändert, führt dies auf Grund der Mittelungseigenschaften des Parameterschätzverfahrens zu einer unerwünschten Anpasssung der Prozeßmodellparameter an die bezüglich des eigentlichen Prozeßverhaltens falschen Daten und damit zu einem fehlerhaften Prozeßmodell. Besonders schwerwiegend sind hier nichtstationäre, technisch jedoch typische Störungen wie Impulse und sprungförmige Gleichwertänderungen der Regelgröße.

Aufgabe einer Überwachung ist die rechtzeitige *Erkennung* der drei genannten problematischen Zustände sowie die Verringerung oder Vermeidung des vorhersehbaren Einflusses auf das Adaptionsverhalten. Hier wird insbesondere eine Trennung der Zustände II und III erwartet, die zu einer entgegengesetzten Reaktion der Adaption führen müssen:

- Möglichst schnelle Anpassung bei durch wirkliche Prozeßänderungen bedingten Signaländerungen und
- Beibehaltung der bisherigen Schätzwerte bei störungsbedingten Signaländerungen

Diese Aufgaben wurden bisher mit stark erfahrungsgeprägten Steuerungen durchgeführt, die sich auf eine Analyse verschiedener Signalverläufe im adaptiven Kreis stützen (Lachmann, 1983). Damit ist jedoch keine Trennung der Ereignisse Verstärkungsänderung und Lastwechsel möglich, da sie zu einem prinzipiell sehr ähnlichen Signalverlauf führen.

In der vorliegenden Arbeit sollen parameteradaptive Systeme in ihrem dynamischen Verhalten eingehend analysiert werden. Entsprechend der Struktur des parameteradaptiven Regelkreises, Bild 1.3, werden die wesentlichen Elemente Parameterschätzung und Regler zunächst getrennt auf ihre Robustheitseigenschaften hin analysiert. Die Analyseergebnisse werden dann zur Synthese eines neuen prozeßunabhängigen Überwachungskonzeptes zur parameteradaptiven Regelung zeitvarianter Strecken genutzt.

1.3 Zum Begriff der Robustheit

In der Literatur wird der Begriff *robuste Regelung* uneinheitlich gebraucht. Häufig wird darunter der Entwurf und die Realisierung von festeingestellten (auch: konstanten) Reglern unter Berücksichtigung von Störungen verstanden. Struktur und Parameter des Reglers sind zeitinvariant und im Betrieb unabhängig von diesen Störungen. Unter Störungen werden hier nicht Signalstörungen verstanden, sondern Prozeßstörungen im Sinne von veränderlichen physikalischen Parametern, Modellierungsfehlern z.B. durch Linearisierungen oder Vernachlässigung schneller Eigenbewegungen. Man kann auch nichtideales numerisches Verhalten der implementierten Regelalgorithmen sowie Sensor- und Stellgliedausfälle hinzunehmen (Ackermann, 1983).

Ein robuster Regler bewirkt, daß sich das Verhalten des geschlossenen Kreises auch beim Auftreten solcher Störungen nur endlich verändert, also eine mindestens qualitativ spezifizierte Systemeigenschaft erhalten bleibt oder sich nur in (vorgegebenen) Grenzen verändert. Häufig werden quantitative Anforderungen an die Dynamik im Zeit- oder Frequenzbereich spezifiziert (Sprungsantwortschlauch, Polgebiete), die selbstverständlich eine Erhaltung der Stabilität einschließen. Hierzu existieren einige gut ausgearbeitete Verfahren und eine umfangreiche Literatur, vgl. z.B. Ackermann (1983, 1984), Tolle (1985, 1986). Robustheit bezeichnet hier also eine über die Stabilität hinausgehende, spezifizierte Eigenschaft des Regelsystems.

Es wird auch zwischen robusten und *unempfindlichen Entwürfen* unterschieden. Nach Frank (1985) ergeben letztere Regelkreise, in denen *kleine Streckenvariationen* auch nur kleine Änderungen der Systemeigenschaften bewirken (*differentielle* Empfindlichkeit). Ackermann (1983) spricht von robusten Reglern, wenn betragsmäßig (quantitativ) spezifizierte Eigenschaften erhalten werden und von unempfindlichen Entwürfen, falls qualitativ ein Gütekriterium erfüllt wird.

Der Begriff Robustheit wird jedoch - vorwiegend in der angloamerikanischen Literatur und in Zusammenhang mit adaptiven Systemen - auch in einem anderen Sinne verwendet. Dort wird mit robustem Verhalten eines Regelkreises die asymptotische Erfüllung einer Anforderung trotz auftretender Abweichungen von idealen Verhältnissen bezeichnet; häufig das Verschwinden eines geeignet formulierten Fehlersignales (Stabilität). So werden exponentiell konvergierende Schätzverfahren als robust bezeichnet, da hier Störungen den Konvergenzprozeß zwar kurzzeitig, nicht jedoch für $t \rightarrow \infty$ beeinflussen oder verhindern können. Dies erklärt auch, warum die international gebräuchliche Bezeichnung robuste adaptive Regelung keinen Widerspruch darstellt: Gemeint ist die Robustheit der Konvergenz des Adaptionsfehlers zwischen Strecke und Modell unter eine (kleine) Schranke gegenüber nichtmodellierten Störungen und Streckendynamik. Weitere Eigenschaften, die etwa das Regelverhalten betreffen, werden hier jedoch nicht spezifiziert und somit auch von der Robustheitsaussage nicht erfaßt.

Für die Zwecke dieser Arbeit soll der Begriff "Robuste adaptive Regelung" daher erweitert und darunter nicht nur ein System verstanden werden, dessen Fehlersignal bei genügender Anregung und unter bestimmten eng eingegrenzten Voraussetzungen asymptotisch klein wird, da diese Eigenschaft eine Grundforderung an ein brauchbares adaptives System ist. Hier soll vielmehr das Regelverhalten unter realen und für adaptive Systeme typischen Einsatzbedingungen bewertet werden. Dazu gehören unexakte Prozeßstrukturmodellierung, nichtstationäre Störsignale und vor allem schnelle Streckenvariationen.

Ein robustes adaptives System soll sich dadurch auszeichnen, daß sich die - auch quantitativ meßbare - Regelgüte bei Variationen der Strecke und bei Störungen möglichst wenig ändert und der Güte, die mit jeweils angepaßtem Regler erreichbar wäre, möglichst weit nähert. Dies schließt auch den Fall von zuverlässiger Adaption ohne parametrische Vorkenntnisse über die Strecke ein. Die Begriffe Robustheit und Empfindlichkeit werden hier als zueinander invers verwendet, also nicht im Sinne von quantitativ und qualitativ unterschieden. Echte quantitative Anforderungen lassen sich in ständig adaptiven Kreisen meist nur abschnittweise einhalten, da der Anpassungsvorgang stets zu einem vorübergehenden Verlust von Regelgüte führt. Strenge Beweise etwa einer Konvergenz unter den genannten realen und damit sehr allgemeinen Voraussetzungen können nicht erwartet werden. Dies ist nur unter idealisierenden Annahmen mit allgemeinen Methoden für solche Systeme, wie der Ljapunov-Stabilitätsanalyse, möglich, vgl. Kapitel 7. Es wird sich jedoch zeigen, daß bei vernünftiger Wahl wichtiger Entwurfsparameter (z.B. Abtastzeit, Ordnung) in Verbindung mit der immanenten Robustheit der Parameterschätzung nach der Methode der kleinsten Quadrate, dem Einsatz robuster Regler und einer prozeßunspezifischen Adaptionssteuerung (Überwachung) ein robustes Gesamtverhalten des parameteradaptiven Systems erzielt werden kann. Bei der Diskussion der Robustheitseigenschaften quadratisch optimaler Systeme, Kapitel 4 - 6, wird darunter die Erhaltung von Stabilität oder die Erfüllung eines quadratischen Gütekriteriums unter Strecken- oder Rückführvariationen verstanden.

2 Parameterschätzverfahren

Die Identifikation des Prozeßverhaltens erfolgt in parameteradaptiven Systemen über Parameterschätzverfahren. Ganz überwiegend werden auf der Methode der kleinsten Fehlerquadrate (least squares, LS) basierende Algorithmen verwendet, da sie optimale Parameterschätzwerte bezüglich eines quadratischen Fehlerkriteriums liefern. Die Regressionseigenschaften führen auch bei gestörten Signalen zu im Mittel brauchbaren Prozeßdynamikparametern.

LS-Schätzverfahren besitzen gleichzeitig eine besondere Robustheit, wie in Kapitel 6 ausführlich dargestellt wird. Dies ist eine wesentliche Voraussetzung für ein Identifikationsverfahren im parameteradaptiven Regelkreis, da die Reglereinstellung über das Gewißheitsprinzip von den Prozeßparameterschätzwerten abhängig ist.

Die in Kapitel 6 dargestellten Robustheitseigenschaften gelten selbstverständlich nur bei Beachtung der mathematischen Voraussetzungen, die insbesondere eine immer positiv definite reguläre Kovarianzmatrix P einschließen. Wird diese Voraussetzung verletzt, führt dies unmittelbar zu unzutreffenden Parameterschätzwerten.

Erfahrungen in Anwendungen von LS-Verfahren zeigten plötzlich auftretende Fehlschätzungen trotz korrekter Programmierung der grundlegenden Gleichungen in der ursprünglichen Form. Vor allem bei nur schwach gestörten Daten und hohen Abtastraten, also z.B. in adaptiven Regelkreisen, traten diese Fehler auf. Berücksichtigt man, daß sich in diesen Fällen die in benachbarten Abtastschritten aufgenommenen Datensätze nur wenig voneinander unterscheiden, handelt es sich offensichtlich um numerische Probleme, die durch die Art der Realisierung (Programmierung) der Algorithmen auf dem Digitalrechner bedingt sind.

Ursache ist die Zahlendarstellung mit endlicher Wortlänge in Computern. Häufig auftretende Fehler sind numerisch erzeugte Rangabfälle oder Verlust der notwendigen positiven Definitheit bestimmter Matrizen in den Schätzalgorithmen durch Rundungen oder Abschneidungen und daraus folgend falsche Parameterschätzwerte. Der Kern der Problematik besteht darin, daß diese Fehler prinzipiell nicht vorhersagbar sind.

Eine doppelt genaue Zahlenformatierung ist für viele Anwendungen, speziell bei Mikrorechnern, wegen der stark ansteigenden Rechenzeit und umfangreicherem Speicherbedarf nicht akzeptabel.

Ab Beginn der sechziger Jahre wurden vor allem in den USA im Rahmen der Weltraumprojekte aus oben genannten Erfahrungen neue Formulierungen bekannter Parameterschätzalgorithmen gefunden, die eine wesentlich erhöhte numerische Stabilität bei der Ausführung und damit eine maximale Zuverlässigkeit der Schätzwerte aus technischer Sicht gewährleisten.

In diesem Kapitel werden die angesprochenen Fehlermöglichkeiten der Algorithmen im Zusammenhang dargestellt und verschiedene Lösungsmöglichkeiten beschrieben.

Der zentrale Gedanke besteht darin, die Auswertung und Aktualisierung der Meßdaten enthaltenden Matrizen zu modifizieren. Die Analyse zeigte, daß für nichtrekursive Schätzverfahren die Bildung von Matrizenprodukten der Form $\Psi^T\Psi$ numerisch kritisch ist, vor allem, wenn sich die Elemente in Ψ nur wenig voneinander unterscheiden. Diese Produktbildung kann jedoch vermieden werden, indem die zur Auflösung des überbestimmten Gleichungssystems notwendige quadratische Matrix über Orthogonaltransformation (z.B. Householdertransformation) von Ψ in Dreiecksform erzeugt wird.

Dieses Verfahren gestattet auch die Konstruktion eines rekursiven Algorithmus, bei dem eine neu eintreffende Messung in die

Meßmatrix eingearbeitet wird, die Berechnung der Parameter jedoch jeweils durch Auflösung eines eindeutigen dreieckförmigen Gleichungssystems, also nicht rekursiv, erfolgt. Dieses Verfahren kann daher als *datenrekursiv* bezeichnet werden.

Erfolgt auch die Bestimmung der Parameterschätzwerte rekursiv, wie es beim Kalman-Filter und dem klassischen rekursiven Algorithmus der Methode der kleinsten Quadrate (RLS) geschieht, so läßt sich die Aktualisierung der Kovarianzmatrix P, die ebenfalls numerisch problematisch ist, ersetzen durch die Aktualisierung der Wurzel S von P, wenn man P in $P=SS^T$ zerlegt (faktorisiert). Dieser Gedanke gab den Verfahren im angloamerikanischen Sprachraum die Bezeichnung "square-root-filtering". Der durch die Aktualisierung von S anstelle von P entstehende Mehraufwand vor allem durch Berechnung von Quadratwurzeln kann durch eine erweiterte Zerlegung in $P=UDU^T$ vermieden werden. Diese U-D-Zerlegung, (Biermann, 1977), ist in Geschwindigkeit und Speicheraufwand dem in dieser Hinsicht hervorragenden konventionellen RLS-Verfahren ebenbürtig bei erheblich besserer numerischer Zuverlässigkeit.

Alle vorgestellten Verfahren liefern formal die gleichen Ergebnisse, da das zugrunde liegende Gütekriterium unverändert bleibt. Man hat daher als Anwender die Möglichkeit, sich je nach Einsatzzweck für ein daten- oder parameterrekursives Verfahren zu entscheiden. Die Algorithmen sind in einer der Programmierung unmittelbar zugänglichen Form dargestellt.

2.1 Diskretes Prozeßmodell

Der Identifikation des dynamischen Verhaltens des Prozesses muß ein strukturiertes Prozeßmodell zugrunde gelegt werden. Da in dieser Arbeit parameteradaptive Systeme im Vordergrund stehen, werden diskrete parametrische Prozeßmodelle für einen Eingang und einen Ausgang verwendet, die bestimmte Klassen nichtlinearer Differentialgleichungen approximieren (Lachmann, 1983). Man kann ansetzen

$$A_1(q^{-1})y(k) = c + B_1(q^{-1})u(k-d) + \sum_{\beta_1=0}^{h} \dots \sum_{\beta_{p-1}=\beta_{p-2}}^{h} B_{p\beta_1 \dots \beta_{p-1}}(q^{-1})u(k-d) \prod_{\xi=1}^{p-1} u(k-d-\beta_\xi) \quad (2.1a)$$

oder

$$B_1(q^{-1})u(k-d) + c = A_1(q^{-1})y(k) + \sum_{\alpha_1=0}^{f} \dots \sum_{\alpha_{r-1}=\alpha_{r-2}}^{f} A_{r\alpha_1 \dots \alpha_{r-1}}(q^{-1})y(k) \prod_{\eta=1}^{r-1} y(k-\alpha_\eta) \quad (2.1b)$$

mit Polynomen

$$A_i(q^{-1}) = 1 + a_{i1}q^{-1} + \dots + a_{im}q^{-m}$$

$$B_j(q^{-1}) = b_{j1}q^{-1} + \dots + b_{jm}q^{-m}$$

und den Strukturparametern m, d, p, r, h und f. Gl. (2.1a) wird als Volterra-Modell und Gl. (2.1b) als ND-Modell bezeichnet. Sie können als allgemeine parametrische Darstellungen stetig differenzierbarer nichtlinearer Systeme angesehen werden.

Zur Identifikation werden die Eingangsgröße u(k) und Ausgangsgröße y(k) gemessen. Das Prozeßmodell, Gl. (2.1), hat

- endlich viele Parameter und ist
- linear in den Parametern,

die nichtlinearen Beziehungen repräsentieren sich in den Meßwerten. Damit Prozeßmodelle, Gl. (2.1), für die Identifikation eingesetzt werden können, sind die Strukturparameter vorzugeben. Hierzu existieren automatisierte Verfahren, auf die in Kapitel 9 eingegangen wird.

Zur Vereinfachung wird für die nachfolgende Darstellung verschiedener Parameterschätzverfahren als Prozeßmodell eine lineare Differenzengleichung der Ordnung m

$$
\begin{aligned}
y(k) &= -a_1 y(k-1) - \ldots - a_m y(k-m) + \\
&\quad + b_1 u(k-d-1) + \ldots + b_m u(k-d-m) + c + \nu(k) \\
&= \underline{\psi}^T(k)\underline{\Theta} + \nu(k)
\end{aligned}
\tag{2.2}
$$

mit dem Meßdatenvektor

$$\underline{\psi}^T(k) = [-y(k-1) - \ldots - y(k-m)\ u(k-d-1) \ldots u(k-d-m)\ 1] \tag{2.3}$$

und dem Parametervektor

$$\underline{\Theta} = [a_1 \ldots a_m\ b_1 \ldots b_m\ c]^T \tag{2.4}$$

angenommen. Auch alle weiteren Überlegungen dieser Arbeit gehen von linearen, mit Gl. (2.2) darstellbaren Prozessen aus. Gl. (2.2) wird auch als Meßgleichung bezeichnet. Durch z-Transformation erhält man

$$y(z) = \frac{B(z^{-1})}{A(z^{-1})} z^{-d} u(z) + \frac{1}{A(z^{-1})} \nu(z) + \frac{1}{A(z^{-1})} c \tag{2.5}$$

mit den Polynomen

$$A(z^{-1}) = 1 + a_1 z^{-1} + \ldots + a_m z^{-m} \tag{2.6}$$

$$B(z^{-1}) = b_1 z^{-1} + \ldots + b_m z^{-m} \,. \tag{2.7}$$

$\nu(k)$ ist ein nichtmeßbares mittelwertfreies diskretes weißes Rauschen, d eine Totzeit von d Abtastschritten und c eine signalunabhängige konstante äußere Störung (z.B. Last). Sofern c in Gl. (2.2) berücksichtigt wird, können zur Schätzung die Absolutwerte von u und y direkt herangezogen werden (implizite Gleichwertschätzung, Schumann, 1982). Gl. (2.5) kann als Blockschaltbild 2.1 dargestellt werden.

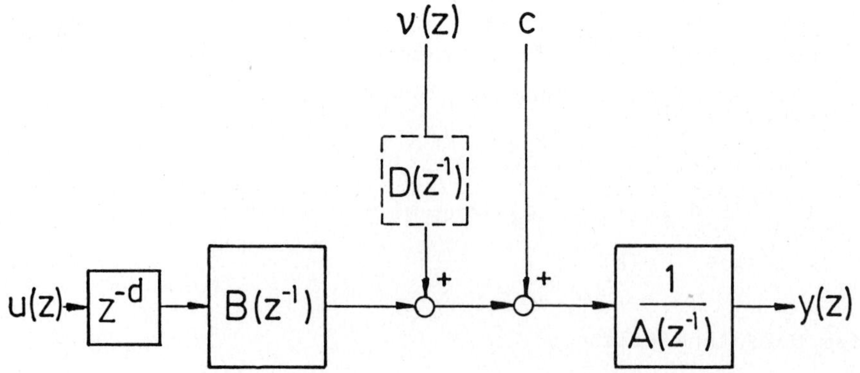

Bild 2.1: Blockschaltbild des Prozeßmodells für parameteradaptive Regelungen.

Die z-Übertragungsfunktion der Regelstrecke folgt aus Gl. (2.5) zu

$$G(z) = \frac{y(z)}{u(z)} = \frac{B(z^{-1})}{A(z^{-1})} z^{-d} . \tag{2.8}$$

Sollen auch farbige Rauschsignale in ihrem Einfluß auf die Regelgröße modelliert werden, kann man einen ARMA-Prozeß

$$n(k) = - c_1 n(k-1) - \ldots - c_m n(k-m) + d_0 \nu(k) + \ldots + d_m \nu(k-m) \tag{2.9}$$

mit nichtmeßbarem diskreten weißen Rauschen $\nu(k)$ als Eingang ansetzen. n kann als Ausgangssignal eines durch z-Transformation aus Gl. (2.9) folgenden Störfilters mit der z-Übertragungsfunktion

$$G_n(z) = \frac{n(z)}{\nu(z)} = \frac{D(z^{-1})}{C(z^{-1})} \tag{2.10}$$

und den Polynomen

$$D(z^{-1}) = d_0 + d_1 z^{-1} + \ldots + d_m z^{-m} \tag{2.11}$$

$$C(z^{-1}) = 1 + c_1 z^{-1} + \ldots + c_m z^{-m} \tag{2.12}$$

interpretiert werden.

Für Parameterschätzung mit der Methode der kleinsten Quadrate wird vereinfachend

$$C(z^{-1}) = A(z^{-1}) \tag{2.13}$$

gesetzt, wobei für Stationarität der Rauschstörung $\nu(k)$ stabiles $A(z^{-1})$ gefordert werden muß (ARMAX-Modell).

Vereinfacht man das angenommene Störsignalfilter, Gl. (2.10), weiter mit

$$D(z^{-1}) = 1 \;, \tag{2.14}$$

erhält man wieder das LS-Modell, Gl. (2.5). Die Parameter a_i, b_i der z-Übertragungsfunktion, Gln. (2.6) - (2.8), können nur dann asymptotisch biasfrei mit der Methode der kleinsten Quadrate geschätzt werden, wenn das gesamte Prozeßverhalten durch ein Modell Gl. (2.5) beschrieben wird (Isermann, 1974).

Wirken nennenswerte farbige Störungen auf y, so ist der Parametervektor $\underline{\Theta}$, Gl. (2.4), um die m Parameter d_i des Störfilterpolynoms $D(z^{-1})$, Gl. (2.11), zu erweitern. Der Datenvektor $\underline{\psi}$, Gl. (2.3), müßte entsprechend um m vergangene Werte des weißen Rauschsignales $\nu(k)$ ergänzt werden. Da dies nicht möglich ist, setzt man dort die vergangenen Werte des a-posteriori-Schätzfehlers, also

$$\hat{\nu}(k) = y(k) - \underline{\psi}^T(k)\hat{\underline{\Theta}}(k) \tag{2.15}$$

ein und bezeichnet dies als die erweiterte Methode der kleinsten Quadrate (RELS). Sie hat schlechteres Konvergenzverhalten, da m zusätzliche Parameter bestimmt werden müssen und die Varianz der Parameterschätzwerte etwa proportional zu ihrer Anzahl ist (Ljung, 1985), vgl. Kapitel 8.

Sämtliche in den nächsten Abschnitten besprochenen Aussagen und Algorithmen sind gültig für beliebig besetzte Meß- und Parametervektoren, sofern diese zu einem Prozeßmodell mit einer Struktur wie Gl. (2.1) gehören, vgl. zur Darstellung Lachmann (1983). Ebenso ist eine Erweiterung auf Mehrgrößenprozeßmodelle möglich (Schumann, 1982).

2.2 Parameterschätzung als Gleichungsproblem

2.2.1 Lösung überbestimmter Gleichungssysteme

Gegeben sei ein gestörter dynamischer Prozeß in zeitdiskreter Darstellung mit der Differenzengleichung (2.2).

Durch wiederholte Messung der Ein- und Ausgangssignale u und y zu äquidistanten Abtastzeitpunkten kT_0 kann ein System von linearen Differenzengleichungen erzeugt werden, aus dem die Parameter a_i und b_i $(i=1,...,m)$ sowie c "möglichst gut" berechnet werden können. Um dies zu erreichen, müssen mindestens $n=2m+1$ Meßgleichungen (2.2) vorliegen. Sofern die Meßwerte nicht gestört sind $(\nu\equiv 0)$, liefert ein geeigneter Lösungsalgorithmus die exakten Parameterwerte a_i, b_i, c durch eindeutige Lösung eines linearen Gleichungssystems. In der Regel ist das Meßsignal y jedoch gestört $(\nu\neq 0)$, so daß aus n Gleichungen nicht die exakten Parameter ermittelt werden können.

Durch Hinzunahme weiterer Messungen erzeugt man daher ein überbestimmtes Gleichungssystem

$$\underline{y} = \Psi \, \hat{\underline{\theta}} \qquad (2.16)$$

mit

$$
\underline{y} = \begin{bmatrix} y(1) \\ \cdot \\ \cdot \\ \cdot \\ \cdot \\ y(2m+1) \\ \cdot \\ \cdot \\ \cdot \\ \cdot \\ y(N) \end{bmatrix} \Bigg\} N \; ; \quad \Psi = \begin{bmatrix} \underline{\psi}^T(1) \\ \cdot \\ \cdot \\ \cdot \\ \cdot \\ \underline{\psi}^T(2m+1) \\ \cdot \\ \cdot \\ \cdot \\ \cdot \\ \underline{\psi}^T(N) \end{bmatrix} \Bigg\} N \; ; \quad \underline{\hat{\Theta}} = \begin{bmatrix} \hat{a}_1 \\ \cdot \\ \cdot \\ \hat{b}_m \\ \hat{c} \end{bmatrix} \Bigg\} n \ll N \; .
$$

Dieses läßt sich allgemein bei einer rechteckigen (N,n)-Matrix Ψ und N>n über Erzeugung der quadratischen (n,n)-Matrix $[\Psi^T\Psi]$ auflösen

$$
\Psi^T\underline{y} = \Psi^T\Psi\,\underline{\hat{\Theta}}
$$

$$
\underline{\hat{\Theta}} = [\Psi^T\Psi]^{-1}\Psi^T\underline{y} = P\,\Psi^T\underline{y}\;, \tag{2.17}
$$

sofern Ψ vollen Rang n hat, was gleichbedeutend mit der Forderung nach genügender Anregung durch das Eingangssignal u(k) ist (Åström, Bohlin, 1965).

Gl. (2.17) wird als *Normalengleichung* bezeichnet und liefert eine gemäß

$$
V = \underline{e}^T\underline{e} \;\rightarrow\; \min_{\Theta} \tag{2.18}
$$

optimale Lösung des Gleichungssystems (2.16) wenn

$$
\underline{e} = \underline{y} - \Psi\,\underline{\hat{\Theta}} \tag{2.19}
$$

der nach Lösung des Gleichungssystems verbleibende Fehler ist.

Bei eindeutig bestimmtem Gleichungssystem (Ψ quadratisch, Dimension n) reduziert sich Gl. (2.17) auf die Inversion von Ψ, d.h.

$$\hat{\underline{\theta}} = \Psi^{-1}\underline{y} \, . \tag{2.20}$$

Bei Maschinenrechnung erfolgt die Ausführung der Operationen in Gln. (2.17) und (2.20) mit endlicher Genauigkeit. Die Fehler können sich akkumulieren, so daß bei einer Maschinengenauigkeit von z.B. 7 Dezimalen die Verläßlichkeit der Endergebnisse bei vielen Rechenschritten bis auf nur 2 Dezimalen absinken kann. Liegen die Absolutwerte der gemessenen Signale sehr dicht beieinander - etwa wegen hoher Abtastraten im Vergleich zum Eigenverhalten des Systems - kann alleine durch die praktische Ausführung formal korrekter Rechenoperationen aus nahezu linear abhängigen Zeilen in Ψ eine singuläre $\Psi^T\Psi$-Matrix entstehen. Ein Beispiel ist in Kofahl (1986b) enthalten. Es kann gezeigt werden, daß auch die noch mögliche Berechnung der Pseudoinversen der nichtquadratischen regulären Teilmatrix von $\Psi^T\Psi$ zu falschen Parameterwerten führt.

Die mögliche numerische Instabilität und damit partielle Unzuverlässigkeit eines nach Gl. (2.17) ausgeführten Lösungsalgorithmus bei schlecht konditioniertem Ψ ist seit längerem bekannt (Kaminski et. al., 1971). Es wurden zur Lösung von Parameterschätzproblemen daher alternative Methoden angewendet, so vor allem von Givens (1954) und Householder (1975), die formal und programmtechnisch anspruchsvoller sind. Die erhöhte numerische Zuverlässigkeit rechtfertigt jedoch den geringen Mehraufwand, da eine Verfälschung der Schätzergebnisse durch numerische Einflüsse so weit wie möglich ausgeschlossen werden muß.

Wie oben dargelegt, kann bereits die Bildung von Produkten der Form $\Psi^T\Psi$ numerische Probleme verursachen. Weitere Verfälschungen der Schätzergebnisse können durch die notwendige Inversion in Gl. (2.17) entstehen.

Der wesentliche Fortschritt der neueren Algorithmen liegt daher nicht nur in einer numerisch hochstabilen Matrix-Inversion, sondern vielmehr in der unterschiedlichen Formulierung des Ansatzes; der Rechnung mit Faktormatrizen *ohne* vorherige Bildung der symmetrischen Matrix $\Psi^T\Psi$. Es soll daher auch nicht gesondert auf stabile Dreieck-Zerlegungsalgorithmen für positiv definite symmetrische Matrizen, wie etwa die Cholesky-Zerlegung, eingegangen werden. Es wird sich vielmehr herausstellen, daß die hier verwendeten Orthogonaltransformationen die Erzeugung einer Dreiecksmatrix aus einer beliebigen regulären Matrix (z.B. Ψ) ermöglichen, wobei sie für positiv definite symmetrische Matrizen formal einer Cholesky-Zerlegung entsprechen.

Die Ableitung des Schätzalgorithmus benötigt folgenden

<u>Satz 2.1</u>:

Eine reguläre (N,n)-Matrix A kann durch sukzessive Anwendung von n Orthogonaltransformationen T_i auf die Form einer oberen (n,n)-Dreiecksmatrix R gebracht werden (n<N)

$$[T_1 \cdot \ldots \cdot T_n]A = T\,A = R\,. \tag{2.21}$$

Dabei ist die explizite Berechnung der T_i nicht erforderlich. Vielmehr existieren geschlossene Algorithmen zur Ausführung von Gl. (2.21), Kaminski et. al., 1971. Die Zerlegung ist bis auf das Vorzeichen eindeutig und entspricht der Cholesky-Zerlegung der quadratischen, positiv definiten Matrix A^TA

$$R^TR = A^TA \;\blacksquare \tag{2.22}$$

Zum Beweis vgl. z.B. Lawson und Hanson (1974).

Damit kann ein Algorithmus angegeben werden, der das Problem

$$\underline{y} = \Psi\, \hat{\underline{\Theta}}\ , \qquad \dim \Psi = (N,n) \tag{2.16}$$

in

$$\tilde{\underline{y}} = R\, \hat{\underline{\Theta}}\ , \qquad \dim R = (n,n) \tag{2.23}$$

mit

$$\tilde{\underline{y}} = T\, \underline{y}\ , \qquad R = T\, \Psi \tag{2.24}$$

überführt. Man beachte, daß $\tilde{\underline{y}}$ durch Transformation aus $\underline{y}$ gewonnen wird, mithin also nicht mehr explizit die Meßwerte $y(k)$ enthält.

Die Berechnung der Parameter $\hat{\underline{\Theta}}$ kann wegen der Dreieckform von R direkt aus Gl. (2.23) durch Rückwärtseinsetzen erfolgen.

Eine solche Transformation ist auf das vorliegende Parameterschätzproblem anwendbar, da die dem LS-Verfahren zugrunde liegende Verlustfunktion $V=\underline{e}^T\underline{e}=\|\underline{e}\|^2$, also das Schätz*problem*, nicht verändert wird:

Mit der Definition des Gleichungsfehlers Gl. (2.19) gilt mit Gln. (2.23), (2.24)

$$\tilde{\underline{e}} = [\tilde{\underline{y}}-R\, \hat{\underline{\Theta}}] = [T\, \underline{y}-T\, \Psi\, \hat{\underline{\Theta}}] = T[\underline{y}-\Psi\, \hat{\underline{\Theta}}] = T\, \underline{e} \tag{2.25}$$

und für die zu minimierende Verlustfunktion mit dem transformierten Gleichungsfehler $\tilde{\underline{e}}$

$$\tilde{V} = \tilde{\underline{e}}^T\tilde{\underline{e}} = \underline{e}^T T^T T\, \underline{e} = \underline{e}^T\underline{e} = V\ , \tag{2.26}$$

da T orthonormal und daher $T^T T = I$ ist.

Das Transformationsverfahren auf Dreieckform mit anschließender Rückwärtsauflösung kann direkt als nichtrekursives Schätzverfahren eingesetzt werden. Es entspricht formal der Auflösung der Normalengleichung (2.17) mit wesentlich stabilerer Numerik.

2.2.2 Meßdatenrekursives Wurzelverfahren der Informationsform

Unter Anwendung von Satz 2.1 kann aus dem nichtrekursiven Verfahren auf einfache Weise ein datenrekursives Verfahren abgeleitet werden. *Datenrekursiv* möge hierbei bedeuten, daß durch rekursive Formulierung des Algorithmus die aus Meßdaten erzeugte (n,n)-Matrix R unverändert quadratisch und dreieckförmig bleibt, obwohl ständig neue Messungen verarbeitet werden.

Es ist dann möglich, zu gewünschten Zeitpunkten (im Grenzfall auch in jedem Abtastschritt) das Gleichungssystems (2.23) durch Rückwärtseinsetzen aufzulösen. Werden keine Parameterschätzwerte gewünscht, entfällt diese Auflösung. Zur Berechnung eines neuen Parametersatzes ist demnach die Existenz eines a-priori-Parametersatzes nicht erforderlich, weshalb dieses Verfahren *nicht parameterrekursiv* arbeitet.

Aus einem Gleichungssystem (2.23) zum Zeitpunkt k

$$\underline{\tilde{y}}_k = R_k \underline{\hat{\theta}}_k \tag{2.27}$$

mit $R_k \equiv$ obere (n,n)-Dreiecksmatrix folgt zu einem späteren Zeitpunkt $l=(k+\nu)$, $\nu=1,2,...$ das um die Messung $y_l^* = \underline{\psi}_l^{T*} \underline{\theta}_l$ erweiterte überbestimmte Gleichungssystem

$$\underline{y}_l^* = R_l^* \underline{\hat{\theta}}_l \tag{2.28}$$

mit

$$\underline{y}_l^* = \begin{bmatrix} \tilde{\underline{y}}_k \\ \\ y_l^* \end{bmatrix} \Big\} n \quad , \quad R_l^* = \begin{bmatrix} \overbrace{\begin{matrix} \diagdown & & R_k \\ & \diagdown & \\ 0 & & \diagdown \end{matrix}}^{n} \\ \hdashline \underline{\psi}_l^{T*} \end{bmatrix} \Big\} n \qquad (2.29)$$

$$\hat{\underline{\theta}}_l^T = \underbrace{[\hat{a}_1 \ldots \hat{a}_m \; \hat{b}_1 \ldots \hat{b}_m \; \hat{c}]_l}_{n} \; .$$

R_k enthält die Information vom Zeitpunkt k und wird bis zum Zeitpunkt l nicht verändert. Durch mehrfache Anwendung von Orthogonal-Transformationen T_i auf Gl. (2.28) werden spaltenweise alle Elemente in R_l^* unterhalb der Hauptdiagonalen zu Null transformiert. Der zunächst um die Messung y_l^* erweiterte Meßvektor $\underline{y}_l^{T*} = (\tilde{\underline{y}}_k \; y_l^*)$ muß ebenfalls dieser Transformation unterworfen werden. Dies geschieht durch Erweiterung von R_l^* um $\underline{y}_l^*$ als zusätzliche Spalte, siehe Gl. (2.30). Man erhält nach Transformation $R_l = T \; R_l^*$ wieder als quadratische obere Dreiecksmatrix der Dimension n^2 aus der erweiterten (n+1,n+1)-Matrix. Nach der Transformation stellt das letzte Hauptdiagonal-Element der erweiterten Matrix die Wurzel der Verlustfunktion $e_l = V^{1/2}$ mit V aus Gl. (2.18) dar; e_l ist ein Maß für die Güte der Schätzung.

Soll Veränderungen der Parameter $\underline{\theta}$ - z.B. bei zeitvarianter Strecke - gefolgt werden, müssen vergangene, in R implizit enthaltene Meßwerte zunehmend "vergessen" werden, was durch Einführen eines Gedächtnisfaktors $0<\lambda\leq 1$ berücksichtigt werden kann. Zur Kompatibilität mit den unten dargestellten Kovarianzformen muß hier $\sqrt{\lambda}$ geschrieben werden; es kann dann in allen Fällen durch Vorgabe von λ das gleiche Zeitverhalten der Parameterschätzung erzeugt werden.

Zusammengefaßt hat man den *datenrekursiven Algorithmus in Wurzelform (SRIF)* für langsam zeitvariante Systeme

$$T \left[\begin{array}{c:c} \sqrt{\lambda}\, R_k & \sqrt{\lambda}\, \tilde{\underline{y}}_k \\ \hdashline \underline{\psi}_l^{T*} & y_l^* \end{array}\right] = \left[\begin{array}{c:c} R_l & \tilde{\underline{y}}_l \\ \hdashline \underline{0}^T & e_l \end{array}\right] \begin{array}{l} \}\, n \\ \end{array} \qquad (2.30)$$

$$\rightarrow \hat{\underline{\theta}}_l = R_l^{-1}\, \tilde{\underline{y}}_l \; .$$

Aus Gln. (2.24) und (2.17) folgt die Beziehung

$$R^T R = \Psi^T \Psi = P^{-1} \; . \qquad (2.31)$$

P^{-1} wird als *Informationsmatrix* bezeichnet, R bildet deren Wurzel, weswegen man das Schätzverfahren nach Gl. (2.30) als square-root information filter (SRIF) bezeichnet (Biermann, 1977) im Unterschied zu den im folgenden Abschnitt dargestellten Verfahren der *Kovarianzform*, die mit P arbeiten.

2.3 Parameterschätzung als Filterproblem

Bei den in Kapitel 2.2 besprochenen Algorithmen der Informationsform wird durch Orthogonaltransformation das Parameterschätzproblem in ein Gleichungsproblem umgeformt. Rekursiv werden nur die Meßdaten verarbeitet; die Berechnung der Parameter erfolgt nichtrekursiv zu beliebigen, vom Anwender frei wählbaren Zeitpunkten.

Sollen die Parameter selbst auch rekursiv berechnet werden, erhält man aus Gl. (2.17) durch Anwendung eines Satzes zur Matrizeninversion eine Filtergleichung der Form

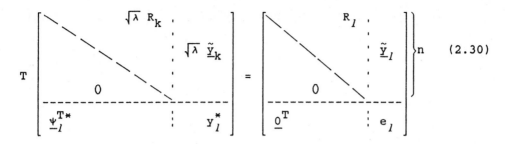

$$\underline{\hat{\Theta}}(k+1|k) = \underline{\hat{\Theta}}(k|k-1) + \underline{\gamma}(k)e(k) \qquad (2.32)$$

$$\underline{\hat{\Theta}}(0) = \underline{0}$$

zur Vorhersage der Parameter im Schritt k (Isermann, 1974). Hierbei ist $\underline{\gamma}$ ein Korrektur- oder Verstärkungsvektor, der zeitabhängig verändert wird, siehe Gln. (2.36) und (2.37). Durch Einsetzen der bisherigen Parameterschätzwerte $\underline{\hat{\Theta}}(k|k-1)$ in die Prozeßmodellgleichung (2.2) erhält man eine Ausgangswertvorhersage

$$\hat{y}(k) = \underline{\psi}^T(k)\underline{\hat{\Theta}}(k|k-1) . \qquad (2.33)$$

Die Differenz

$$e(k) = y(k) - \hat{y}(k) \qquad (2.34)$$

wird als Residuum oder a-priori-Fehler bezeichnet und bewirkt in Verbindung mit $\underline{\gamma}$ eine Korrektur des Schätzwertes $\underline{\hat{\Theta}}$ in Richtung auf die wahren Parameter $\underline{\Theta}$. $\underline{\gamma}(k)$ ist die optimale Verstärkung bei Minimierung des *Gütekriteriums* V bezüglich $\underline{\Theta}$

$$V = \sum_{k=0}^{N-1} \lambda^{N-k-1} e^2(k) \rightarrow \min_{\Theta} \qquad (2.35)$$

vgl. Isermann (1974) und Kapitel 6. $\lambda \leq 1$ ist ein Gedächtnis - oder Vergessensfaktor, der eine exponentiell nachlassende Gewichtung vergangener Schätzfehler bewirkt.

Für langsam zeitveränderliche Parameter erhält man zusammen mit Gl. (2.32) folgenden bekannten *parameterrekursiven Schätzalgorithmus* für $\underline{\hat{\Theta}}$ (RLS)

$$\underline{\gamma}(k) = P(k|k-1)\underline{\psi}(k)[\lambda+\underline{\psi}^T(k)P(k|k-1)\underline{\psi}(k)]^{-1} \qquad (2.36)$$

$$P(k+1|k) = [I-\underline{\gamma}(k)\underline{\psi}^T(k)]P(k|k-1)/\lambda . \qquad (2.37)$$

Die Matrix P ist symmetrisch und positiv definit. Sie wird auch Parameterfehler-Kovarianzmatrix genannt, da ihre Eigenwerte ungefähr proportional zur Varianz der Parameterfehler sind. Als Anfangsmatrix setzt man daher

$$P(0) \simeq 10^4 \dots 10^7 \, I \, , \tag{2.38}$$

um die anfängliche Schätzunsicherheit darzustellen.

2.3.1 Parameterrekursive Wurzelverfahren der Kovarianzform

Die angegebenen Gleichungen für das parameter-rekursive Schätzverfahren können grundsätzlich direkt als Algorithmus programmiert werden. Erfahrungen zeigten jedoch auch hier, daß bei nur gering gestörten Meßgrößen y(k) ungünstiges numerisches Verhalten auftritt (Biermann, Thornton, 1974). Dies wird vor allem durch Gl. (2.37) zur Aktualisierung der Kovarianzmatrix P verursacht. Dort können bei schlecht konditioniertem P in einigen Elementen nahezu gleich große Differenzen auftreten, die in Verbindung mit Rundungen bei Maschinenrechnung einen Verlust der positiven Definitheit von P durch verschwindende oder negative Diagonalelemente bewirken. Dies führt über Gl. (2.36) zu falschem $\underline{\chi}$ und damit oft zu Filterinstabilität. In der Arbeit von Thornton und Bierman (1977) werden numerische Instabilitäten bei Kalman-Filter-Algorithmen detailliert nachgewiesen und analysiert. Dort wird auch gezeigt, daß selbst bei stabilisierten Kalman-Filtern, die Gl. (2.37) durch

$$P(k+1|k) = [I - \underline{\chi}(k)\underline{\psi}^T(k)]P(k|k-1)[I - \underline{\chi}(k)\underline{\psi}^T(k)]^T + \underline{\chi}(k)\underline{\chi}^T(k) \tag{2.39}$$

ersetzen, negative Diagonalelemente in P durch Akkumulation von Rundungsfehlern auftreten können.

Das entscheidende Problem besteht darin, daß solche numerischen Instabilitäten nicht vorhersagbar sind, wobei sie zumindest begrenzt beherrschbar wären. Sie treten vielmehr bei zufällig ungünstigen Wertekonstellationen im laufenden Betrieb auf, was auch Anwendungen in adaptiven Regelsystemen bestätigen. Bisherige Gegenmaßnahmen bestehen häufig in der (aufwendigen) Überwachung charakteristischer mathematischer Kennwerte von P (Determinante). Bei Über- oder Unterschreiten von Grenzwerten wird das Filter abgeschaltet oder initialisiert.

Ähnlich dem Verfahren der Informationsform, Kapitel 2.2, wurden auch bei Filteralgorithmen modifizierte numerisch stabile Formulierungen gefunden.

Von Potter wurde eine Faktorisierung der Kovarianzmatrix

$$P = S\, S^T \tag{2.40}$$

vorgeschlagen (vgl. in Battin, 1964). S wird auch Wurzel von P genannt und sei quadratisch. Man beachte, daß diese Zerlegung nicht eindeutig ist, denn falls S eine Wurzel von P und T eine Orthogonalmatrix ist, so ist wegen

$$P = S\, T\, T^T S^T = S\, I\, S^T = S\, S^T \tag{2.41}$$

auch $\hat{S} = S\, T$ eine Wurzel von P. Es kann gezeigt werden, daß jede positiv definite Matrix eine Wurzel hat.

Speziell existiert dann auch eine und - bis auf das Vorzeichen - nur eine Zerlegung der Form

$$P = C\, C^T \tag{2.42}$$

mit C als obere (oder untere) Dreiecksmatrix, die als Cholesky-Zerlegung bezeichnet wird.

Durch rekursive Aktualisierung von S anstelle von P ist sichergestellt, daß P positiv definit und symmetrisch bleibt, da dies für ein Produkt der Form, Gl. (2.40), für reelle S stets erfüllt ist.

Die Herleitung dieses Algorithmus wird ausgehend von den angegebenen klassischen Filtergleichungen im Anhang A1 durchgeführt. Dort können auch die zur Programmierung notwendigen Zuweisungen und Rekursionen im einzelnen entnommen werden.

Man erhält für die Aktualisierung der Faktormatrix S die Rekursion

$$S(k+1|k) = \frac{1}{\sqrt{\lambda}}\left[S(k|k-1) - \left(\sqrt{f}/(\sqrt{\lambda}+\sqrt{f})\right)\underline{\gamma}(k)\underline{v}^T\right] \qquad (2.43)$$

wobei die Hilfsgröße

$$\underline{v}^T = \underline{\psi}^T(k)S(k|k-1) \qquad (2.44)$$

die neuen Meßdaten einführt.

$$\underline{\gamma}(k) = S(k|k-1)\underline{v}/f \qquad (2.45)$$

mit

$$f = \lambda + \underline{v}^T\underline{v} \qquad (2.46)$$

ist der aus S berechnete Korrekturvektor zur Aktualisierung der Parameterschätzwerte mit Gl. (2.32). Gln. (2.43) - (2.46) werden als *Potter square-root filter* (PSRF) bezeichnet. Die nachweisbar bessere numerische Stabilität des so formulierten Schätzalgorithmus (Bierman, 1977) wird durch eine höhere Rechenzeit erkauft, die vor allem auf die notwendige Wurzelbildung zurückzuführen ist. Man beachte außerdem, daß S - im Unterschied zur symmetrischen Kovarianzmatrix P - n^2 unter schiedliche Elemente enthält, da S *nicht* dreieckförmig oder symmetrisch ist und daher alle Elemente berechnet werden müssen. Beim klassischen RLS-Algorithmus, Gl. (2.37), kann man sich wegen der Symmetrieeigenschaft von P auf die Aktualisierung eines Dreieckes von P beschränken.

Vergleichsuntersuchungen (Bierman, 1977) zeigen daher einen um etwa 80 % erhöhten Rechenaufwand des Potter-Algorithmus, Gln. (2.43) - (2.46), was in zeitkritischen Anwendungen durchaus bedeutsam sein kann. Allerdings ist der Rechenaufwand gegenüber dem - numerisch nicht einmal gleichwertigen - stabilisierten Kalman-Filter, Gl. (2.39), um etwa 25 % geringer.

Es wurden daher Verfahren entwickelt, die bei vergleichbarer numerischer Zuverlässigkeit die zeitaufwendige Wurzelbildung vermeiden und bei denen weniger Elemente aktualisiert werden müssen.

2.3.2 U-D-Faktorisierung

Führt man eine erweiterte Zerlegung der positiv definiten Matrix P in

$$P = U\ D\ U^T \tag{2.47}$$

durch und aktualisiert die Matrizen U und D anstelle von S, so kann eine Wurzelbildung vermieden werden.

Ein solcher Algorithmus wurde von Agee und Turner (1972) allgemein für "Rang-1-Modifikationen"

$$P(k+1|k) = P(k|k-1) + c\ \underline{a}\ \underline{a}^T \tag{2.48}$$

positiv definiter Matrizen angegeben.

Gl. (2.37) zur Aktualisierung der Kovarianzmatrix stimmt mit Gl. (2.48) bis auf die Konstante λ^{-1} überein, falls man

$$c \mathrel{\hat{=}} -[\lambda + \underline{\psi}^T(k)P(k|k-1)\underline{\psi}(k)]^{-1} \tag{2.49}$$

und

$$\underline{a} \mathrel{\hat{=}} P(k|k-1)\underline{\psi}(k) \tag{2.50}$$

setzt.

Wird nun P in die Matrizen U und D zerlegt, wobei U eine obere Dreiecksmatrix mit Einheitsdiagonale und D eine Diagonalmatrix $D=\mathrm{diag}[d_1 \ldots d_n]$, beide mit Dimension n, ist, so kann die Aktualisierung, Gl. (2.48), direkt in U und D getrennt stattfinden, ohne P zu berechnen.

Die Herleitung des vollständigen Algorithmus ist aufwendig und kann im Anhang A2 nur skizziert werden.

Durch effiziente Umformungen wurde von Bierman (1977) eine direkt programmierbare Rekursion angegeben, die vektororientiert geschrieben werden kann zu

$$\alpha_1 = 1 + v_1 f_1 \;, \; d_1(k+1) = d_1(k)/(\alpha_1 \lambda)$$

$$\left.\begin{aligned} \alpha_j &= \alpha_{j-1} + v_j f_j, \\ d_j(k+1) &= d_j(k)\alpha_{j-1}/(\alpha_j \lambda), \\ \underline{u}_j(k+1) &= \underline{u}_j(k) - f_j \underline{k}_j/\alpha_{j-1}, \\ \underline{k}_{j+1} &= \underline{k}_j + v_j \underline{u}_j(k), \end{aligned}\right\} \; j = 2,\ldots,n \tag{2.51}$$

wobei $\underline{u}_j$ die n-1 Spaltenvektoren von $U = [1\ \underline{u}_2 \ldots \underline{u}_n]$ und d_j die n Diagonalelemente der Matrix D sind und über die Hilfsvektoren $\underline{k}_j$ der Korrekturvektor

$$\underline{\gamma} = \underline{k}_{n+1}/\alpha_n \tag{2.52}$$

zur Aktualisierung der Parameterschätzwerte nach Gl. (2.32) sukzessiv aufgebaut wird. Die skalare Variable α_j wird rekursiv aus den Elementen f_j und v_j der Vektoren $\underline{f}=U^T\underline{\psi}$ und $\underline{v}=D\underline{f}$ berechnet. Über die Elemente von $\underline{f}$ werden demnach hier die Meßdaten eingeführt.

Die U-D-Zerlegung ist im Aufwand für Rechenzeit und Speicherplatz mit dem konventionellen RLS-Verfahren vergleichbar, bei sehr effizienter Programmierung sogar etwas günstiger. Dieser Algorithmus gestattet eine numerisch zuverlässige Parameterschätzung und bietet alle Vorteile des rekursiven LS-Standardalgorithmus, Gln. (2.36) und (2.37), ohne dessen numerische Nachteile zu besitzen.

2.4 Vergleich der numerischen Eigenschaften

Die drei vorgestellten Verfahren zur Parameterschätzung mit faktorisierten Matrizen ("Wurzelverfahren") sind durch einfache Beziehungen formal miteinander verknüpft.

Vergleicht man die Zerlegung der Kovarianzmatrix P im Potter-Algorithmus, Gl. (2.40), mit der U-D-Zerlegung, Gl. (2.47), so folgt

$$U\,D^{1/2} = T\,S = P^{1/2} \qquad (2.53)$$

mit einer beliebigen Orthogonalmatrix T.

Wegen der Diagonalstruktur von D kann $D^{1/2}$ einfach berechnet werden.

Berücksichtigt man Gl. (2.31), so ist

$$[\Psi^T\Psi]^{-1} = P = [R^TR]^{-1} \qquad (2.54)$$

und damit

$$P^{-1/2} = R = [U\ D^{1/2}]^{-1} = T\ S^{-1} \ . \qquad (2.55)$$

Die Faktormatrizen der Schätzverfahren sind also - wie aus der Herleitung nicht anders zu erwarten - ähnlich wie Kovarianz- und Informationsmatrix miteinander verknüpft. Umfangreiche Untersuchungen (Bierman, 1977) haben gezeigt, daß bei entsprechender Programmierung alle auf der Basis von Faktormatrizen von P oder P^{-1} formulierten Algorithmen eine vergleichbare, gegenüber dem konventionellen RLS-Verfahren erhöhte numerische Stabilität haben. Informations- und Kovarianzformen unterscheiden sich hier nicht.

Die erhöhte numerische Stabilität der Wurzelschätzverfahren kann durch eine Konditionsanalyse der maßgebenden Matrizen belegt werden.

Führt man das Hadamard'sche Konditionsmaß (Zurmühl, 1964) ein

$$\kappa = \frac{|\det A|}{V} \qquad (2.56)$$

mit

$$0 \le \kappa \le 1 \qquad (2.57)$$

und dem Produkt V der Zeilenvektorlängen $\|\underline{a}_i\|$

$$V = \prod_{i=1}^{n} \|\underline{a}_i\| , \qquad (2.58)$$

$$\|\underline{a}_i\| = \sqrt{\sum_k a_{ik}^2} , \qquad (2.59)$$

so ist die Kondition der Matrix A umso schlechter, je kleiner κ ist. So hat man $\kappa=0$ für singuläre A (det A=0) und $\kappa=1$ für reelle orthogonale A. κ ist invariant gegenüber Zeilenvertauschungen und Multiplikation der Zeilen mit von Null verschiedenen Faktoren.

Das Hadamard'sche Konditionsmaß vermeidet die Bildung der häufig zur Beurteilung der Kondition einer Matrix A herangezogenen Inversen A^{-1}. Diese ist nämlich gerade bei schlecht konditioniertem A nur ungenau zu erzeugen.

Bild 2.2 zeigt vergleichend die Konditionszahlen κ für verschiedene Schätzalgorithmen und unterschiedliche Anregungsamplituden, aufgezeichnet im on-line Betrieb. Die U-D-Faktorisierung, Kapitel 2.3.2, hat eine dem PSRF vergleichbare numerische Kondition.

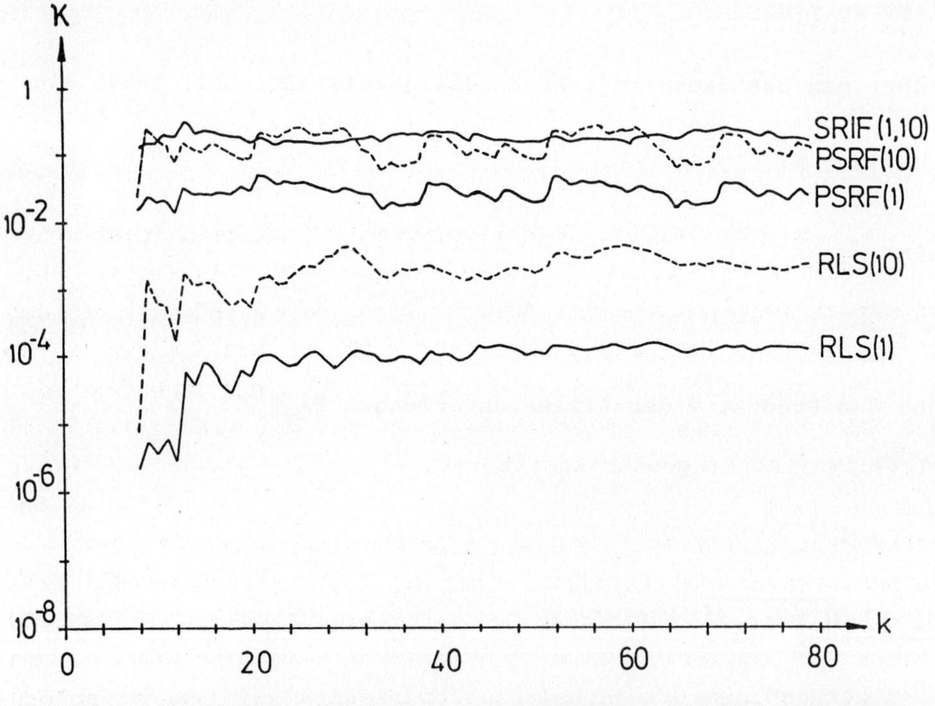

Bild 2.2: Numerische Kondition verschiedener Schätzalgorithmen (RLS: Gln.(2.36),(2.37); SRIF: Gl.(2.31); PSRF: Gln. (2.43)-(2.46);(Amplitude der Anregung) für Prozeß II.

Die Wurzelverfahren der Kovarianz- und Informationsform besitzen um mehrere Größenordnungen bessere Konditionsmaße als der konventionell programmierte RLS-Algorithmus: Deutlich ist auch der Einfluß der Anregungsamplitude auf die Kondition des Schätzproblems vor allem bei RLS erkennbar.

Tabelle 2.1 gibt die relativen Rechenzeiten für die besprochenen Algorithmen als Funktion der Häufigkeit der Schätzwertgenerierung für einen Parametervektor mit 10 Elementen wieder.

Tabelle 2.1: Vergleich der relativen Ausführungszeiten verschiedener LS-Algorithmen für $\dim\{\underline{\Theta}\}=10$ (p=Anzahl jeweils verarbeiteter Vektoren $\underline{\psi}$).

Algorithmus	relative Rechenzeit
RLS (Kap. 2.3)	p
SRIF (Kap. 2.2.2)	$0{,}65 + \frac{1}{p} \cdot 1{,}73$
PSRF (Kap. 2.3.1)	1,81 p
UDF (Kap. 2.3.2)	1,07 p

Die Frage, für welchen Anwendungszweck man ein bestimmtes Schätzverfahren einsetzen soll, kann nicht einheitlich beantwortet werden. Aus den Überlegungen folgt jedoch, daß der konventionelle RLS-Algorithmus, Gln. (2.36) und (2.37), nicht mehr eingesetzt werden sollte, da er - speziell gegenüber der U-D-Faktorisierung - keine Vorteile bietet und seine numerische Stabilität nicht gewährleistet ist.

Der Potter-Algorithmus ist in der Rechenzeit gegenüber der U-D-Faktorisierung im Nachteil, so daß dem Anwender die Wahl zwischen letzterem Verfahren der Kovarianzform und dem datenrekursiven Wurzelverfahren der Informationsform bleibt. Die hier notwendigen Orthogonaltransformationen zur rekursiven Meßdatenverarbeitung sind zeitaufwendiger als die rekursiv ausgeführte Aktualisierung der U-D-Kovarianzzerlegung.

Einen zeitlichen und methodischen Vorteil erzielt man jedoch bei Anwendung der Informationsform, wenn nicht ständig neue Parameterschätzwerte benötigt werden. Dann ist nämlich die Transformation auf das dreieckförmige Gleichungssystem nur in größeren Zeitabständen ($p>1$) notwendig. Für alle Anwendungen mit seltener Parameteraktualisierung, wie beispielsweise Fehlererkennungsverfahren, ist daher der Einsatz der Informationsform relativ günstiger. Dies gilt auch, falls die Matrizen direkt zur selbsttätigen rekursiven Bestimmung der Ordnung n des Schätzproblems herangezogen werden sollen, vgl. Kapitel 9. Für häufige Schätzwerterzeugung, wie in parameteradaptiven Systemen, ist dagegen die U-D-Faktorisierung vorzuziehen. Auch die vom Eigenwert der Parameterfehler-Gl. abhängige Robustheitssteuerung der Schätzung und des adaptiven Kreises, Kapitel 6-9, ist nur mit Kovarianzverfahren, also U-D, durchführbar.

2.5 Kalman-Filter-Anwendungen

Wird das Parameterschätzproblem auf die optimale Schätzung von Zustandsgrößen $\underline{x}$ eines dynamischen Systems

$$\underline{x}(k+1) = A\,\underline{x}(k) + \underline{g}\,\varsigma(k) \tag{2.60}$$

erweitert, wobei $\varsigma(k)$ ein über $\underline{g}$ auf das System wirkendes weißes Rauschsignal ("Prozeßstörung") darstellt, so muß die zur Lösung des Schätzproblems formulierte rekursive Riccati-Gl. (2.36), (2.37) um die Zeitvorhersage

$$P(k+1) = A\,P^{+}(k)A^{T} + \underline{g}\,Q\,\underline{g}^{T} \tag{2.61}$$

mit $Q=\text{var}\{\varsigma(k)\}$ erweitert werden. $P^+(k)$ entspricht hierbei der linken Seite von Gl. (2.37). Man hat damit die Darstellung der Kovarianzmatrix-Aktualisierung eines Kalman-Filters (Anderson, Moore, 1979), vgl. auch Kapitel 5.6.

Alle für Parameterschätzverfahren beschriebenen numerischen Probleme treffen ebenso auf Kalman-Filter zu. Daher empfiehlt sich auch hier der Einsatz eines der beschriebenen Algorithmen zur numerisch zuverlässigen Aktualisierung der Kovarianzmatrix P. Für die Berechnung von P(k+1) nach Gl. (2.61) wurden ebenfalls spezielle Formulierungen gefunden, die z.B. aus den U^+-D^+-Faktormatrizen von $P^+(k)$ die U-D-Faktoren von P(k+1) liefern (vgl. Thornton, Bierman, 1977; Bierman, 1981).

Mit der speziellen Problematik von bias-Termen und farbigem Prozeßrauschen in square-root-Algorithmen befassen sich weitere Arbeiten (Dyer, McReynolds, 1969; Bierman, 1975). Eine formalisierte Zusammenstellung findet sich in (Morf, Kailath, 1975).

Die bei Kalman-Filterung zusätzlich notwendige Zeitvorhersage, Gl. (2.61), erfordert bei nur meßdatenrekursiven Algorithmen SRIF, Kapitel 2.2.2, zusätzlich Inversionen von A und Q. Hier kann daher ein parameter- (bzw. Zustands-)rekursiver Schätzalgorithmus (z.B. U-D) vorteilhafter sein.

Abschließend sei erwähnt, daß durch Ausnutzung der Dualität von Regelung und Beobachtung, vgl. Kapitel 4 - 6, auch zur numerisch stabilen rekursiven Bestimmung einer quadratisch optimalen diskreten Zustandsrückführung (Riccati-Regler) Algorithmen prinzipiell gleicher Struktur verwendet werden können, wenn die Matrizen entsprechend gewählt werden; vgl. Strejc (1984).

Eine ausführliche Diskussion numerischer Aspekte in typischen regelungstechnischen Problemstellungen und geeignete stabile Algorithmen gibt Laub (1985).

3 Digitale Regelalgorithmen

Eine Stärke parameteradaptiver Regelverfahren besteht in der prinzipiellen Wahlmöglichkeit unter verschiedenen digitalen Reglertypen. Man kann - bei Beachtung einiger in den Kapiteln 8 und 9 ausgeführten Randbedingungen - den Regler unter klassischen regelungstechnischen Gesichtspunkten der Strecke entsprechend spezifizieren. Neben (Teil)kompensationsreglern nach dem Deadbeat- und Minimalvarianzkonzept stehen Zustandsregler und PID-Regler zur Verfügung, die sich durch universelle Einsatzbarkeit an unterschiedlichsten Streckentypen auszeichnen.

In den Anfangsjahren der parameteradaptiven Regelung wurden Kompensationsregler favorisiert, da sich die Reglerparameter hier direkt aus den geschätzten Prozeßparametern über einfache Beziehungen berechnen lassen. Solche Regler waren rechenzeit- und speicherplatzgünstig auch in niederen Programmiersprachen auf damals verfügbaren Mikrorechnern realisierbar (Bergmann, 1983).

Zustandsregler erfordern bei ausschließlicher Messung der Prozeßein- und ausgangsgrößen zusätzlich einen Beobachter. Der Reglerentwurf nach Polvorgabe ist zwar ebenfalls über einfache on-line-Rechnungen möglich, die Schwierigkeit, mehrere Eigenwerte "geeignet" in der z-Ebene vorzugeben, verhinderte eine Anwendung über grundlegende Studien hinaus (Kurz, 1980). Der Entwurf von Zustandsreglern über ein allgemeines quadratisches Gütekriterium erfordert dagegen trotz guter Konvergenz der Riccati-Differenzen-Gleichung einen erheblichen on-line-Rechenaufwand.

Noch aufwendiger gestaltet sich die Reglerparameterbestimmung bei PID-ähnlichen Reglern, da diese i.a. nicht aus Struktur und Parametern des Prozesses eindeutig berechnet werden können. Hier ist die Einstellung von bis zu 3 Parametern für eine große Klasse von Prozessen gefordert. In die Beurteilung der Regelgüte mit solchen Reglern fließen verschiedene, auch subjektive Kriterien ein, wie die breite Palette verfügbarer Regelgütekriterien (ITAE, ITE u.a.) zeigt. Hier konnte neben den auf der Grundlage quadratischer Regelgütekriterien numerisch optimierten PID-Reglern ein Einstellverfahren entwickelt werden, das auf der algebraischen Auswertung der Stabilitätseigenschaften des Prozesses basiert.

Der Bedeutung in heutigen und zukünftigen Anwendungen entsprechend, werden in diesem Kapitel die Entwurfsgleichungen für Deadbeat- und Minimal-Varianz-Regler angegeben, vor allem, um sie für Robustheitsüberlegungen verfügbar zu haben. Die Entwurfsprinzipien für parameteradaptive Zustandsregler werden unter Berücksichtigung des praktisch wichtigen Aspektes stationärer Genauigkeit dargestellt.

Verfahren zum automatisierten Entwurf digitaler PID-Regler sollen in diesem Kapitel ausführlich dargestellt werden, da PID-Regler, die sich ändernden oder unbekannten Strecken automatisch anpassen, sicher die technische Bedeutung parameteradaptiver Systeme in den nächsten Jahren bestimmen werden.

3.1 Kompensationsregler

3.1.1 Deadbeat-Regler

Fordert man für einen deterministischen Prozeß

$$G_p(z) = \frac{B(z^{-1})}{A(z^{-1})} z^{-d} \tag{3.1}$$

eine Führungsregelung mit endlicher Einstellzeit von n Abtastschritten, so muß die Führungsübertragungsfunktion durch ein einfaches Polynom n-ter Ordnung in z^{-1} darstellbar sein

$$G_w(z) = \frac{G_R(z)G_p(z)}{1 + G_R(z)G_p(z)} = [r_1 z^{-1} + \ldots + r_n z^{-n}] z^{-d}; \; n \geq m, \qquad (3.2)$$

der geschlossene Kreis also (n+d) Pole im Ursprung der z-Ebene besitzen (Jury, 1956 mit n=m), falls m die Prozeßordnung, d.h. der Grad des Polynoms $A(z^{-1})$, ist.

Mit der z-Transformierten der Führungssprunganregung

$$w(z) = [1-z^{-1}]^{-1} \qquad (3.3)$$

folgt nach kurzer Rechnung (Isermann, 1977) als Reglerübertragungsfunktion für Deadbeat-Verhalten

$$G_R(z) = \frac{Q(z^{-1})}{P(z^{-1})} = \frac{q_0 A(z^{-1})[1-\alpha z^{-1}]}{1 - q_0 B(z^{-1}) z^{-d} [1-\alpha z^{-1}]} = \frac{u(z)}{e(z)} \qquad (3.4)$$

mit

$$q_0 = [1-a_1(1-\beta)]/[1-a_1] \sum b_i \qquad (3.5)$$

und

$$\alpha = 1 - [q_0 \sum b_i]^{-1} \, . \qquad (3.6)$$

Für β=1 dauert der Einstellvorgang für die Stellgröße m+1 und für die Regelgröße m+1+d Schritte und es gilt u(0)=u(1), also Gleichheit der ersten beiden Stellgrößen. Fordert man die im Rahmen dieses Konzeptes minimale Einschwingzeit von m bzw. m+d Schritten, so ist in Gl. (3.5) β=0 zu setzen.

Aus Gln. (3.1), (3.2) und (3.4) folgt

$$G_w(z) = q_0 B(z^{-1}) z^{-d} [1-\alpha \; z^{-1}] \qquad (3.7)$$

als Führungsübertragungsfunktion mit der charakteristischen Gleichung

$$N(z) = z^{m+d+\beta} . \tag{3.8}$$

Aus Gl. (3.7) folgt direkt, daß der Deadbeat-Regler die Eigenwerte des Prozesses kompensiert. Nun ist die Prozeßübertragungsfunktion, Gl. (3.1), i.a. nicht exakt bekannt. In parameteradaptiven Regelungen wird vielmehr $B(z^{-1}):=\hat{B}(z^{-1})$; $A(z^{-1}):=\hat{A}(z^{-1})$ mit den geschätzten Prozeßmodellparametern $\hat{a}_i$, $\hat{b}_i$ gesetzt. In der Regel stimmen die Modellparameter nicht vollständig mit den tatsächlichen Streckenparametern überein. Daraus folgt umgekehrt, daß bei nur teilweiser Kompensation das Zeitverhalten von Stell- und Regelgröße nicht mehr durch eine endliche, abbrechende Stellfolge charakterisiert ist - bedingt durch die dann entstehende gebrochen rationale Führungsübertragungsfunktion. Dies führt oft zu einer nur sehr langsam abklingenden Stellunruhe und kann eine merkliche Verschlechterung der Regelgüte bewirken.

3.1.2 Robustheit von Deadbeat-Reglern

Regler mit endlicher Einstellzeit von m+d Schritten können als Grenzfall optimaler Zustandsregler, die auf der Grundlage eines quadratischen Gütekriteriums ohne Stellgrößengewichtung entworfen wurden, aufgefaßt werden, siehe Kapitel 4. Dort wird auch gezeigt, daß solche Regler keine Optimalitätsreserve besitzen; jede noch so kleine Streckenvariation führt formal zum Verlust der Eigenschaft endliche Einstellzeit. Streng genommen sind demnach Deadbeat-Regler unendlich empfindlich bezüglich ihres eigentlichen Entwurfskriteriums, wie dies oben bei der Kompensationsüberlegung bereits deutlich wurde.

Entspannt man jedoch die Forderung nach vollständiger Einstellung der Regelgröße in m+d Schritten auf das Erreichen eines $\pm\ \epsilon$ %-Bandes um den Endwert, also

$$(1-\epsilon)w(k) < y(k) < (1+\epsilon)w(k) \; ; \; k \geq m \; ; \; 0 \leq \epsilon < 1 \, , \tag{3.9}$$

so erhält man durch Anschreiben der Differenzengleichung für Deadbeat-Regler und modifizierte Strecke

$$B_\mu(z) = \mu \, B(z) \tag{3.10}$$

unter Verwendung der Forderung, Gl. (3.9), für Prozesse *1.Ordnung* eine zulässige multiplikative Verstärkungsänderung μ_{opt} des Prozesses zu

$$\mu_{opt1} = 1 \pm \epsilon \, . \tag{3.11}$$

Für Prozesse *2.Ordnung* folgt

$$\mu_{opt2} = \frac{f}{2} - \sqrt{\frac{f^2}{4} - (f-1)(1\pm\epsilon)} \tag{3.12}$$

mit

$$f = 1 + \frac{[b_1 + b_2]^2}{{b_1}^2} \, , \tag{3.13}$$

also eine - im Unterschied zu Systemen 1.Ordnung - von den Prozeßparametern b_1 und b_2 abhängige Beziehung, die den zulässigen Toleranzschlauch ϵ auf

$$1 - \frac{f^2}{4(f-1)} < \epsilon < \frac{f^2}{4(f-1)} - 1 \tag{3.14}$$

einschränkt; vgl. Anhang A3. Umgekehrt folgt aus Gl. (3.12), daß die Abweichung ϵ von Streckenverstärkungsänderungen μ quadratisch abhängt, was für $\mu>1$ ein überpoportionales Anwachsen der Abweichung vom idealen Deadbeat-Verhalten, z.B. bei Verstärkungsschätzfehlern, bedeutet.

Da die b-Parameter der z-Übertragungsfunktion des Prozesses von der Abtastzeit und den Prozeßzeitkonstanten abhängen, gilt dies auch für die Verstärkungstoleranz $(\mu-1)\%$ ab Ordnung 2.

Für Systeme höherer Ordnung werden die Abhängigkeiten sehr kompliziert oder sind nicht mehr geschlossen zu berechnen. Weitere möglicherweise variierende Größen wie die das Zeitverhalten charakterisierenden Nennerparameter a_i oder die Abtastzeit T_0 können in ihrem Einfluß auf das Einstellverhalten des Deadbeat-Reglers praktisch nur über Simulationen untersucht werden.

Aus der charakteristischen Gleichung des variierten Kreises können die tatsächlichen *Stabilitätsreserven* eines Regelkreises mit endlicher Einstellzeit von m+d Schritten bei Verstärkungsfaktoränderungen μ der Strecke berechnet werden. Für den Fall, daß Pole und Nullstellen richtig bestimmt wurden, also Kompensation des Eigenverhaltens stattfindet, folgt die charakteristische Gleichung mit variiertem System, Gl. (3.10), aus Gl. (3.7) mit d=0, α=0 zu

$$N(z^{-1}) = 1 + (\mu-1)q_0B(z^{-1}) = 0 \ .$$

Aus den Stabilitätsbedingungen von Schur/Cohn/Jury hat man dann folgende Aussagen:

Satz 3.1: Stabilitätsrobustheit bei DB-Reglern

Die Verstärkung eines Übertragungsgliedes *1.Ordnung* darf höchstens verdoppelt werden, wenn der Regelkreis mit nominalem Deadbeat-Regler der Ordnung m stabil bleiben soll,

$$\mu_{stab1} < 2 \ . \tag{3.15a}$$

Die Verstärkung eines Systems *2.Ordnung* darf höchstens um

$$\mu_{stab2} \leq \frac{2\,b_1}{b_1 - b_2} \text{ für } b_1,\ b_2 > 0\ ;\ b_1 > b_2 \tag{3.15b}$$

erhöht werden, um Stabilität des Kreises mit Deadbeat-Regler der Ordnung m zu gewährleisten.

Der geschlossene Kreis hat dann jeweils einen Pol bei z=-1, der grenzstabile Dauerschwingungen der Frequenz $\omega=\pi/T_0$ bewirkt ■
Der Beweis folgt direkt aus der charakteristischen Gleichung.

Für Systeme höherer Ordnung ergeben sich bei exakter Polkürzung charakteristische Gleichungen der Ordnung m (m: Prozeßmodellordnung), aus deren Lösung μ berechnet werden kann. Es konnte für mehrere PT_n-Strecken durch numerische Berechnung der Stabilitätsgrenzen gezeigt werden, daß bis n=3 die zulässige Verstärkungsvariation μ_{stab} zwar von den Zeitkonstantenverhältnissen des Systems abhängt, aber stets über dem Grenzwert $\mu_{stab}=2$ für PT_1-Systeme, Gl. (3.15a), liegt, dieser also als ungünstigster Fall wohl auch für Systeme höherer Ordnung angenommen werden darf, vgl. auch Gl. (3.15b): Die Verstärkung einer PT_n-Strecke höher als 1.Ordnung darf sich mindestens verdoppeln, ohne daß der Deadbeat-Regelkreis instabil wird. Sollen die Auswirkungen bei nichtexakter Kürzung der Prozeßpole, also veränderlicher a-Parameter, bestimmt werden, so muß die vollständige ungekürzte charakteristische Gleichung der Ordnung 2m ausgewertet werden, in der sämtliche Prozeßparameter verknüpft auftreten. Die Stabilitätsgrenzen können dann entweder numerisch über Simulationen verschiedener Einflußgrößen (Zeitkonstantenverhältnis, Abtastzeit usw.) bestimmt oder aber durch Anwendung neuerer Ergebnisse zur Robustheit der Stabilität von Polynomen mit variierenden Koeffizienten (vgl. z.B. Anderson et.al., 1986) analytisch berechnet werden.

3.1.3 Minimal-Varianz-Regler

Wurde der Deadbeat-Regler für die Ausregelung deterministischer, sprungförmiger Führungsgrößenänderungen in einer fest vorgegebenen Zeitspanne entworfen, so kann man auch die optimale Ausregelung stochastischer Störungen zum Entwurfsziel machen. Wegen der statistischen Eigenschaften des Störsignales muß dem Reglerentwurf auch ein statistisches Gütekriterium, in diesem Falle die Varianz der Regelgröße $E\{y^2(k)\}$, zugrunde gelegt werden.

Die Güte eines Regelsystems hängt jedoch nicht nur vom Verhalten der Regelgröße ab, sondern ebenso vom benötigten Stellenergieaufwand. Im Gütekriterium wird daher sinnvollerweise zusätzlich eine Bewertung der Stellenergie vorgesehen.

Die Aufgabe lautet also, ein Regelgesetz zu bestimmen, das den Güteindex

$$J_{MV} = E\{y^2(k+d+1) + r\,u^2(k)\} \tag{3.16}$$

minimiert. Für r=0 erhält man die eigentliche Regelung auf *minimale* Varianz, für r>0 den verallgemeinerten Minimalvarianzregler (Åström, 1970; Isermann, 1977), der wegen der Berücksichtigung der Stellgrößen eine gegenüber r=0 erhöhte Varianz der Regelgröße bewirkt.

Die aktuelle Stellgröße u(k) kann frühestens zum Zeitpunkt k+d+1 (bei vorausgesetzter Nichtsprungfähigkeit des Prozesses) die Regelgröße beeinflussen. Zur Ableitung der Reglergleichung muß daher diese Vorhersage in Gl. (3.16) berücksichtigt werden.

Nach umfangreicher Rechnung erhält man schließlich für ein Störsignalmodell $D(z^{-1})/A(z^{-1})$, Gln. (2.10) und (2.13), die z-Übertragungsfunktion des *MV3-Reglers* für w=0 zu

$$G_R(z) = \frac{u(z)}{y(z)} = \frac{-\,L(z^{-1})}{z\,B(z^{-1})F(z^{-1}) + \frac{r}{b_1}D(z^{-1})} \,. \tag{3.17}$$

$L(z^{-1})$ ist ein Polynom von Ordnung m-1, $F(z^{-1})$ ist von Ordnung d mit f_0=1. Die insgesamt (m+d) Parameter l_i und f_i der Polynome $L(z^{-1})$ und $F(z^{-1})$ folgen durch Koeffizientenvergleich in der Differenzengleichung der Ordnung (m+d)

$$D(z^{-1}) = F(z^{-1})A(z^{-1}) + z^{-(d+1)}L(z^{-1}) \tag{3.18}$$

Für totzeitfreie Prozesse (d=0) vereinfacht sich Gl. (3.17) wegen $F(z^{-1})=1$ über Gl. (3.18) zu

$$G_R(z) = \frac{u(z)}{y(z)} = -\frac{[D(z^{-1}) - A(z^{-1})]z}{z\,B(z^{-1}) + \frac{r}{b_1} D(z^{-1})} . \tag{3.19}$$

Setzt man Stabilität des Prozesses und Phasenminimalität des Störfilters voraus, so folgt aus Gl. (3.19) für z=1 das proportionalwirkende statische Verhalten des MV-Reglers, das bei Anwendung in Führungsregelungen [$y(z) \rightarrow [w(z)-y(z)]$ in Gln. (3.17) und (3.19)] zu bleibenden Regelabweichungen führt. Diese kann - dynamisch nachteilig - mit einem zusätzlich parallel geschalteten Integrator ausgeregelt oder aber durch Addition eines Stellgrößenbeharrungswertes nach Gl. (3.49) und (3.52) weitgehend ausgesteuert werden.

Legt man der Identifikation ein einfaches LS-Modell, Gl. (2.5), zugrunde [$D(z^{-1})=1$]; also einen AR-Prozeß als Störung, so vereinfacht sich die Reglerübertragungsfunktion, Gl. (3.19), auf

$$G_R(z) = \frac{u(z)}{y(z)} = -\frac{[1-A(z^{-1})]}{B(z^{-1}) + \frac{r}{b_1} z^{-1}} . \tag{3.20}$$

Für r=0 erhält man den Minimal-Varianz-Regler ohne Stellgrößenbewertung. Er kompensiert die Nullstellen $B(z^{-1})$ des Prozesses, vgl. Gln. (3.19) und (3.20); er darf auf diskrete Systeme mit Nullstellen außerhalb des Einheitskreises ("instabile Nullstellen") also nicht angewendet werden.

<u>Anmerkung</u>: Wie in (Åström et.al., 1984) gezeigt wird, verlassen die Nullstellen der z-Übertragungsfunktion abgetasteter Systeme

in bestimmten Fällen für kleine Abtastzeiten den Stabilitätskreis. Bei Anwendung des MV-Reglers und $r=0$ können daher auch mit im Kontinuierlichen phasenminimalen Prozessen Schwierigkeiten auftreten.

Tritt weißes Rauschen als Störsignal auf, so folgt wegen $D(z^{-1})=A(z^{-1})$ aus Gl. (3.19) der offene Regelkreis. Dies bedeutet, daß die mit MV-Reglern minimal erreichbare Varianz der Regelgröße der Varianz des Rauschsignales entspricht. Besitzt der Prozeß eine Totzeit $d>0$, so vergrößert sich diese minimal erreichbare Varianz (Isermann, 1977).

3.1.4 Robustheit von Minimal-Varianz-Reglern

Die Optimaleigenschaft eines MV-Reglers liegt durch die Wahl von r im Güteindex, Gl. (3.16), fest. Die kleinstmögliche Varianz kann nur für $r=0$ erreicht werden. Jede andere Wahl von $r>0$ bedeutet einen Kompromiß zwischen der Erzielung einer gedämpften Regelgröße und annehmbaren Stellgrößen.

Man kann nun versuchen, den Einfluß von Streckenvariationen oder Modellfehlern auf die Eigenschaften des Minimal-Varianz-Reglers zu bestimmen. Im folgenden sollen wieder Verstärkungsvariationen $B_\mu(z^{-1})=\mu\, B(z^{-1})$ des Prozesses untersucht werden. Das charakteristische Polynom eines Regelkreises mit MV3-Regler lautet mit Gln. (3.19) und (2.8) für $d=0$

$$\begin{aligned}
N(z^{-1}) &= N_p(z^{-1})N_R(z^{-1}) + Z_p(z^{-1})Z_R(z^{-1}) \\
&= A(z^{-1})\left[z\, B(z^{-1}) + \frac{r}{b_1} D(z^{-1})\right] \\
&\quad + \mu\, z\, B(z^{-1})\left[D(z^{-1}) - A(z^{-1})\right] \\
&= D(z^{-1})\left[\frac{r}{b_1} A(z^{-1}) + \mu\, z\, B(z^{-1})\right] + z(1-\mu)B(z^{-1})A(z^{-1}) \\
&= D(z^{-1})\left[\frac{r}{b_1} A(z^{-1}) + z\, B(z^{-1})\right] \\
&\quad + (\mu-1)z\, B(z^{-1})\left[D(z^{-1}) - A(z^{-1})\right] \,. \qquad (3.21)
\end{aligned}$$

Der erste Term der rechten Seite in Gl. (3.21) entspricht der charakteristischen Gleichung des geschlossenen nominalen MV-Regelkreises (also μ=1); der zweite Ausdruck entspricht dem (μ-1)-fachen des Nullstellenpolynoms des Kreises. Für $\mu \rightarrow \infty$ wandern die Pole des geschlossenen Kreises in dessen Nullstellen. Wegen des Polüberschusses verläßt ein Zweig der WOK bei einem bestimmten μ den Einheitskreis (Nullstelle im Unendlichen); es gibt somit sicher ein μ_{max}, das Instabilität des MV-Regelkreises bewirkt, auch wenn dessen Nullstellen sämtlich stabil sind. Wegen der Komplexität der charakteristischen Gleichung ist eine geschlossene allgemeine Aussage nicht möglich; die Grenze μ_{max} für Stabilität als Funktion z.B. des Entwurfsparameters r kann sinnvoll nur über Simulationen gefunden werden.

Bild 3.1 zeigt den Stabilitätsbereich, also die zulässige multiplikative Variation μ, als Funktion der auf b_1 bezogenen Stellgrößenbewertung r' [r=f(b_1), Gl. (3.19)], für einen stabilen Prozeß 2.Ordnung (Prozeß II). Erwartungsgemäß wird die Stabilität des MV-Regelkreises für wachsende r robuster gegenüber Verstärkungsvariationen oder statischen Modellierungsfehlern. Dies folgt direkt aus Gl. (3.21): Für wachsende r wird das stabile Polynom $D(z^{-1})A(z^{-1})$ stärker gewichtet. Je größer r ist, desto stärker wird die WOK zu diesen stabilen Polen hingezogen.

Bild 3.2 zeigt die bezogene Varianz des Ausgangssignales als Funktion der Verstärkungsvariationen μ mit dem Bewertungsfaktor r' als Scharparameter. Mit zunehmender Stellgrößengewichtung r verschiebt sich das Minimum zu größeren Prozeßverstärkungen; die durch r>0 verringerte Reglerverstärkung wird teilweise über die erhöhte Prozeßverstärkung ausgeglichen. Deutlich ist auch zu erkennen, daß sich der Stabilitätstopf für r>0 schnell erweitert und die relative minimale Varianz in einem zunehmenden Variationsbereich μ erhalten wird. Die absolut minimale Varianz

$\sigma_y^2 = \sigma_\nu^2$ erhält man, wie oben diskutiert, nur für r=0. Die Unendlichkeitsstellen der Kurven stimmen mit den Stabilitätsgrenzen, Bild 3.1, für jeweils gleiche r' überein.

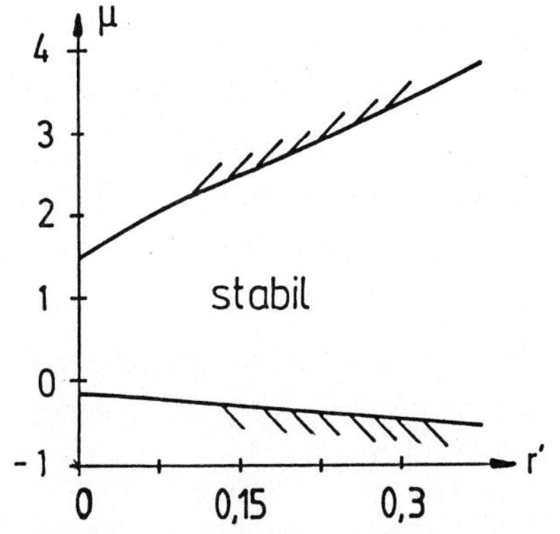

Bild 3.1: Stabilitätsbereich MV-3-Regler bei multiplikativen Verstärkungsänderungen μ der Strecke (Prozeß II) als Funktion von $r'=r/b_1$ für $D(z)=z^2+0{,}5z+0{,}25$.

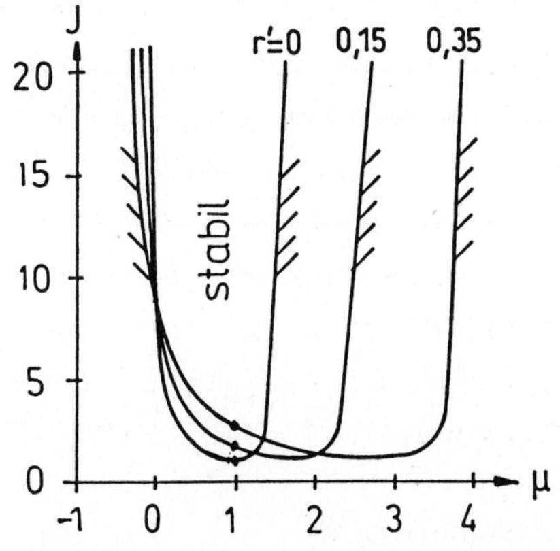

Bild 3.2: Varianz σ_y^2/σ_ν^2 als als Funktion von μ und r'.

Abschließend wird noch der Einfluß einer falsch bestimmten Verstärkung des Störfilters (oder der Störung n) bei sonst nominalen Verhältnissen betrachtet. Für das Störübertragungsverhalten gilt mit

$$D_\mu(z^{-1}) = \mu\, D(z^{-1}) \tag{3.22}$$

und r=0 (minimale Varianz)

$$G_{\nu y}(z) = \frac{y(z)}{\nu(z)} = \frac{G_v(z)}{1 - G_R(z)G_p(z)} \tag{3.23}$$

$$= \frac{D_\mu(z^{-1})}{A(z^{-1}) + D(z^{-1}) - A(z^{-1})} = \mu \tag{3.24}$$

und damit für die Varianz

$$\sigma_y^2 = \mu^2 \sigma_\nu^2 \; . \tag{3.25}$$

Mit einer Abweichung, Gl. (3.22), nimmt das Gütekriterium, Gl. (3.16), den tatsächlichen Wert

$$J_{MV}(D_\mu) = J_{MV}(\mu D) = \mu^2 J_{MV}(D) \tag{3.26}$$

an. Verschlechtert sich also z.B. die Dämpfung der Störung linear, so nimmt bei festem Regler die Varianz der Regelgröße quadratisch zu.

3.2 Zustandsregler

Das dynamische Verhalten eines zeitdiskreten linearen nicht sprungfähigen Systems kann durch ein System von Differenzengleichungen 1.Ordnung

$$\begin{aligned} \underline{x}(k+1) &= A\,\underline{x}(k) + \underline{b}\,u(k) \\ y(k) &= \underline{c}^T \underline{x}(k) \end{aligned} \tag{3.27}$$

mit der skalaren Eingangsgröße u(k), der skalaren Ausgangsgröße y(k) und dem (mx1)-Zustandsvektor $\underline{x}(k)$ dargestellt werden. Die (mxm)-Systemmatrix A bestimmt das Eigenverhalten des Systems nach einer Auslenkung aus der Ruhelage $\underline{x}_0=\underline{0}$. Der (mx1)-Steuervektor legt die Wirkung der Eingangsgröße auf den Zustandsvektor fest, der (mx1)-Beobachtungsvektor (auch Meßvektor) $\underline{c}$ erzeugt die Ausgangsgröße y aus den Zuständen $\underline{x}(k)$.

Die Darstellung, Gl. (3.27), erhält man z.B. direkt aus der Ein/Ausgangsdifferenzengleichung m-ter Ordnung, Gl. (2.2), durch Einführung von m Zustandsgrößen $x_i(k)$, die der Forderung

$$x_1(k) = x_2(k-1) = \ldots = x_m(k-m+1) \tag{3.28}$$

genügen. Verlangt man weiter, daß die Ausgangsgröße y(k) eine Linearkombination der Zustände zum Zeitpunkt k, also

$$y(k) = c_1 x_1(k) + \ldots + c_m x_m(k) \tag{3.29}$$

sein und außerdem von vergangenen Stellgrößenwerten u(k-1) ... u(k-m) nicht explizit abhängen soll, erhält man nach kurzer Rechnung die Darstellung, Gl. (3.27), mit

$$A = \begin{bmatrix} 0 & 1 & 0 & \ldots & 0 & 0 \\ 0 & 0 & 1 & & & \\ \cdot & & & \ddots & & \\ \cdot & & & & \ddots & \\ \cdot & & & & & \\ 0 & 0 & \ldots & \ldots & 0 & 1 \\ -a_m & -a_{m-1} & \ldots & \ldots & -a_2 & -a_1 \end{bmatrix} ; \quad \underline{b} = \begin{bmatrix} 0 \\ \\ \cdot \\ \cdot \\ \cdot \\ 0 \\ 1 \end{bmatrix}$$

$$\underline{c}^T = [b_m \ldots b_1] \, . \tag{3.30}$$

Sie wird wegen ihrer einfachen Struktur als kanonische Form und speziell als *Regelungsnormalform* bezeichnet. Die Elemente a_i in Matrix A und b_i in Vektor $\underline{c}$ sind identisch mit den Koeffizienten der Differenzengleichung (2.2) und der zugehörigen z-Übertragungsfunktion, Gl. (2.8). Gl. (3.27) stellt mithin in diesem Fall lediglich eine andere Repräsentation des dynamischen Ein/Ausgangsverhaltens dar. Falls man von der Übertragungsfunktion G(z) ausgeht, die nur den vollständig steuer- und beobachtbaren Teil des Prozeßübertragungsverhaltens beschreibt, kann man auch von Gl. (3.30) zum transponierten System in Beobachternormalform

$$\begin{aligned} \underline{x}(k+1) &= A_B \underline{x}(k) + \underline{b}_B u(k) \\ y(k) &= \underline{c}_B^T \underline{x}(k) \end{aligned} \tag{3.31}$$

übergehen mit

$$A_B = A^T \; ; \; \underline{b}_B = \underline{c} \; ; \; \underline{c}_B = \underline{b} \, . \qquad (3.32)$$

Da die Zustände $x_i(k)$ nicht gemessen werden, müssen sie aus Gl. (3.31) rekonstruiert werden. Nimmt man an, A_B und $\underline{b}_B$ seien bekannt (sie enthalten die geschätzten Parameter der Übertragungsfunktion), so können die $x_i(k)$ wegen der Beobachtbarkeit des Systems über

$$\hat{\underline{x}}(k) = A_B\hat{\underline{x}}(k-1) + \underline{b}_B u(k) \qquad (3.33)$$

mit dem letzten Zustand

$$x_m(k-1) = y(k-1) \qquad (3.34)$$

direkt aus vergangenen Ein- und Ausgangswerten berechnet werden

$$\hat{x}_i(k) = -\sum_{j=0}^{i-1} \hat{a}_{m-j} y(k-i+j) + \sum_{j=0}^{i-1} \hat{b}_{m-j} u(k-i+j) + \begin{cases} 0 & i \neq m \\ \hat{c} & i = m \end{cases} \qquad (3.35)$$

(Lachmann, 1983). Diese *Rekonstruktion der Zustände* hat gegenüber einer ebenfalls möglichen *Beobachtung*, vgl. Kapitel 5, den Vorteil, daß keine Beobachterrückführung $\underline{h}$ entworfen werden muß. Gl. (3.35) stellt auch gleichzeitig die dynamisch schnellstmögliche Erzeugung der "wahren" Zustände dar. Sie reagiert jedoch auch besonders empfindlich auf Fehlereinflüsse durch gestörte Prozeßsignale y(k) und falsche Gleichwerte $\hat{c}$, was zu einem im Vergleich zur Beobachtung unruhigeren Verlauf rekonstruierter Zustände führen kann.

Als Zustandsregler bezeichnet man eine Rückführung

$$u(k) = -\underline{k}^T\underline{x}(k) \, , \qquad (3.36)$$

wobei im Falle der Verwendung rekonstruierter Zustände $\underline{x}(k) \rightarrow \hat{\underline{x}}(k)$ zu setzen ist.

Der Regler $\underline{k}$ kann auf mehreren Wegen festgelegt werden, wobei verschiedenste Anforderungen berücksichtigt werden können (Tolle, 1985).

Hier werden die häufig verwendete Methode der *Polvorgabe* und der *quadratisch optimale Entwurf* dargestellt.

Mit Gl. (3.36) erhält man aus der Systemzustands-Gl. (3.27) das charakteristische Polynom des Zustandsregelkreises zu

$$\det[z\,I - A + \underline{b}\,\underline{k}^T] = 0\,. \tag{3.37}$$

Liegt das System in Regelungsnormalform, Gl. (3.30), vor, wird aus Gl. (3.37)

$$z^m + [k_m + a_1]z^{m-1} + \ldots + [k_2 + a_{m-1}]z + [k_1 + a_m] = 0. \tag{3.38}$$

Soll der geschlossene Regelkreis ein gewünschtes Eigenverhalten der Form

$$[z-z_m]\cdot\ldots\cdot[z-z_1] = 0 \tag{3.39}$$

erhalten, so sind die m Eigenwerte z_i vorzugeben. Ein Koeffizientenvergleich in Gl. (3.38) und (3.39) liefert direkt die Rückführung $\underline{k}^T = [k_1 \ldots k_m]$.

Die Wahl der Eigenwerte ist im diskreten Zeitbereich nicht so anschaulich möglich wie im zeitkontinuierlichen. Über die Beziehung

$$z = e^{T_0 s} \tag{3.40}$$

können gewünschte, in der s-Ebene spezifizierte Polkonfigurationen jedoch für eine Abtastzeit T_0 in den z-Bereich transformiert werden.

Das Verfahren der Polvorgabe ist besonders für Regelstrecken geeignet, deren gewünschte Eigenschaften sich gut in Form von Eigenwertkonfigurationen spezifizieren lassen. Hierzu gehören z.B. Fahrzeuge, Flugzeuge und Antriebe.

Polvorgaberegler sind in adaptiven Kreisen nur unbefriedigend zu realisieren, da eine fixe Polfestlegung etwaige Streckenvariationen mit geänderten Anforderungen an das Verhalten des geschlossenen Kreises nicht berücksichtigt.

Für den Einsatz im parameteradaptiven Kreis ist es wegen der Vielzahl potentieller Regelstrecken günstiger, ein allgemeines Gütekriterium der Form

$$J_{ZR} = \sum_{k=0}^{N} \alpha^{2k} [\underline{x}^T(k) Q \, \underline{x}(k) + r \, u^2(k)] \tag{3.41}$$

mit

$$Q > 0 \, , \, r > 0 \tag{3.42}$$

dem Entwurf des Zustandsreglers zugrunde zu legen (vgl. z.B. Safonov, 1980). Gl. (3.41) bewertet den Verlauf der Zustandsgrößen $\underline{x}(k)$ und der Stellgröße $u(k)$ quadratisch. $\alpha \geq 1$ stellt einen zusätzlichen Freiheitsgrad dar und erzwingt, daß die Pole des resultierenden Zustandsregelkreises innerhalb eines Kreises mit Radius $1/\alpha$ in der z-Ebene liegen. Wird nur Stabilität gefordert, ist $\alpha=1$ zu setzen. Das Minimum von J_{ZR} kann unter der Nebenbedingung der Zustands-Gl. (3.27), z.B. durch Anwendung des Bellman'schen Optimalitätsprinzips, vgl. Isermann (1977), über die Matrix-Riccati-Differenzengleichung

$$P_{N-j} = \alpha^2 \left[Q + A^T P_{N-j+1} \left[I - \underline{b} \, [r + \underline{b}^T P_{N-j+1} \underline{b}]^{-1} \underline{b}^T P_{N-j+1} \right] A \right] \tag{3.43}$$

$$j = 1, \ldots N$$

mit $P_N=Q$ als Startmatrix rekursiv bestimmt werden zu

$$\min J_{ZR}\big|_{u(k)} = \underline{x}^T(0)P\,\underline{x}(0)\ . \tag{3.43a}$$

$P=P_0$ ist die einzige symmetrische positiv definite stationäre Lösung von Gl. (3.43) für $N \to \infty$

$$P = \alpha^2\left(Q + A^T P\left[I - \underline{b}\left[r+\underline{b}^T P\,\underline{b}\right]^{-1}\underline{b}^T P\right]A\right)\ . \tag{3.44}$$

Sie existiert für vollständig steuerbare, stabile Systeme, Gl. (3.27), immer. Die Konvergenzgeschwindigkeit hängt von den dynamischen Eigenschaften des Systems ab, ist jedoch in der Regel schnell (<100 Iterationsschritte) und daher problemlos unter Echtzeitbedingungen ausführbar. Die Zustandsrückführung $\underline{k}$ für Gl. (3.36) erhält man aus Gl. (3.44) zu

$$\underline{k}^T = \left[r + \underline{b}^T P\,\underline{b}\right]^{-1}\underline{b}^T P\,A\ . \tag{3.45}$$

Sie gewährleistet einen stabilen Kreis, falls P existiert.
Das sich einstellende Regelverhalten wird durch die Wahl der Bewertungsgrößen Q und r bestimmt. Der Einfluß dieser Größen auf das dynamische Verhalten und die Robustheitseigenschaften der Zustandsrückführung werden ausführlich in Abschnitt II dargestellt. Hier sei nur angemerkt, daß die Wahl

$$Q = q\,I \quad ; \quad q > 0 \tag{3.46}$$

sinnvoll ist, da eine vollbesetzte Matrix Q zu einem erheblichen Anwachsen der Rechenzeit in Gl. (3.43) führt und wegen der von physikalischer Bedeutung weitgehend losgelösten Zustände auch entbehrlich ist. Setzt man Gl. (3.46) in Gl. (3.41) ein, so kann anstelle

$$J_{ZR} = q\sum_{k=0}^{N}\alpha^{2k}\left[\underline{x}^T(k)\underline{x}(k) + \frac{r}{q}\,u^2(k)\right] \quad ; \quad q > 0 \tag{3.47}$$

auch

$$J^{*}_{ZR} = \sum_{k=0}^{N} \alpha^{2k}[\underline{x}^T(k)\underline{x}(k) + r^{*}u^2(k)] \tag{3.48}$$

mit gleichem Ergebnis minimiert werden, vgl. Tolle (1985). Dies verringert die notwendigen Entwurfsvorgaben auf die Festlegung von r^{*}.

Aus der proportionalen Rückführung der Systemzustände, die über zeitliche Rückwärtsverschiebungen (im Zeitkontinuierlichen über Ableitungen) miteinander verknüpft sind, vgl. Gl. (3.28), folgt direkt die proportional-differenzierende Wirkung der Zustandsregelung, die ohne weitere Maßnahmen zu bleibenden Abweichungen bei bleibenden Störungen führt. Der im Regelkreis benötigte Integrator als inneres Modell für auszuregelnde sprungförmige äußere Störungen kann entweder zusätzlich zur Rückführung Gl. (3.36) eingefügt werden, vgl. z.B. Hensel (1987). Eine andere Lösung besteht in der Erweiterung des Beobachters um einen zusätzlichen Zustand zur Nachbildung abschnittsweise konstanter äußerer Störungen, vgl. Bux (1975); Isermann (1977); Weihrich (1978). Führungsgrößen werden im Rahmen der Modellbildung stationär genau durch ein Vorfilter erreicht.

Eine weitere Möglichkeit ist die stationäre Kompensation der Regelabweichung durch Aufschaltung einer zusätzlichen Beharrungsstellgröße U_0, Lachmann (1983), die über

$$U_0 = \frac{w - \hat{c}_0}{\hat{K}_p} \tag{3.49}$$

aus der Führungsgröße w sowie dem geschätzten Beharrungswert

$$\hat{c}_0 = \hat{c}\left(1 + \sum_{i=1}^{m} \hat{a}_i\right)^{-1} \tag{3.50}$$

mit $\hat{c}$ aus Gl. (2.2) und der ebenfalls geschätzten Verstärkung

$$\hat{K}_P = \frac{\sum \hat{b}_i}{1 + \hat{\sum} a_i} \tag{3.51}$$

sehr einfach berechnet werden kann. Die tatsächliche Stellgröße ergibt sich dann mit Gl. (3.36) zu

$$U(k) = u(k) + U_0 \; . \tag{3.52}$$

Eine vollständige Kompensation kann allerdings nur erwartet werden, falls $\hat{c}_0$ und $\hat{K}_p$ richtig geschätzt wurden. Deshalb wird besonders bei stärker gestörter Regelgröße eine Kombination von stationärer Kompensation und Einfügung eines zusätzlichen parallelen Integrators empfohlen. Dieser kann wegen der geringen verbleibenden Abweichung dann sehr schwach eingestellt werden, um das gute dynamische Verhalten des Zustandsreglers möglichst wenig zu beeinflussen.

Die Robustheitseigenschaften von Zustandsreglern werden ausführlich in Kapitel 4 dargestellt.

3.3 PID-Regler

3.3.1 Grundlagen

Aus systemtechnischer Sicht stellt der PID-Regler wegen der getrennten Beeinflußbarkeit des Reglerübertragungsverhaltens in verschiedenen Frequenzbereichen einen universellen Ansatz dar, der grundsätzlich eine Anpassung an sehr unterschiedliche Prozesse ermöglicht. Deshalb werden mit gut eingestellten PID-Reglern bei vielen Anlagen ausreichende Regelgüten erzielt.

Die nahezu beliebige Parametrierbarkeit des PID-Reglers hat jedoch zur Folge, daß eine geeignete Einstellung aller drei

Komponenten für jede Strecke gefunden werden muß. Dies ist neben einer oft erheblichen Belastung der Anlage bei Durchführung von Schwingversuchen wegen der nicht eindeutigen Zuordnung der Einstellparameter und des Übergangsverhaltens in der Regel mit hohem Zeitaufwand verbunden. Außerdem kann auch bei PID-Regelung von nichtlinearen oder zeitvarianten Strecken die Regelgüte mit festeingestelltem Regler stark arbeitspunktabhängig sein.

Der Wunsch nach einer möglichst hohen und gleichbleibenden Regelgüte bei gleichzeitiger Beibehaltung der PID-Struktur führt zur Notwendigkeit adaptiver PID-Regler. Die Adaptionsfähigkeit kann dann auch auf eine einmalige Selbsteinstellung an zuvor weitgehend unbekannten Regelstrecke beschränkt werden.

Es scheint klar, daß die breitere industrielle Einführung adaptiver Regelungen über die Verfügbarkeit eines anwendernah arbeitenden PID-Selbsteinstellverfahrens führt. Mit der Etablierung adaptiver PID-Systeme sind dann auch höherwertige Regelungskonzepte, wie Zustandsregler, in größerem Umfang in Anwendungen realisierbar.

Die Übertragungsfunktion eines diskreten Ein/Ausgangsreglers folgt durch z-Transformation der allgemeinen Regler-Differenzengleichung

$$u(k) = -p_1 u(k-1) - \ldots - p_l u(k-\mu) + q_0 e_w(k) + \ldots + q_n e_w(k-\nu) \quad (3.53)$$

zu

$$G_R(z) = \frac{u(z)}{e_w(z)} = \frac{Q(z^{-1})}{P(z^{-1})} = \frac{q_0 + q_1 z^{-1} + \ldots + q_n z^{-\nu}}{1 + p_1 z^{-1} + \ldots + p_l z^{-\mu}} . \quad (3.54)$$

Für einen diskreten PID-Regler vereinfacht sich diese allgemeine Übertragungsfunktion zu

$$G_{PID}(z) = \frac{u(z)}{e(z)} = \frac{q_0 + q_1 z^{-1} + q_2 z^{-2}}{1 - z^{-1}} , \quad (3.55)$$

in der die drei Parameter q_0, q_1 und q_2 zu bestimmen sind.

Anmerkung: Einige Autoren berücksichtigen im Nenner von Gl. (3.55) einen zusätzlichen Term in z^{-2}; dieser wirkt sich bei den zugrunde liegenden Entwurfsverfahren jedoch nur bei - im Vergleich zur Streckendynamik - sehr kleinen Abtastzeiten aus.

Verlangt man, daß die Übergangsfolge eines Reglers nach Gl. (3.55) der Übergangsfunktion eines zeitkontinuierlichen PID-Reglers

$$G_R(s) = K_R\left[1 + \frac{1}{T_I s} + \frac{T_D s}{1 + T_1 s}\right] \tag{3.56}$$

mit der Verzögerungszeitkonstante $T_1 = \frac{1}{4}...\frac{1}{10}\ T_D$, dem Verstärkungsfaktor K_R, der Integrier- oder Nachstellzeit T_I und der Differenzier- oder Vorhaltzeit T_D ähnlich ist, so müssen die q_i in Gl. (3.55) die Bedingungen

$$\begin{aligned} &q_0 > 0, \\ &q_1 < -q_0, \\ &-(q_0 + q_1) < q_2 < q_0 \end{aligned} \tag{3.57}$$

für positive Prozeßverstärkung erfüllen (Isermann, 1977).[1] Fordert man weiter die Übereinstimmung der Integrale über die Sprungantworten von kontinuierlichem und diskretem PID-Regler in den ersten beiden Abtastintervallen und Gleichheit des Integral-(Summations-)verhaltens für $t \to \infty$, so erhält man nach kurzer Rechnung (Radke, 1984) folgende Korrespondenzen zwischen den Parametern q_i eines digitalen PID-Reglers und den Parametern des analogen PID-Reglers

[1]Für PI-Regler entfällt die dritte Bedingung in Gl. (3.57); die zweite wird zu $q_1 > -q_0$.

$$q_0 = K_R \left[1 + \frac{T_0}{2T_I} + \frac{T_D}{T_0}\left(1 - e^{-T_0/T_1}\right)\right],$$

$$q_1 = -K_R \left[1 - \frac{T_0}{2T_I} + \frac{T_D}{T_0}\left(2 - 3e^{-T_0/T_1} + e^{-2T_0/T_1}\right)\right], \tag{3.58}$$

$$q_2 = K_R \frac{T_D}{T_0}\left(1 - 2e^{-T_0/T_1} + e^{-2T_0/T_1}\right).$$

Zur Berechnung der Parameter q_0 und q_1 eines diskreten PI-Reglers ist in Gl. (3.58) $T_D=0$ zu setzen. Diese Analogie liefert erfahrungsgemäß ausreichend genaue Ergebnisse, falls für T_0 der ohnehin zur Identifikation günstige Bereich $T_0 < \frac{1}{10} T_{95}$ nicht überschritten wird.

3.3.2 Entwurfsmethoden

Zur Entwurfsmethodik diskreter PID-Regler existiert eine Vielzahl von Arbeiten. Die unterschiedlichen Verfahren sind bestimmten grundlegenden, nicht notwendig auf PID-strukturierte Regelungen beschränkte, Entwurfsprinzipien zuzuordnen, die nachfolgend zusammengefaßt werden.

Ein häufig angewendetes Entwurfsverfahren für Ein/Ausgangsregler ist das *Kompensationsprinzip*. Hier wird angenommen, daß durch dynamische Kompensation des Streckenübertragungsverhaltens $G_p(z)$, Gl. (2.5), durch den Regler $G_R(z)$ dem geschlossenen Regelkreis ein gewünschtes Führungsübertragungsverhalten $G_w(z)$ aufgeprägt werden kann. Spezifiziert man die Übertragungsfunktion des geschlossenen Kreises zu

$$G_w(z) = \frac{y(z)}{w(z)} = \frac{G_R(z)G_p(z)}{1 + G_R(z)G_p(z)}, \tag{3.59}$$

kann der Kompensationsregler allgemein zu

$$G_R(z) = \frac{1}{G_p(z)} \frac{G_w(z)}{1 - G_w(z)} \tag{3.60}$$

berechnet werden.

Für eindeutige Lösbarkeit der Entwurfsforderung, Gl. (3.59), darf das Prozeßmodell, Gl. (2.8), für PID-Regler, Gl. (3.55), höchstens 2.Ordnung (m=2) sein.

Einfache Entwürfe findet man bei Dahlin (1968) und Banyasz, Keviczky (1982). Für das Führungsverhalten wird dort ein Verzögerungsglied 1.Ordnung angesetzt, für den Prozeß ein Übertragungsverhalten 2.Ordnung. Die Eigenwerte des Prozesses können dann durch den Zähler der Reglerübertragungsfunktion, der ebenfalls 2.Ordnung ist, kompensiert werden. In Åström, Wittenmark (1980) werden für Prozeß- und Führungsübertragungsfunktion die Ordnung 2 angenommen. Die Parameter eines im Nenner erweiterten PID-Reglers können dann über die Auflösung eines Gleichungssystems so eingestellt werden, daß der geschlossene Kreis eine bestimmte Dämpfungskonstante und Kennkreisfrequenz aufweist. Die bei Kompensationsentwürfen notwendigen Vereinfachungen des Prozeßmodells bewirken zwar einen schnellen Reglerentwurf, schränken jedoch die Anwendungsmöglichkeiten erheblich ein, vgl. Kapitel 8 zur Wahl der Prozeßordnung.

Die Reglerparameter können auch über eine *Polfestlegung* des geschlossenen Regelkreises bestimmt werden. Mit Gln. (3.59), (3.54), (3.55) lautet die charakteristische Gleichung des geschlossenen Regelkreises mit PID-Regler

$$P(z^{-1})A(z^{-1}) + Q(z^{-1})B(z^{-1})z^{-d} =$$
$$= [1-z^{-1}][1+a_1z^{-1} +\ldots+ a_mz^{-m}] +$$
$$+ [q_0+q_1z^{-1}+q_2z^{-2}][b_1z^{-1} +\ldots+ b_mz^{-m}]z^{-d} = 0 \,. \tag{3.61}$$

Wird dieser Ausdruck ausmultipliziert und nach z^{-1} geordnet, so erhält man ein Polynom der Ordnung (m+d+2)

$$1 + \beta_1 z^{-1} + \beta_2 z^{-2} + \ldots + \beta_{m+d+2} z^{-(m+d+2)} = 0 \,, \tag{3.62}$$

dessen Koeffizienten β_i nun sowohl die bekannten Prozeßparameter als auch die noch festzulegenden Reglerparameter q_0, q_1 und q_2 enthalten. Die Bestimmung der β_i in Gl. (3.62) kann über eine Wahl der gewünschten Pollagen z_i des geschlossenen Regelkreises erfolgen

$$[z-z_1][z-z_2] \ldots [z-z_{m+d+2}] = 0 \,. \tag{3.63}$$

Ausmultiplizieren und Vergleich mit Gl. (3.62) liefern die Werte für β_i. Für den einfachsten Fall m+d=1 erhält man eine Gleichung 3.Ordnung, aus der die drei gesuchten Parameter des Reglers eindeutig bestimmt werden können. Für höhere Ordnungen erhält man dagegen ein überbestimmtes Gleichungssystem. Es müssen dann zusätzliche Bedingungen für die Festlegung der q_i angegeben werden. Das Problem der Reglerparameterbestimmung wird bei diesem Verfahren auf die i.a. recht unanschauliche Wahl geeigneter Pole des geschlossenen Kreises in der z-Ebene verlagert.

Zur Bestimmung der Parameter des diskreten PID-Reglers können auch *Einstellregeln* herangezogen werden. Zur Anwendung dieser Einstellregeln müssen Kenngrößen des zeitlichen Prozeßverhaltens wie Verzugs- und Ausgleichzeit aus der Sprungantwort oder die Schwingungsdauer des Regelkreises an der Stabilitätsgrenze bekannt sein. Liegen brauchbare Werte für diese Kenngrößen vor und weicht die Struktur der Strecke nicht zu stark von den Annahmen (Tiefpaßcharakter) ab, liefern bekannte Einstellregeln (Ziegler, Nichols, 1942; Takahashi et.al., 1971) oft gut eingestellte Regler. Bei Aufnahme einer Sprungantwort vermindern immer vorhandene Störungen die Genauigkeit des Ergebnisses erheblich, so daß mehrere Messungen durchgeführt werden müssen, um zuverlässige Werte zu erhalten. Dies ist bei

Prozessen mit großen Zeitkonstanten sehr zeitaufwendig. Dies gilt auch für die Durchführung von Schwingversuchen, die zusätzlich eine erhebliche Belastung der Anlage bewirken und nicht immer durchgeführt werden dürfen.

Eine automatisierte Version des Grenzzyklusverfahrens wurde von Aström (1982) und Aström, Hägglund (1984) vorgeschlagen. Dort werden zunächst durch Einfügen eines Zweipunktschalters (Relais) in den Regelkreis Schätzwerte für die kritische Schwingungsfrequenz und Kreisverstärkung erzeugt. Die Amplitude der Schwingungen kann über den Zweipunktschalter kontrolliert werden. Die Reglereinstellung erfolgt dann nach bekannten Einstellregeln. Die Kenntnis der Prozeßstruktur ist hier also nicht erforderlich.

Kennzeichen einer weiteren Klasse von Entwurfsverfahren ist die *Parameteroptimierung*, das heißt, die Bestimmung des Minimums eines quadratischen Gütekriteriums (Radke, Isermann, 1983)

$$J_{PID} = \sum_{k=0}^{M} [e_w^2(k) + r\, K_p^2 \Delta u^2(k)] \qquad (3.64)$$

durch

$$dJ_{PID}/d\underline{q} = 0 \qquad (3.65)$$

mit

$\Delta u(k)=u(k)-u(k-1)$; Prozeßverstärkungsfaktor K_p, Gewichtungsfaktor r der Stellenergie und der Regelabweichung $e_w(k)$. $\underline{q}$ ist der Vektor der Reglerparameter $\underline{q}=[q_0\ q_1\ q_2]^T$.

Ausgehend von einem Anfangsvektor $\underline{q}^0$ wird J durch Simulation des geschlossenen Regelkreises ermittelt. Bei stabilem Kreis kann die Berechnung von J über eine endliche Schrittzahl M unter Anwendung des Parseval-Theorems ersetzt werden durch eine analytische Berechnung ($M \to \infty$):

$$J_\infty = \frac{1}{2\pi i}\left[\oint e(z)e(z^{-1})z^{-1}dz + r\,K_p^2\oint \Delta u(z)\Delta u(z^{-1})z^{-1}dz\right] . \qquad (3.66)$$

Zur Auswertung von Gl. (3.66) wurde von Åström (1970) ein rekursiver Algorithmus angegeben. Durch Veränderung von $\underline{q}$ wird mit den Werten $J(\underline{q})$ oder $J_\infty(\underline{q})$ dann das Minimum entsprechend Gl. (3.65) gesucht. Dies ist in der Regel nur mit numerischen Suchverfahren, wie der Methode von Hooke und Jeeves (1961), möglich, da geschlossene Lösungen nur für einfachste Fälle existieren (Hensel, 1982).

Die Reglerparameteroptimierung stellt ein universelles, prinzipiell auf alle stabile Regelstrecken anwendbares Verfahren dar, das jedoch nur mit erheblichem Rechenaufwand zu realisieren ist. So liegen die Rechenzeiten selbst auf leistungsfähigen Mikrorechnern im Zehnsekundenbereich. Ein Einsatz in adaptiven Kreisen ist durch schrittweise Optimierung möglich (Radke, Isermann, 1983).

Als Parameter zur Beeinflussung des Regelverhaltens kann der Faktor r der Stellenergie im Gütekriterium, Gl. (3.64), angesehen werden. Er muß durch Versuche für die jeweilige Strecke geeignet festgelegt werden. In bestimmten Bereichen ändert sich der prinzipielle Verlauf der Regelgröße trotz Variation von r um eine Größenordnung allerdings nur wenig. Die Entwurfsbedingung, Gln. (3.64) und (3.65), gewährleistet alleine nicht die Einhaltung der PID-Bedingungen, Gl. (3.57), durch die optimierten Parameter $\underline{q}$. Mitunter wird der Parameter $q_2<0$, was einer negativen Vorhaltzeit T_D entspricht (Kofahl, Isermann, 1985).

3.3.3 Einstellung über die charakteristische Gleichung und das Übergangsverhalten

Eine Bewertung der im vorangegangenen Abschnitt besprochenen Verfahren legt den Gedanken nahe, daß die Anwendung von Einstellregeln zur Adaption sinnvoll erscheint, sofern typische

Nachteile wie Störempfindlichkeit, große Belastung der Anlage und lange Versuchszeit vermieden werden können. Das im folgenden dargestellte Verfahren erfüllt diese Anforderungen weitgehend und fügt sich in das allgemeine parameteradaptive Regelkonzept, vgl. Kapitel 1, ein.

Ausgangspunkt ist ein diskretes Prozeßmodell nach Gl. (2.5). Der grundlegende Gedanke des Entwurfsverfahrens besteht darin, die zur Anwendung der Einstellregeln von Ziegler und Nichols benötigte kritische Verstärkung K_{Krit} und die zugehörige Schwingungsdauer T_{Krit} des grenzstabilen Regelkreises mit digitalem Proportionalregler K auf algebraischem Wege zu bestimmen, ohne den Prozeß tatsächlich Dauerschwingungen ausführen zu lassen (Kofahl, Isermann (1985) und Kofahl (1986a)).

Mit dem Prozeßübertragungsverhalten, Gl. (2.5), lautet die charakteristische Gleichung des geschlossenen Regelkreises mit proportionalem Regler K

$$N(z^{-1}) = A(z^{-1}) + K\, B(z^{-1})z^{-d}$$

$$= z^{m+d} + c_{m+d-1}z^{m+d-1} + \ldots + c_1 z + c_0 = 0 \qquad (3.67)$$

mit

$$c_i = [a_{m+d-i} + K\, b_{m-i}] \quad ; \quad i = 0,\ldots,m+d-1 \; . \qquad (3.68)$$

Für diskrete Systeme stellt der Einheitskreis in der z-Ebene die Stabilitätsgrenze dar. Nach Jury (1964) können die konjugiert komplexen Nullstellen des charakteristischen Polynoms, Gl. (3.67), mit $|z|=1$, also die Überschreitungsstellen der WOK am Einheitskreis, bestimmt werden durch Auswertung der Determinanten

$$\det[X_{m+d-1} - Y_{m+d-1}] = 0 \qquad (3.69)$$

mit den dreieckförmigen Koeffizientenmatrizen

$$X_{m+d-1} = \begin{bmatrix} 1 & c_{m+d-1} & \cdots & \cdots & c_2 \\ & 1 & & & c_3 \\ & & \ddots & & \vdots \\ & 0 & & 1 & c_{m+d-1} \\ & & & & 1 \end{bmatrix} \tag{3.70}$$

$$Y_{m+d-1} = \begin{bmatrix} & & & & c_0 \\ & 0 & & c_0 & c_1 \\ & & \cdot & & \vdots \\ & \cdot & & & \vdots \\ & & & & c_{m+d-3} \\ c_0 & c_1 & \cdots & \cdots & c_{m+d-2} \end{bmatrix} . \tag{3.71}$$

Für m+d = 4 hat man z.B.

$$\begin{vmatrix} 1 & c_3 & c_2 - c_0 \\ 0 & 1 - c_0 & c_3 - c_1 \\ -c_0 & -c_1 & 1 - c_2 \end{vmatrix} = 0 . \tag{3.72}$$

Gl. (3.69) kann für verschiedene Ordnungen (m+d) ausgewertet werden. Man erhält über Gl. (3.68) jeweils eine Gleichung der Ordnung (m+d-1) in K

$$f_0 + f_1 K + \ldots + f_{m+d-1} K^{m+d-1} = 0 , \tag{3.73}$$

deren (m+d-1) Lösungen K_i bestimmt werden. Dies ist für $m+d \leq 4$ geschlossen möglich, für $m+d > 4$ werden die Nullstellen iterativ gesucht (z.B. über ein Newton-Verfahren). Das kleinste positiv, reelle K_i gibt die erstmalige Überschreitung des Einheitskreises und damit die kritische Verstärkung K_{Krit} an, bei der der Regelkreis Dauerschwingungen ausführt.

Zur Bestimmung der Frequenz ω_K dieser Dauerschwingung entsprechend der Lage der Überschreitungsstellen auf dem Einheitskreis kann aus Gln. (3.67), (3.68) mit $K=K_{Krit}$ eine Lösung z_k berechnet werden, die

$$|z_k| = \sqrt{x_k^2 + y_k^2} = 1 \tag{3.74}$$

erfüllt, vgl. Bild 3.3.

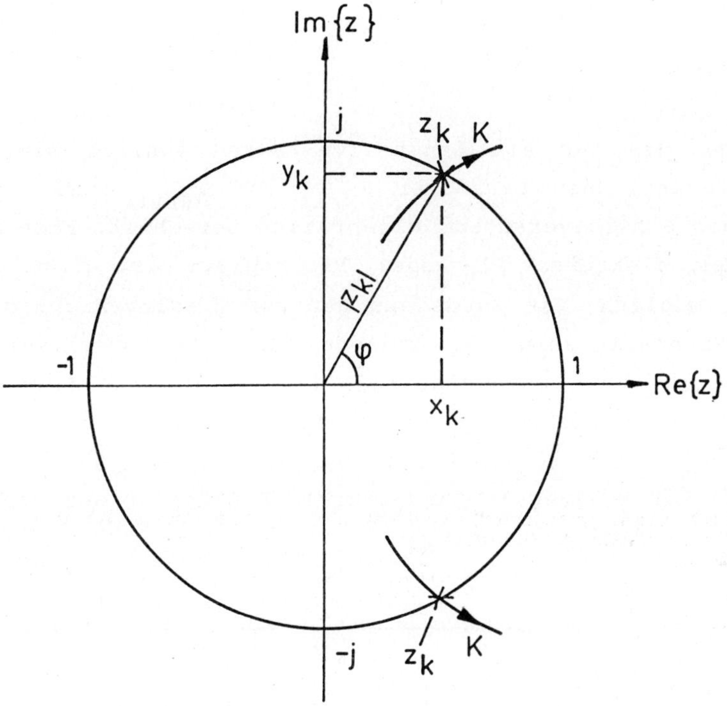

Bild 3.3: WOK-Zweige bei Überschreiten des Einheitskreises.

Wegen

$$z_k = x_k \pm j\, y_k = |z_k| e^{\pm j\varphi} = e^{\pm j\omega_k T_0} \tag{3.75}$$

folgt

$$\omega_k = \frac{1}{T_0} \arctan\left(\frac{y_k}{x_k}\right). \tag{3.76}$$

Daraus ergibt sich die kritische Periodendauer zu

$$T_{Krit} = \frac{2\pi}{\omega_K} . \tag{3.77}$$

Überschreitet arctan in Gl. (3.76) seinen Hauptbereich $-\frac{\pi}{2} \le \omega_k T_0 \le \frac{\pi}{2}$, so entspricht dies einer Lage des konjugiert komplexen Polpaares in der linken z-Halbebene und kann als Hinweis auf eine zu große Abtastzeit T_0 im Vergleich zum Zeitverhalten des analogen abgetasteten Systems genutzt werden. Der richtige Wert für $\omega_k T_0$ folgt dann durch Addition von π zu $\omega_k T_0$ in Gl. (3.76).

Somit wurden die für ein Einstellverfahren ähnlich Ziegler/Nichols erforderlichen Parameter K_{Krit} und T_{Krit} ohne Durchführung eines Schwingversuches algebraisch berechnet. Eine Einstellung des diskreten PI- oder PID-Reglers ist z.B. nach Tabelle 3.1 möglich. Sie wurde aus den von Ziegler/Nichols angegebenen Einstellregeln für analoge PI(D)-Regler entwickelt und vergrößert den Integralanteil des PI-Reglers über ein kleineres T_I im Vergleich zum analogen Regler.

Tabelle 3.1: Einstellregeln für diskrete PID-Regler aus der Stabilitätsgrenze.

	K_R	T_I	T_D
PI	$< 0{,}45\ K_{Krit}$	$0{,}40\ T_{Krit}$	-
PID	$< 0{,}60\ K_{Krit}$	$0{,}50\ T_{Krit}$	$0{,}12\ T_{Krit}$

Über die Beziehungen Gl. (3.58) können dann die Parameter q_i eines diskreten PID-Reglers bestimmt werden.

Man beachte, daß mit den Prozeßparametern a_i und b_i über Tabelle 3.1 auch die Einstellwerte K_R, T_I und T_D von der Abtastzeit T_0 abhängen und daher nicht ohne weiteres zur genauen Einstellung *analoger* Regler herangezogen werden können, wohl aber eine erste Grundeinstellung liefern. Es kann gezeigt werden, daß sich T_D mit zunehmender Abtastzeit T_0 bei gleichem analogen Prozeß erhöht, während K_R abnimmt und T_I nahezu unverändert bleibt.

Die Berechnung der Polynomkoeffizienten f_i in Gl. (3.73) über die Auswertung der Determinantenbeziehung, Gln. (3.69) - (3.71), wird für Ordnungen m+d>4 numerisch problematisch. Bei Anwendung an Strecken mit erheblicher Totzeit d>1 kann entweder K_{Krit} in der charakteristischen Gl. (3.67) iterativ gesucht oder zu einem anderen Einstellprinzip übergegangen werden. Bereits bei Ziegler/Nichols wurde alternativ zur Einstellung über die kritischen Kennwerte eine Kennwertermittlung aus der Übergangsfunktion h(t) des Prozesses vorgeschlagen. Diese kann anstelle einer Messung hier über die Parameter a_i, b_i des diskreten Prozeßmodelles, Gl. (2.2), aus den Gewichtsfolgewerten

$$\begin{aligned} g(k+d) &= b_k - a_1 g(k+d-1) - \ldots - a_{k-1} g(d+1) \; ; \; k \le m \\ g(k+d) &= - a_1 g(k+d-1) - \ldots - a_k g(k+d-m) \; ; \; k > m \end{aligned} \qquad (3.78)$$

mit

$$g(d+1) = b_1 \; ; \; g(0) \ldots g(d) = 0$$

zu

$$h(n) = \sum_{k=0}^{n} g(k) \qquad (3.79)$$

rekursiv berechnet werden. Man erhält so aus beliebigen Ein/Ausgangsdaten über die Streckenidentifikation auf indirektem Wege die Übergangsfolge des Systems. Störungen wirken sich nicht direkt aus; die Meßdauer kann verkürzt und die Identifikation auch im geschlossenen Regelkreis durchgeführt werden.

Die entsprechend Bild 3.4 und Tabelle 3.2 zur Einstellung benötigten Kenngrößen T_u, T_G und K_p können über einfache arithmetische Rechnungen aus dem Prozeßmodell und den Gewichtsfolgewerten, Gl. (3.78), berechnet werden.

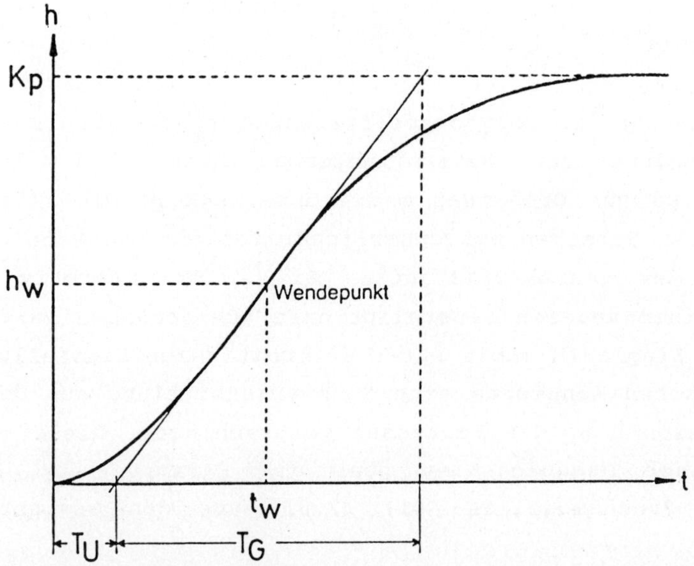

Bild 3.4: Zeitkennwerte Verzugszeit T_u und Ausgleichszeit T_G aus der Wendetangente.

Tabelle 3.2: Einstellregeln für diskrete PID-Regler aus Zeitkennwerten (nach Ziegler-Nichols).

	K_R	T_I	T_D
PI	$< \frac{0,9\ T_G}{K_p T_u}$	$3\ T_u$	-
PID	$< \frac{1,2\ T_G}{K_p T_u}$	$2\ T_u$	$0,5\ T_u$

Man hat mit

$$K_p = \frac{\sum b_i}{1 + \sum a_i},$$

$$g_w = g(n_1) \;\Big|\; g(n_1) = \max_k g(k), \tag{3.80}$$

$$h_w = \sum_{k=0}^{n_1} g(k) \tag{3.81}$$

und

$$t_w = n_1 T_0$$

die Kennwerte

$$T_u = t_w - \frac{h_w}{g_w} T_0 \tag{3.82}$$

und

$$T_G = T_0 \frac{K_p}{g_w} . \tag{3.83}$$

Dieses Verfahren ist für Prozesse mit beliebiger bekannter Ordnung m und Totzeit d anwendbar und sehr rechenzeiteffizient.

Bei nach Tabellen 3.1 und 3.2 eingestellten digitalen PID-Reglern ist die Reglerverstärkung für Führungsregelung zu groß. Dies ist durch Auslegung der Einstellregeln von Ziegler/Nichols für Festwertregelung zu erklären. Eine Verringerung der Reglerverstärkung K_R dämpft den Einschwingvorgang bereits entscheidend, ohne daß die Werte für T_I und T_D verändert werden müssen.

Es wurde daher ein weiterer Algorithmus implementiert, der die Übergangsfolge des geschlossenen Regelkreises unter Verwendung des Prozeßmodelles, Gl. (2.2), bis zum ersten Maximum simuliert. Entsprechend dem dabei erreichten Wert der simulierten Regelgröße $y^*(k)$ wird die zunächst nach den Tabellen eingestellte Reglerverstärkung K_R iterativ so weit reduziert, bis der Kreis in der Simulation eine gewünschte, vom Benutzer vorgebbare Überschwingweite ü nicht mehr überschreitet. Für eine Vielzahl von Strecken liefert dieses Verfahren gut eingestellte PI- und PID-Regler, die unmittelbar zur digitalen Regelung verwendet werden können.

Man hat also damit einen vollautomatischen Entwurf von PI- und PID-Reglern, deren Regelverhalten direkt über den in der Praxis bekannten Bewertungsparameter ü eingestellt werden kann. Da das Prozeßmodell i.a. nicht exakt vorliegt und im realen Regelkreis Störungen auftreten, kann die Überschwingweite im realen Regelbetrieb quantitativ vom vorgegebenen Wert abweichen. Die Größenordnung und damit die Regelcharakteristik (stark/schwach eingreifend) bleibt jedoch erhalten. Dies konnte auch bei der in Kapitel 11 dokumentierten Erprobung an einer Pilotanlage gezeigt werden. Im Unterschied zu parameteroptimierten Entwürfen ist der Regelgrößenverlauf bei diesem Verfahren unmittelbar zu beeinflussen; die Rechenzeiten sind kleiner und der resultierende Parametersatz garantiert PID-ähnliches Verhalten des Reglers, erfüllt also Gl. (3.57).

3.3.4 Robustheit von PID-Reglern

Wegen der breiten Anwendung digitaler PID-Regler ist man hier besonders an Aussagen über das Stabilitäts- und Regelverhalten für veränderliche Streckenparameter interessiert. Der PID-Regler wird im Unterschied zu Deadbeat- und MV-Reglern nicht als Kompensationsregler entworfen, berücksichtigt also in seiner Struktur nicht die Struktur der Regelstrecke. Diese fehlende analytische Beziehung zwischen den Prozeß- und den Reglerparametern stellt andererseits ein Hauptproblem bei der Einstellung von PID-Reglern dar. Es ist daher noch schwieriger, geschlossene Variationsgrenzen anzugeben, als bei Deadbeat- und Minimal-Varianz-Reglern. Dort treten immerhin ausschließlich die Prozeßparameter (neben den Bewertungsfaktoren β und r) in der charakteristischen Gleichung des geschlossenen Kreises auf. Für PID-Regler existieren jedoch lediglich systematische Suchverfahren und Einstellregeln, die weniger aus systemtheoretischen Überlegungen als vielmehr aus zahlreichen Einstellexperimenten gewonnen wurden. Man kann für das Robustheitsverhalten aber höchstens dann allgemeine scharfe Aussagen erwarten, wenn solche für die Reglereinstellung existieren.

Für den Frequenzbereich existieren Methoden zum Entwurf von festen Reglern mit robusten Eigenschaften. I. Horowitz hat Verfahren angegeben, die es erlauben, aus Spezifikationen für das Sprungantwortverhalten eines Regelkreises auch bei ungenau bekannter Strecke (deren Eigenschaften z.B. über Ungleichungen erfaßt werden) einen Regler zu entwerfen, der für den möglichen Variationsbereich der Strecke die Entwurfsforderung erfüllt. Eine Übersicht verschiedener Methoden zum Entwurf robuster Regelungen im Frequenzbereich sind in Tolle (1986) angegeben. Diese rechnerresidenten Verfahren ermöglichen für eine konkrete Strecke auch den Entwurf eines PID-Reglers. Allgemeine Aussagen über das Verhalten von PID-Reglern an variierenden Strecken können jedoch nicht erwartet werden.

Im folgenden werden daher nur einige prinzipielle, qualitative Aussagen über den Verlauf der Wurzelorte gemacht. Anhand eines ausgewählten Prozesses wird die Robustheit exemplarisch dargestellt.

Allgemein hat man aus Gl. (3.61) als charakteristisches Polynom des PID-Regelkreises mit variierter Strecke

$\mu\, G_p(z)=\mu\, B(z)z^{-d}/A(z)$

$$N(z^{-1}) = [1-z^{-1}]A(z^{-1}) + \mu\, Q(z^{-1})B(z^{-1})z^{-d} = 0 \qquad (3.84a)$$

$$\rightarrow z^{d+1}[z^{m+1}+\tilde{a}_m z^m +\ldots+ \tilde{a}_1] + \mu[\tilde{b}q_{m+1}z^{m+1} +\ldots+ \tilde{b}q_1] = 0. \qquad (3.84b)$$

Für $\mu<0$ wird der Regelkreis wegen Vorzeichenumkehr instabil; für $\mu=0$ ist er grenzstabil (Polstelle bei z=1). Für $\mu>0$ wandern die m+d+2 Pole des offenen Kreises mit zunehmendem μ in dessen m+1 Nullstellen (bei PI-Regler 1 Pol und 1 Nullstelle weniger). Da ein Polüberschuß von (d+1) vorliegt, vgl. Gl. 3.84b), gibt es bestimmt ein $\mu>0$, das Instabilität bewirkt, da mindestens ein Zweig der WOK in das Unendliche läuft, selbst wenn alle Nullstellen des Prozesses stabil sind.

Für den Entwurf durch Minimierung eines quadratischen Gütekriteriums, Gln. (3.64) - (3.66), wurde mit Testprozeß II die Stabilitätsgrenze, Bild 3.5, als Funktion der Stellgrößenbewertung $r'=rK_p^2=r$ gefunden. Außerdem ist in Bild 3.6 die Veränderung des Güteindex J_{PID} über μ und als Funktion von r aufgetragen.

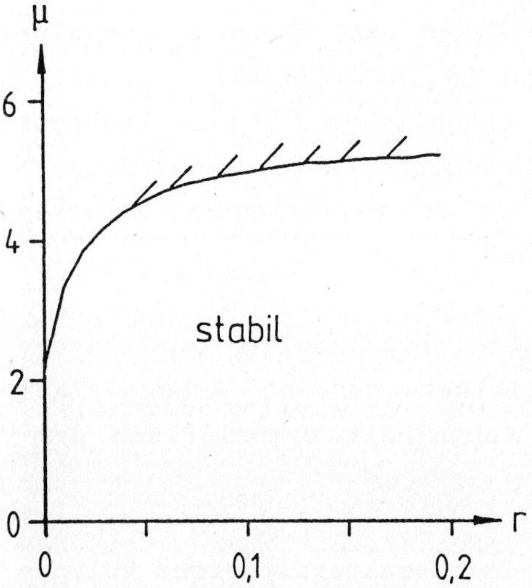

Bild 3.5: Stabilitätsbereich PID-Regler als Funktion von r (Prozeß II).

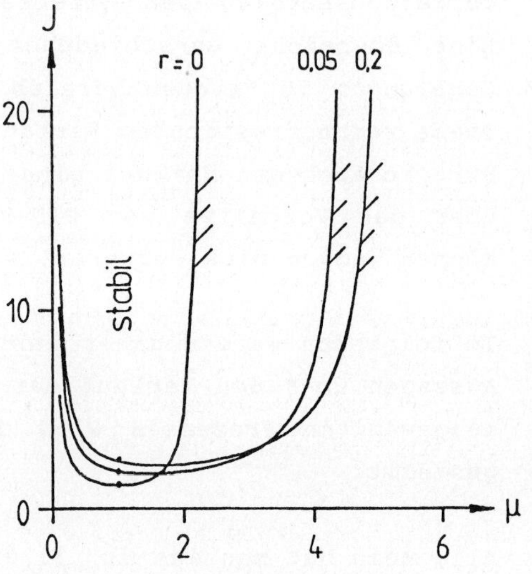

Bild 3.6: Güteindex J_{PID} als Funktion von μ und r.

Erwartungsgemäß erhöht sich die Robustheit gegenüber Streckenvariationen μ mit zunehmender Stellgewichtung, also schwächeren Reglereingriffen. Die größten Änderungen spielen sich im Bereich $0<r<0{,}05$ ab, für größere r nimmt die maximal zulässige Streckenverstärkungsvariation μ nur noch geringfügig zu. Der Bereich des Minimums des Güteindex dagegen verbreitert sich mit wachsendem r rasch, Bild 3.6, so daß nicht nur größere Variationen μ erlaubt sind, sondern auch die Verschlechterung des Kreisverhaltens nicht erheblich ist. Der Grund liegt wohl darin, daß für $r \rightarrow 0$ ein kompensationsähnlicher Regler entworfen wird, dessen Nullstellen nahe an den Prozeßpolen liegen und dessen erhebliche Stellgrößenänderungen nicht in J_{PID}, Gl. (3.64), bewertet werden. Für den gewählten Prozeß II wäre also $r=0{,}05...0{,}1$ ein guter Kompromiß zwischen tolerierbaren

Streckenverstärkungsvariationen und erreichbarer Regelgüte.[2]

Werden die Parameter des PID-Reglers nach Einstellregeln gefunden, so lassen sich noch weniger allgemeingültige Aussagen treffen. Findet die Einstellung anhand der kritischen Werte nach Gl. (3.67) statt, so beträgt bei Schließen des Kreises mit P-Regler der Verstärkung K die Stabilitätstoleranz gerade $0<\mu<K_{krit}K^{-1}$. Die Kreisverstärkung sollte überlicherweise nicht über $KK_p \le 2$ wachsen, was einen typischen Näherungswert für $\mu \sim 0,5 \cdot K_{krit}K_p$ für P-Regelung ergibt. Wird $K=0,5\ K_{krit}$ nach Ziegler/Nichols gewählt, folgt $\mu<2$.

Fügt man einen I-Anteil hinzu, entsteht zusätzlich ein grenzstabiler Pol bei $z=1$ und eine reelle stabile Nullstelle bei $|z_0|=|[2T_I-T_0]/[2T_I+T_0]|<1$, vgl. Gln. (3.55) und (3.58). Für $T_I \to 0$, also I-Regelung, hat man $z_0 \to -1$. Wird nun μ vergrößert, werden die Pole des geschlossenen Kreises stärker in Richtung dieser Nullstelle gezogen, die einer Dauerschwingung mit $\omega=\pi/T_0$ entspricht. Vergrößerung des Integralanteils (über kleineres T_I) verstärkt also die Schwingungsneigung des Kreises und die Einschränkung des Stabilitätsbereiches im Vergleich zum P-Regler. Im übrigen entstehen für $T_I \ll T_0$ wegen $u(0)=q_0e(0)$ und großem q_0 erhebliche Stellgrößeneingriffe, die zu vermeiden sind.

Auch das Zählerpolynom des PID-Reglers ist stabil, wie man mit den Stabilitätsbedingungen von Schur/Cohn/Jury leicht nachprüft. Die genaue Lage der Nullstellen hängt jedoch von T_I, T_D, T_1 und T_0 ab, vgl. Gl. (3.58). Da T_I und T_D aus T_{krit} berechnet werden und dieses über die Prozeßparameter selbst von T_0 abhängt, werden die Verhältnisse beim PID-Regler sehr unübersichtlich. Hier können wirklich brauchbare Robustheitsaussagen wohl nur aus individueller Berechnung der Stabilitätsgrenze gewonnen werden. Die für bestimmte Prozeßklassen bekannte Robustheit von PID-Reglern, die über Erfahrungsregeln ein-

---

[2]Von Radke (1983) wird als Ergebnis von Einstell-Untersuchungen an mehreren Prozessen interessanterweise $r=0,08$ als Vorschlag zur Wahl der Bewertung r für $K_p=1$ angegeben.

gestellt wurden, ist neben der streckenunspezifischen PID-Struktur wohl auch der Tatsache zu verdanken, daß die Anlagenbediener eine robuste Einstellung einer häufigen (oft: manuellen) Nachstellung der Regler vorzogen und sich so robustere Einstellungen liefernde Regeln durchgesetzt haben.

3.4 Vergleich der Robustheit digitaler Ein/Ausgangsregler

In diesem Abschnitt sollen die wesentlichen Ergebnisse dieses Kapitels im Hinblick auf die Robustheit der drei wichtigen diskreten Ein/Ausgangsregler kurz zusammengefaßt werden und am Beispiel von Prozeß II, vgl. Anhang B, verdeutlich werden. Wie in den vorangegangenen Abschnitten wird die Diskussion auf Verstärkungsänderungen der Strecke oder des offenen Kreises beschränkt, da dies der kritische Fall ist und Änderungen von Eigenwerten noch weniger geschlossen behandelt werden können.

Deadbeat- und Minimal-Varianz-Regler können als Teil-Kompensationsregler aufgefaßt werden. Der Deadbeat-Regler kürzt die Eigenwerte des Prozesses und darf daher nicht an instabilen Prozessen betrieben werden. Für grenzstabile Prozesse sind besondere Maßnahmen zu ergreifen, vgl. Kapitel 10.1. Jede noch so kleine Abweichung von den Entwurfswerten führt zu einem Verlust des exakten Deadbeat-Verhaltens. Für Prozesse erster Ordnung ist das Band der maximalen Abweichung der Regelgröße vom Sollwert für $k \geq m$ direkt proportional zur Streckenvariation; bei Prozessen zweiter Ordnung ist diese Abhängigkeit bereits quadratisch und von den Nullstellen der Strecke abhängig.

Stabilität des Kreises bleibt für Systeme 1.Ordnung bis $\mu=2$ gewährleistet; für zeitkontinuierliche Strecken mit reellen Polen und ohne Nullstellen darf die Streckenverstärkung mindestens verdoppelt werden. Für Prozeß II hat man für ein zulässiges Toleranzband von $\epsilon=\pm 10\%$ um den Sollwert die zulässige Variation $0{,}87 \leq \mu_{10\%} \leq 1{,}2$ aus Gln. (3.12), (3.13); Instabilität tritt ab $\mu_{stab} \geq 5{,}57$ auf.

Der Minimal-Varianz-Regler kürzt für r=0 die Nullstellen des Prozesses; er darf an diskreten Prozessen mit instabilen Nullstellen nicht angewendet werden. Selbst an stabilen Prozessen bewirken bereits kleinere Verstärkungsänderungen für r=0 Instabilität, für Testprozeß II gilt z.B. $\mu_{r=0}<1,48$; erst für $r'=r/b_1=0,65$ erhält man dem Deadbeat-Regler vergleichbare Stabilitätsreserven ($\mu\leq5,62$). Toleriert man 10% Verschlechterung des Güteindex J_{MV}, so ist $0,8<\mu_{10\%}<1,15$ bei r=0 [3]. Für r>0 bewirkt eine Verstärkungserhöhung der Strecke zunächst eine Verbesserung des Güteindex, so daß für r'=0,35 $0,9<\mu_{10\%}<3,4$ gilt; der Index ist im Nominalfall $\mu=1$ allerdings mehr als dreimal so groß wie bei r=0. Man beachte, daß die Aussagen für MV-Regler von dem Störfilter D(z), vgl. Gl. (3.21), also der "Farbe" des Rauschsignales abhängen.

Der Güteindex zwischen Deadbeat- und MV-Regler ist eigentlich nicht vergleichbar, da im ersten Fall eine maximale Abweichung vom Sollwert und im zweiten Fall ein quadratisches Kriterium verwendet wird. Für PID-Regler kann auch ein quadratisches Gütekriterium angesetzt werden. Für diesen Fall hat man für Prozeß II einen Stabilitätsbereich von $\mu_{r=0}\leq2$ und $\mu_{r=0,65}\leq5,60$. Für 10% Verschlechterung des Index J_{PID} gilt $0,7<\mu_{r=0}<1,3$, $0,80<\mu_{r=0,1}<2,5$ und $0,8<\mu_{r=0,65}<3,1$.

Bei PID- und Minimalvarianz-Reglern hängt also die Robustheit gegenüber Verstärkungsänderungen der Strecke erwartungsgemäß entscheidend von dem Parameter r ab. Für r=0 erhält man recht enge Stabilitätsbereiche, die für zunehmende r allerdings rasch Werte annehmen, die in vielen praktisch vorkommenden Situationen wohl Stabilität des Kreises gewährleisten. Über die Stell- und Regelgrößenverläufe für variiertes System werden aus dieser Analyse keine Aussagen getroffen. Es ist daher ohne weiteres möglich, daß zwar Stabilität oder Einhaltung eines

---

[3]Der Fall r=0 spielt in Anwendungen keine Rolle, da er formal unendliche Stellenergie zur Erfüllung des Gütekriteriums zuläßt, vgl. Gl.(3.16). Er ist jedoch historisch bedeutsam, da die ersten MV-Regler mit r=0 entworfen wurden.

maximalen Güteindex gewährleistet wird, die Zeitverläufe der Stell- und Regelgröße aber als nicht tolerabel erscheinen. Es muß daher Aufgabe des Regelungsingenieurs bleiben, einen vernünftigen Kompromiß zwischen Regelgüte und Robustheit, zwischen starkem Stelleingriff und großer Variationstoleranz, zu finden.

II Robustheitsanalyse diskreter quadratisch optimaler Zustandsrückführungen

In diesem Hauptabschnitt wird eine Robustheitsanalyse des rekursiven Parameterschätzers der Methode der kleinsten Quadrate aus Robustheitsüberlegungen für diskrete quadratisch optimale Rückführungen entwickelt. Wegen der Bedeutung für regelungstechnische Analyse- und Syntheseüberlegungen werden auch die Ergebnisse für zeitinvariante Rückführungen bei Zustandsregelung und -beobachtung ausführlich dargestellt.

Die in Kapitel 4.1 zusammengefaßten Robustheitseigenschaften zeitkontinuierlicher Zustandsrückführungen haben Entsprechungen in zeitdiskreten Fall. Auch wenn die Reserven dort im allgemeinen kleiner sind, können sie ebenfalls geschlossen angegeben werden.

Es wird gezeigt, daß die variierten Systeme im Diskreten, bedingt durch die veränderte Riccati-Gleichung, nicht notwendig auch optimal bleiben. Es können neben den Stabilitätsreserven jedoch Optimalitätsbereiche formuliert werden, die in Verbindung mit Eigenwertbetrachtungen auch Aussagen über das regelungstechnisch häufig interessierende Zeitverhalten des Systems gestatten.

Mit den Stabilitäts- und Optimalitätsbereichen stehen brauchbare Größen zur Charakterisierung der Robustheit diskreter konstanter Zustandsregler und -beobachter zur Verfügung.

In Kapitel 6 werden diese Ergebnisse dann auf zeitvariante Zustandsrückführungen übertragen. Die rekursive Parameterschätzung kann als wichtiges Beispiel für eine solche Rückführung herangezogen und analysiert werden.

4 Robustheit diskreter Zustandsregelungen

4.1 Kontinuierliche Zustandsregelung

Für ein lineares dynamisches System mit der zeitinvarianten Zustandsraumdarstellung

$$\dot{\underline{x}}(t) = A\,\underline{x}(t) + \underline{b}\,u(t) + \underline{\xi}(t)$$
$$y(t) = \underline{c}^T\underline{x}(t) + n(t) \tag{4.1}$$

ist die rückführende Steuerung

$$u(t) = -r^{-1}\underline{b}^T P\,\underline{x}(t) = -\underline{k}^T\underline{x}(t) \tag{4.2}$$

mit der Lösung P der *Matrix-Riccati-Gleichung*

$$Q + P[A + \alpha\,I] + [A^T + \alpha\,I]P - P\,\underline{b}\,r^{-1}\underline{b}^T P = 0 \tag{4.3}$$

optimal bezüglich des quadratischen Gütekriteriums

$$J = \frac{1}{2}\int_0^\infty e^{2\alpha t}\,[\underline{x}^T(t)Q\,\underline{x}(t) + r\,u^2(t)]dt \rightarrow \min u(t) \tag{4.4}$$

mit

$r>0$, $Q>0$ (positiv definit) , $\alpha\geq 0$

für das asymptotische Erreichen einer Ruhelage $\underline{x}(t\rightarrow\infty)=\underline{0}$, vgl. z.B. Tolle (1985).

Der Parameter α in Gln. (4.3) und (4.4) garantiert, daß die Eigenwerte des geregelten Systems

$$\dot{\underline{x}}(t) = [A-\underline{b}\,\underline{k}^T]\underline{x}(t) \tag{4.5}$$

in der Ebene $Re\{s\}<-\alpha$, $\alpha\geq 0$, liegen. α schafft demnach einen zusätzlichen Freiheitsgrad zur Erzwingung einer minimalen Dämpfung $e^{-\alpha t}$ des Zustandsregelkreises, dessen dynamische Eigenschaften im übrigen durch die Wahl von Q und r stark beeinflußbar sind. Die Vorgabe der Bewertungsgrößen ist jedoch nicht eindeutig bezüglich eines bestimmten gewünschten Zeitverhaltens des geregelten Systems möglich, weswegen man zum Entwurf solcher *Riccati-Regler* auf Rechnerentwurfswerkzeuge zurückgreift.

Die vollständige Zustandsrückführung, Gl. (4.5), besitzt nun Eigenschaften, die ihr eine sehr große inhärente Robustheit im Hinblick auf die Stabilität der Regelung verleihen. Es gilt

Satz 4.1:

Ist Gl. (4.2) die bezüglich des Kriteriums, Gl. (4.4), optimale Rückführung, so sind auch alle Rückführungen

$$u_\mu(t) = -\mu\, \underline{k}^T \underline{x}(t) \tag{4.6}$$

optimal bezüglich anderer zulässiger quadratischer Kriterien

$$J_\mu = \frac{1}{2} \int_0^\infty e^{2\alpha t} [\underline{x}^T(t) Q_\mu \underline{x}(t) + r\, u^2(t)]dt \,, \tag{4.7}$$

falls

$$\frac{1}{2} < \mu < \infty \,. \tag{4.8}$$

Das modifizierte geregelte System

$$\dot{\underline{x}}(t) = [A - \mu\, \underline{b}\, \underline{k}^T]\underline{x}(t) \tag{4.9}$$

ist auch stabil, da Optimalität nach Gl. (4.4) asymptotische Stabilität impliziert.

Das zum neuen Güteindex gehörende Q_μ folgt im Falle $\mu \geq 1$ zu

$$Q_\mu = \mu[Q + (\mu-1)\underline{k}\,\underline{b}^T r^{-1}\underline{b}\,\underline{k}^T] \geq 0 \qquad (4.10)$$

mit nominalen $\underline{b}$, r und Q ■
Zum Beweis vgl. Anderson, Moore (1971), Bux (1975).

Dieser Satz ist von fundamentaler Bedeutung, da entsprechend Gl. (4.6) eine Variation μ als Unsicherheit oder Nichtlinearität des Eingangsvektors $\underline{b}$ interpretiert werden kann. Aus Satz 4.1 folgt dann, daß der Standard-Zustandsregelkreis, Gln. (4.1) und (4.6), im Signalpfad vom Reglervektor $\underline{k}$ zum Eingangsvektor $\underline{b}$ eine statische (speicherlose) Nichtlinearität N enthalten kann, deren Kennlinie den Sektor $[\frac{1}{2},\infty]$, nicht verläßt, vgl. Bilder 4.1 und 4.2.

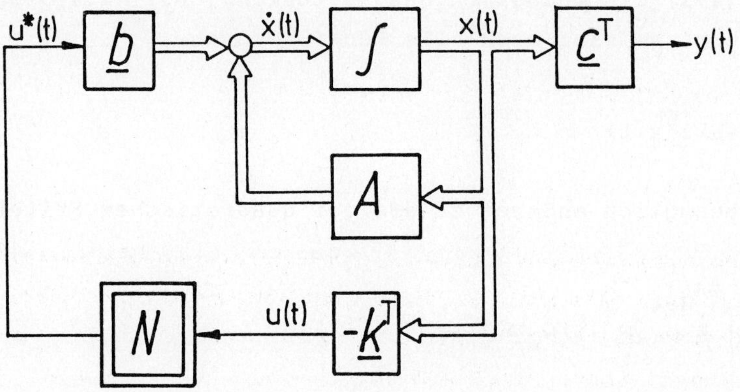

Bild 4.1: Zeitkontinuierliches Zustandsmodell mit Nichtlinearität N in der Rückführung, die als nichtmodellierte Verstärkungsnichtlinearität der Strecke aufgefaßt werden kann.

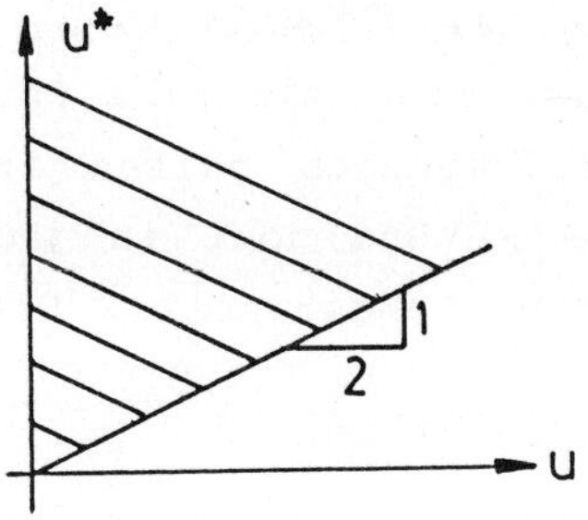

Bild 4.2: Zulässiger Sektor für Nichtlinearität N in Bild 4.2.

Es sei noch angemerkt, daß die Variation im Rückführzweig der Zustandsregelung nicht auf statische Nichtlinearitäten beschränkt ist, sondern daß auch stabile *lineare* zeitinvariante dynamische Glieder mit einer Laplace-Übertragungsfunktion L(s) auftreten dürfen,

$$u^*(t) = -\mathcal{L}^{-1}\{L(s)\}u(t). \tag{4.11}$$

Falls diese die hinreichende Bedingung

$$\mathrm{Re}\{L(j\omega)\} \geq \frac{1}{2} \tag{4.12}$$

einhalten, ist das System, Gln. (4.1) und (4.6), stabil. Die Bedingung Gl. (4.8) folgt hieraus unmittelbar als Sonderfall für reelle Übertragungsglieder. Ebenso kann aus Gl. (4.12) für ein reines Phasenverschiebungsglied, z.B. eine Totzeit $G(j\omega)=e^{j\varphi}$, die Bedingung

$$|\varphi| \leq \frac{\pi}{3} \,\hat{=}\, 60° \tag{4.13}$$

als hinreichend für Stabilität abgeleitet werden (Anderson, Moore, 1971).

Jede über die Lösung der Riccati-Gl. (4.3) berechnete Zustandsrückführung, Gl. (4.2), besitzt demnach eine unendliche Verstärkungsreserve, toleriert Reduktionen der Rückführung um mindestens 50 % und hat eine minimale Phasenreserve von 60°. Diese hinreichenden Bedingungen gelten in gleicher Form für Mehrgrößensysteme ($\underline{b} \rightarrow B$) und dort in jedem einzelnen Kanal, falls die Stellvektorbewertungsmatrix R Diagonalform hat, vgl. Safonov, Athans (1977); Safonov (1980).

Diese Reserven bewirken eine bemerkenswerte Robustheit des kontinuierlichen Zustandsreglers im Hinblick auf Stabilität, so daß man auch von stabilitätssicherem Entwurf (Tolle, 1985) spricht. Modellierungsfehler oder Streckenvariationen führen - wenigstens sofern sie die stationären Eigenschaften (Verstärkung) des Prozesses betreffen und diese um nicht mehr als 100 % überschätzt werden - *nicht* zu Instabilität des Regelkreises. Diese mit klassischen Ausgangsgrößenrückführungen nur in seltenen Fällen erzielbaren Eigenschaften sind direkte Folge der vollständigen Rückführung aller dynamischen Zustände des Prozesses. Insbesondere ist eine optimale Zustandsrückführung den Kompensationsreglern im Hinblick auf Robustheit der Stabilität gegenüber Streckenvariationen im allgemeinen klar überlegen, vgl. Kapitel 3.

Die hier auf Zustandsrückführungen bezogenen Ergebnisse können unter Beachtung der Dualität von Regelung und Beobachtung analog auf Zustandsbeobachter mit optimaler, konstanter Fehlerrückführung übertragen werden. Dies wird für den zeitdiskreten Fall in Kapitel 5 detailliert durchgeführt.

4.2 Stabilitätsreserven diskreter Zustandsregelungen

Um die von Safonov (1980) angegebenen Stabilitätseigenschaften in vollem Umfang für die weitere Analyse zur Verfügung zu haben, wird das zeitdiskrete *nichtlineare* dynamische System

$$\underline{x}(k+1) = \mathcal{A}(\underline{\nu})\underline{x}(k) + \underline{b}(\underline{\nu})u(k) + \underline{\xi}(k)$$
$$y(k) = \underline{c}^T(\underline{\nu})\underline{x}(k) + n(k) \qquad (4.14)$$

mit der statistischen Prozeßstörung $\underline{\xi}(k)$ und der Ausgangssignalstörung n(k) betrachtet, Bild 4.3. $\underline{\nu}$ bezeichnet einen Vektor, der die möglichen Abhängigkeiten der das Systemverhalten beschreibenden A, $\underline{b}$, $\underline{c}$ enthält. Diese Abhängigkeit kann eine Funktion von u, y, $\underline{x}$ sowie der Zeit k sein, schließt also Arbeitspunktabhängigkeit und Zeitvarianz ein.

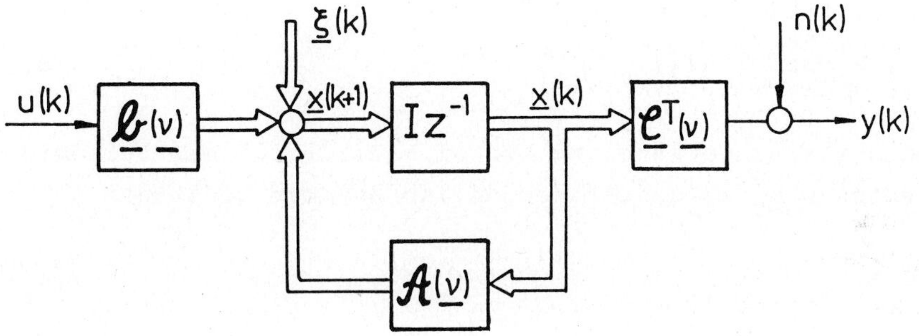

Bild 4.3: Nichtlineares, zeitvariantes diskretes Zustandsmodell.

Gl. (4.14) kann man sich für den Fall konstanter $\mathcal{A}_c$, $\underline{b}_c$, $\underline{c}_c$ aus der Abtastung eines nichtlinearen zeitkontinuierlichen Zustandsmodelles (Index c)

$$\dot{\underline{x}}_c(t) = \mathcal{A}_c(\underline{\nu})\underline{x}_c(t) + \underline{b}_c(\underline{\nu})u_c(t) + \underline{\xi}_c(t)$$
$$y_c(t) = \underline{c}_c^T(\underline{\nu})\underline{x}_c(t) + n_c(t) \qquad (4.15)$$

entstanden denken mit der Abtastzeit T_0 einem Abtast- und Halteglied am Systemeingang und einem Abtaster am Ausgang, also

$$u_c(t) = u(k) \quad ; \quad kT_0 \le t < (k+1)T_0$$
$$\underline{x}(k) = \underline{x}_c(t) \quad ; \quad t = kT_0$$
$$y(k) = y_c(t) \quad ; \quad t = kT_0 .$$

Es gilt dann ($\underline{\nu}$ unterdrückt)

$$\mathcal{A} = \exp[\mathcal{A}_c T_0]$$

$$\underline{\ell} = \int_0^{T_0} \exp[\mathcal{A}_c(T_0 - t)]\underline{\ell}_c dt$$

$$\underline{c} = \underline{c}_c \ . \tag{4.16}$$

Die lineare zeitinvariante Systemdarstellung

$$\begin{aligned} \underline{x}(k+1) &= A\,\underline{x}(k) + \underline{b}\,u(k) + \underline{\xi}(k) \\ y(k) &= \underline{c}^T\underline{x}(k) + n(k) \end{aligned} \tag{4.17}$$

kann dann als Linearisierung von Gl. (4.14) für ein beliebiges, aber festes $\underline{\nu}=\underline{\nu}_0$ aufgefaßt werden, so daß man konstante

$$\mathcal{A}(\underline{\nu}_0) = A \quad ; \quad \underline{\ell}(\underline{\nu}_0) = \underline{b} \quad ; \quad \underline{c}(\underline{\nu}_0) = \underline{c} \tag{4.18}$$

hat, die das Systemverhalten in einer Umgebung von $\underline{\nu}_0$ ausreichend genau approximieren. Gl. (4.17) wird im folgenden als Nominalsystem bezeichnet. Es lassen sich nun Grenzen für zulässige Abweichungen

$$\begin{aligned} \Delta\mathcal{A} &= \mathcal{A} - A; \\ \Delta\underline{\ell} &= \underline{\ell} - \underline{b} \end{aligned} \tag{4.19}$$

angeben (Safonov, 1980), so daß die Stabilität des realen Systems, Gl. (4.14), nicht gefährdet ist, obwohl eine optimale konstante Rückführung

$$u(k) = -\,\underline{k}^T\underline{x}(k) \tag{3.36}$$

eingesetzt wird, die auf der Basis des *linearen* Systems, Gl. (4.17), berechnet wurde. Man hat so das nichtlineare Entwurfsproblem auf ein lineares reduziert und die linearen Entwurfsmethoden, siehe Kapitel 3.2, zur Verfügung. Es gilt

<u>Satz 4.2</u>:

Für das nichtlineare System, Gl. (4.14), gelte speziell

$$\mathcal{A}(\underline{\nu}) = A$$
$$\underline{\mathcal{b}}(\underline{\nu}) = N\, \underline{b} \qquad (4.20)$$

mit einer Nichtlinearität $N|u^{*}=N\,u$, Bild 4.4. Unter der Voraussetzung, daß N höchstens endliche Verstärkungsänderungen aufweist und $N\cdot 0=0$ gilt, ist das geschlossene nichtlineare System, Gl. (4.14) und (4.20) mit der nominalen, bezüglich Gl. (4.17) quadratisch optimalen Zustandsrückführung

$$\underline{k}^T = [r + \underline{b}^T P\, \underline{b}]^{-1}\underline{b}^T P\, A \qquad (3.45)$$

stabil, falls die Ortskurve $N[e^{j\omega T_0}]$ innerhalb eines Kreises mit Mittelpunkt

$$M = [1-a^2]^{-1} + j\,0 \qquad (4.21)$$

und Radius

$$R = a[1-a^2]^{-1} \qquad (4.22)$$

mit

$$a = \sqrt{\frac{r}{r + \underline{b}^T P\, \underline{b}}} \quad ; \qquad 0 < a < 1 \qquad (4.23)$$

in der komplexen Ortskurvenebene verläuft, siehe Bild 4.5 ■
Ein Beweis findet sich in Safonov (1980).

N kann als nichtmodellierte Stellglieddynamik oder Prozeßverstärkungsänderung aufgefaßt werden, ist aber nicht auf diese Fälle beschränkt. Satz 4.2 verlangt nur, daß das Ein/Ausgangsverhalten des vorliegenden Systems durch Gln. (4.20) und (4.17) beschrieben wird.

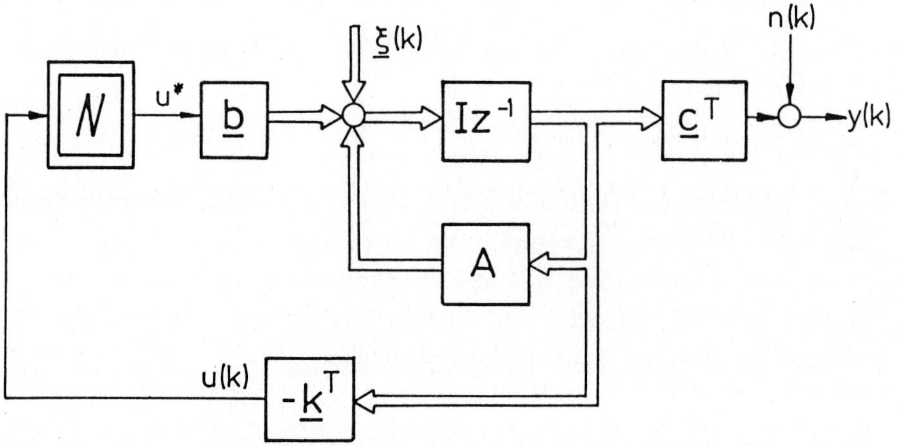

Bild 4.4: Zeitdiskretes linearisiertes Zustandsmodell (A,b,c) mit Nichtlinearität *N* in der Rückführung, die als nichtmodellierte Verstärkungsnichtlinearität der Strecke aufgefaßt werden kann.

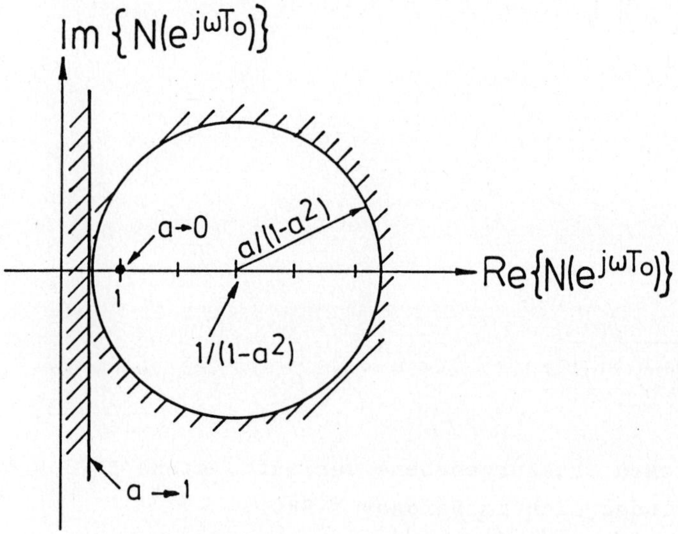

Bild 4.5: Hinreichende Stabilitätsgrenzkreise für die Ortskurve von *N* in Bild 4.4.

Die auf den Ortskurvenverlauf bezogenen Grenzkreise, Gln. (4.21) und (4.22), sind von Übertragungsfunktionen realer Systeme allerdings nur in seltenen Fällen zu erfüllen, da selbst im günstigsten Fall ($a \rightarrow 1$) $Re\{N(e^{j\omega T_0})\}>\frac{1}{2}$ sein muß. Nach kurzer Rechnung folgt z.B. für ein Verzögerungsglied (Filter) 1.Ordnung $G(z)=b_1/(1+a_1 z^{-1})$ mit Verstärkung 1, daß $a_1>-\frac{1}{3}$ gelten muß, damit die Ortskurve für $0 < \omega T_0 < \pi$ zumindest die Bedingung für den Realteil erfüllt.

Die Untersuchungen zur Robustheit werden daher im folgenden auf den Fall rein reeller Übertragungsfunktionen N, also nichtdynamischer Verstärkungskennlinien, beschränkt. Zur Vereinfachung der Notation seien diese durch einen Ersatzverstärkungsfaktor oder Multiplikator μ beschrieben, der sich im Rahmen der Bedingungen, Gln. (4.21) und (4.22), frei verändern darf.

Die Schnittpunkte der Kreise, Gln. (4.21) und (4.22), mit der reellen Achse sind

$$\mu_{min} = M - R = \frac{1 - a}{1 - a^2} = \frac{1}{1 + a} ; \tag{4.24}$$

$$\mu_{max} = M + R = \frac{1 + a}{1 - a^2} = \frac{1}{1 - a} , \tag{4.25}$$

also

$$(1+a)^{-1} \leq \mu_{stab} < (1-a)^{-1} \tag{4.26}$$

oder mit Gl. (4.23)

$$\left[1 + \sqrt{\frac{r}{r + \underline{b}^T P \, \underline{b}}}\right]^{-1} \leq \mu_{stab} < \left[1 - \sqrt{\frac{r}{r + \underline{b}^T P \, \underline{b}}}\right]^{-1} . \tag{4.27}$$

Liegt also ein nichtlinearer Übertragungsblock, dessen statische Kennlinie innerhalb eines Sektors $[\mu_{min}, \mu_{max}]$ ver läuft, Bild 4.6, gemäß Bild 4.4 in der Rückführung der Zustände, so ist der nach Gl. (3.44) und (3.45) berechnete Zustandsregelkreis immer stabil. Die Größe des Sektors ist über die Lösung P der Riccati-Gl. (3.44) des linearen Nominalsystems, Gl. (4.17), indirekt von der Bewertungsmatrix Q und direkt vom Stellgrößenbewertungsfaktor r abhängig. Für feste Q kann $[\mu_{min}, \mu_{max}]$ in Abhängigkeit von r aufgetragen werden, siehe Bilder 4.8 und 4.9 in Abschnitt 4.3.2.

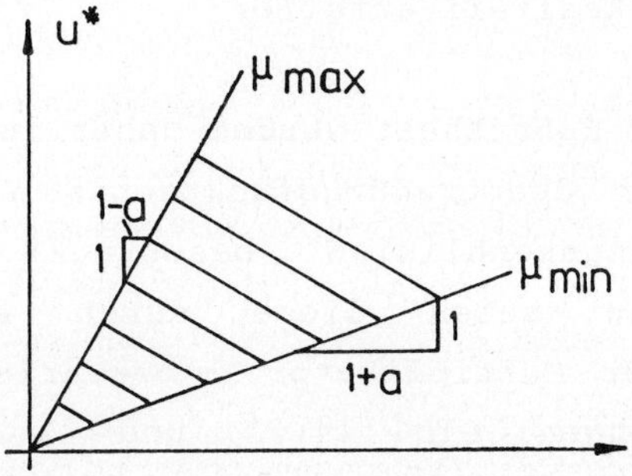

Bild 4.6: Zulässiger Sektor für statisch-nichtlineare Kennlinie N in Bild 4.4; hinreichende Verstärkungsgrenzen μ_{min}, μ_{max}.

Anmerkung 1: Stellt die Übertragungsfunktion N(z) kein statisches Verstärkungsglied μ dar, sondern eine reine Phasenverschiebung

$$N(z) = e^{i\varphi} \tag{4.28}$$

in der Zustandsrückführung, so bleibt das System mit Nominalregler $\underline{k}^T$, Gl. (3.45), stabil, falls

$$|\varphi| \leq 2 \arcsin\left[\frac{a}{2}\right] \tag{4.29}$$

mit a aus Gl. (4.23), (Safonov, 1980).

Anmerkung 2: Die Bedeutung der Arbeit von Safonov liegt vor allem in der Erweiterung der Stabilitätsaussagen auf Mehrgrößensysteme. Gln. (4.23) - (4.27) und (4.29) gelten auch bei Systemen mit $p>1$ Eingängen für jeden Eingang, falls die genannten Voraussetzungen des Eingrößenfalles erfüllt sind und die Stellgrößenbewertungsmatrix R Diagonalform $R=\mathrm{diag}[r_1 \ldots r_p]$ besitzt. In Gln. (4.23) und (4.27) ist anstelle von $\underline{b}^T P \underline{b}$ der größte Eigenwert von $B^T P B$ zu nehmen.

Anmerkung 3: Die angegebenen Stabilitätsgrenzen sind hinreichend; für $\mu<\mu_{min}$ oder $\mu>\mu_{max}$ kann aus Satz 4.2 keine Aussage über Stabilität/Instabilität des Systems getroffen werden. Die notwendigen Grenzen können z.B. über Auswertung der Eigenwertbedingung $|z|<1$ für Stabilität berechnet werden, vgl. Kapitel 4.4. Die untere Stabilitätsgrenze ist für stabile Prozesse gegenstandslos, da hier mit $\mu=0<\mu_{min}$ in jedem Fall noch die Stabilitätseigenschaften des Prozesses vorhanden sind.

Anmerkung 4: Nach Safonov (1980) sind die Robustheitsaussagen bezüglich Stabilität auch auf erweiterte Zustandsmodelle mit Integratoren an Ein- oder Ausgang übertragbar.

Bild 4.7 zeigt den Ein- und Ausgangsgrößenverlauf bei Variation der nominalen Zustandsrückführung mit der oberen hinreichenden Stabilitätsgrenze, Gl. (4.25), also das System

$$\underline{x}(k+1) = [A - \mu_{max}\underline{b}\,\underline{k}^T]\underline{x}(k) = [A - (1-a)^{-1}\underline{b}\,\underline{k}^T]\underline{x}(k) \;. \qquad (4.30)$$

μ kann gleichwertig als Verstärkungsänderung des Prozesses um $(\mu-1)\cdot 100\%$ oder als eine entsprechende multiplikative Variation der Rückführung $\underline{k}$ interpretiert werden, wobei der erste Fall für praktische Fragestellungen bedeutsamer erscheint.

Das System, Gl. (4.30) und Bild 4.7, ist zwar stabil, erfüllt jedoch wegen des schaltenden Verhaltens offensichtlich nicht typische regelungstechnische Güteforderungen. Das Schalten wird durch die Lage mindestens eines Eigenwertes in der linken Hälfte des Einheitskreises verursacht, siehe Abschnitt 4.4.

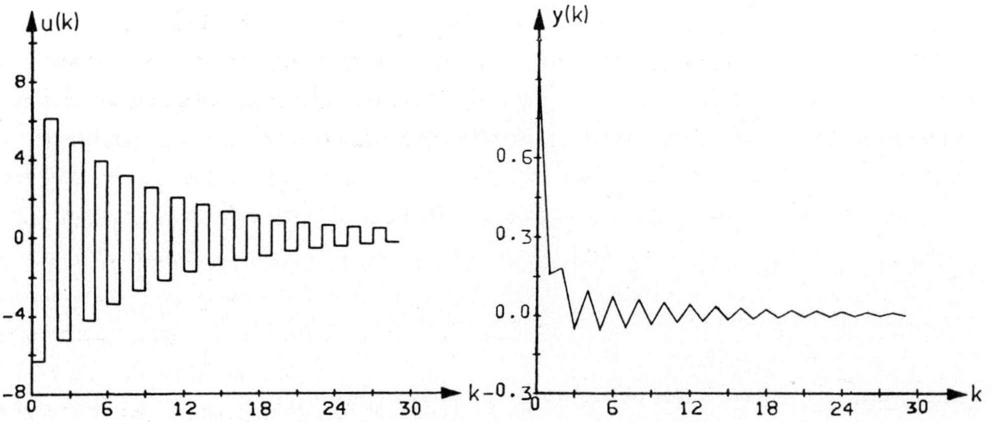

Bild 4.7: Stell- und Regelgröße an der oberen, hinreichenden Stabilitätsgrenze $\mu=\mu_{max}$, Gl. (4.23), Prozeß II.

Die Sektorgrenzen, Gln. (4.24) - (4.27), eignen sich demnach lediglich für eine Abschätzung der Stabilitätsreserven, garantieren aber nicht die Einhaltung vernünftiger regelungstechnischer Forderungen an das Zeitverhalten des Systems; sie stellen insbesondere nicht die Optimalität des Systems im Sinne eines quadratischen Gütekriteriums, Gl. (3.41), sicher.

4.3 Optimalitätsbereich diskreter Zustandsregelungen

Zur Verschärfung der Robustheitsaussagen werden die zulässigen Variationsbereiche im folgenden weiter eingeschränkt. Dazu soll gefordert werden, daß das variierte System, Gl. (4.30), nicht nur stabil bleibt, sondern daß es einem veränderten zulässigen quadratischen Gütekriterium

$$J_{\mu ZR} = \sum_{k=0}^{\infty} [\underline{x}^T(k) Q_\mu \underline{x}(k) + r_\mu u^2(k)] \tag{4.31}$$

mit

$$Q_\mu > 0 \quad ; \quad r_\mu > 0 \tag{4.32}$$

genügt, also quadratisch optimal bleibt.[4] Q_μ und r_μ sollen explizit bestimmt werden.[5]

Die Forderung, Gl. (4.31), impliziert asymptotische Stabilität und wird als inverses Optimalitätsproblem (Kalman, 1964) bezeichnet: Für welche μ ist die Rückführung $u(k)=-\mu\,\underline{k}^T\underline{x}(k)$ optimal im Sinne eines Güteindex, Gl. (4.31), falls k optimal im Sinne von Gl. (3.41) war? Die Struktur des betrachteten Systems, Bild 4.4, bleibt unverändert; es werden neue Sektorgrenzen μ_{opt} bestimmt.

4.3.1 Veränderliche Reglerverstärkung

Aus Gl. (4.31) erhält man mit Gl. (3.44) die Matrix-Riccati-Gl. mit den veränderten Bewertungsgrößen zu

$$Q_\mu - P_\mu + A^T P_\mu A - A^T P_\mu \underline{b}[r_\mu + \underline{b}^T P_\mu \underline{b}]^{-1} \underline{b}^T P_\mu A = 0 \; . \qquad (4.33)$$

Setzt man

$$P_\mu = \mu\, P \; ; \; \mu > 0 \qquad (4.34)$$

mit P ≡ Lösung der Riccati-Gl. des Nominalsystems, Gl. (4.17), erhält man entsprechend Gl. (3.45) den Regler

$$\underline{k}_\mu^T = \mu[r_\mu + \mu\, \underline{b}^T P\, \underline{b}]^{-1} \underline{b}^T P\, A \; . \qquad (4.35)$$

---

[4]Hier und im folgenden wird aus Gründen der Übersichtlichkeit $\alpha=1$ gesetzt, vgl. Gl. (3.41). Alle Aussagen gelten auch für $\alpha>1$, falls dies entsprechend Gl. (3.44) berücksichtigt wird.

[5]Prinzipiell würde die Bestimmung von $Q_\mu'=Q_\mu/r_\mu$ genügen. Bei Ansatz nach Gl. (4.31) erhält man jedoch wesentlich übersichtlichere Ergebnisse.

Dieser für das Kriterium, Gl. (4.31), optimale Regler soll nun gleich einem variierten Regler des Nominalsystems sein,

$$\underline{k}_\mu \overset{!}{=} \mu\, \underline{k} \,. \tag{4.36}$$

Mit Gln. (4.35) und (3.45) erhält man

$$\mu[r_\mu + \mu\, \underline{b}^T P\, \underline{b}]^{-1} \underline{b}^T P\, A \overset{!}{=} \mu[r + \underline{b}^T P\, \underline{b}]^{-1} \underline{b}^T P\, A \,. \tag{4.37}$$

Daraus folgt die Forderung

$$[r_\mu + \mu\, \underline{b}^T P\, \underline{b}] \overset{!}{=} [r + \underline{b}^T P\, \underline{b}] \tag{4.38}$$

und für

$$r_\mu = r + (1-\mu)\underline{b}^T P\, \underline{b} \,. \tag{4.39}$$

Aus der Positivitätsbedingung $r_\mu > 0$, Gl. (4.32), erhält man direkt die *obere Optimalitätsgrenze*

$$\mu_{opt} < \mu_{optmax} = \frac{r + \underline{b}^T P\, \underline{b}}{\underline{b}^T P\, \underline{b}} = 1 + \frac{r}{\underline{b}^T P\, \underline{b}} > 1 \,. \tag{4.40}$$

Man beachte, daß $\mu = \mu_{optmax}$ streng genommen selbst nicht mehr optimal ist, da es nur für $r_\mu = 0$ erreicht wird. In Gl. (4.32) wurde jedoch $r_\mu > 0$ gefordert.

Das veränderte Q_μ in Gl. (4.31) folgt dann aus Gln. (4.33) und (4.34) zu

$$\begin{aligned} Q_\mu &= \mu\left(P - A^T P\, A + A^T P\, b[r_\mu + \mu\, \underline{b}^T P\, \underline{b}]^{-1} b^T P\, A\, \mu\right) \\ &= \mu[P - A^T P\, A + A^T P\, b\, \underline{k}^T \mu] \,. \end{aligned} \tag{4.41}$$

Aus der Riccati-Gl. (3.44) des Nominalsystems hat man für $\alpha=1$ die Beziehung

$$P - A^T P A = Q - A^T P \underline{b}\, \underline{k}^T \tag{4.42}$$

und damit für Gl. (4.41)

$$Q_\mu = \mu[Q - A^T P \underline{b}\, \underline{k}^T + A^T P \underline{b}\, \underline{k}^T \mu]$$

$$= \mu[Q + (\mu-1) A^T P \underline{b}\, \underline{k}^T] \tag{4.43}$$

$$= \mu\left[Q + (\mu-1)[r + \underline{b}^T P \underline{b}]\underline{k}\, \underline{k}^T\right] . \tag{4.44}$$

Letzte Beziehung gilt wegen der Regler-Gl. (3.45), die umgeschrieben

$$\underline{b}^T P A = \underline{k}^T [r + \underline{b}^T P \underline{b}] \tag{4.45}$$

lautet und aus der durch Transponieren Gl. (4.44) sofort folgt. Sie kann verkürzt geschrieben werden als

$$Q_\mu = \mu[Q + \beta(\mu)\underline{k}\, \underline{k}^T] \tag{4.46}$$

mit dem von μ abhängigen Skalar

$$\beta(\mu) = (\mu-1)[r + \underline{b}^T P \underline{b}] . \tag{4.47}$$

Gemäß Voraussetzung muß Q_μ positiv definit sein. Für $\mu>0$ muß dafür der Klammerausdruck in Gl. (4.46) auf positive Definitheit untersucht werden, wobei man sich auf den Wertebereich $\mu<1$ beschränken kann, da für $\mu\geq1$ die rechte Seite von Gl. (4.46) immer positiv definit ist (da $Q>0$, $\underline{k}\, \underline{k}^T>0$).

Für $0<\mu<1$ muß z.B. über die Berechnung der Eigenwerte von

$$Q + \beta(\mu)\underline{k}\, \underline{k}^T \tag{4.48}$$

ein $\beta<0$ iterativ ermittelt werden, das gerade noch positive Eigenwerte liefert. Die Berechnung der Eigenwerte gestaltet sich relativ einfach, da die Matrix, Gl. (4.48), für symmetrische Q ebenfalls symmetrisch ist, mithin nur reelle Eigenwerte besitzt und dafür spezielle Verfahren existieren. Hat man β_{min} bestimmt, kann die *untere Optimalitätsgrenze* aus Gl. (4.47) zu

$$\mu_{optmin} = 1 + \frac{\beta_{min}}{r + \underline{b}^T P \, \underline{b}} \qquad (4.49)$$

bestimmt werden.

Die untere Optimalitätsgrenze folgt also aus der Positivitätsbedingung für die Zustandsgrößenbewertungsmatrix Q_μ des variierten Systems.

Anmerkung: Es kann nachgewiesen werden, daß Q_μ für alle $\mu > \mu_{optmin}$ positiv definit ist, vgl. Anhang A4. Man beachte, daß Q_μ wegen Gl. (4.46) keine Diagonalform mehr hat, auch wenn Q als Diagonalmatrix vorgegeben wurde.

4.3.2 Veränderliche Systemverstärkung

Soll der zulässige Variationsbereich für den Fall einer veränderten Strecke

$$\underline{b}_\mu = \mu \, \underline{b} \qquad (4.50)$$

bei unverändertem, also nominalem Regler

$$\underline{k}_\mu = \underline{k} \qquad (4.51)$$

festgestellt werden, so können nicht die gleichen Ergebnisse für die neuen Bewertungsgrößen Q_μ, r_μ wie im Falle eines variierten Reglers $\underline{k}_\mu = \mu \underline{k}$ an unveränderter Strecke $\underline{b}_\mu = \underline{b}$ erwartet werden, da sich die Riccati-Gl. in etwas anderer Weise verändert.

Man erhält als Riccati-Gl. des variierten Systems, Gl. (4.50)

$$Q_\mu - P_\mu + A^T P_\mu A - \mu\, A^T P_\mu \underline{b} [r_\mu + \mu^2 \underline{b}^T P_\mu \underline{b}]^{-1} \mu\, \underline{b}^T P_\mu A = 0 \,. \qquad (4.52)$$

Mit der Lösungsmatrix

$$P_\mu = \frac{1}{\mu} P \quad ; \quad \mu > 0 \qquad (4.53)$$

hat man den Regler

$$\underline{k}_\mu^T = [r_\mu + \mu\, \underline{b}^T P\, \underline{b}]^{-1} \underline{b}^T P\, A \qquad (4.54)$$

und daraus wegen Gln. (4.51) und (3.45)

$$r_\mu = r + (1-\mu) \underline{b}^T P\, \underline{b} \qquad (4.55)$$

das gleiche Ergebnis wie in Kapitel 4.3.1 für r_μ und die obere Optimalitätsgrenze, Gl. (4.40).

Q_μ ergibt sich hier jedoch zu

$$\begin{aligned} Q_\mu^* &= \mu^{-1} \left[P - A^T P\, A + \mu\, A^T P\, \underline{b} [r_\mu + \mu\, \underline{b}^T P\, \underline{b}]^{-1} \underline{b}^T P\, A \right] \\ &= \mu^{-1} [P - A^T P\, A + A^T P\, \underline{b}\, \underline{k}^T \mu] \\ &= \mu^{-1} \left[Q + (\mu-1) [r + \underline{b}^T P\, \underline{b}] \underline{k}\, \underline{k}^T \right] \\ &= \mu^{-2} Q_\mu \end{aligned} \qquad (4.56)$$

mit Q_μ aus Gl. (4.44). Dieses Ergebnis folgt auch direkt aus dem Gütekriterium, Gl. (4.31), da bei veränderter Systemverstärkung $u^2 \to \mu^2 u^2$ bewertet wird. Setzt man dies in Gl. (4.31) ein, so folgt nach Ausklammern von μ^2 für $Q_\mu^* = \mu^{-2} Q_\mu$. Alle weiteren Beziehungen für r_μ und die Grenzen stimmen mit den Ergebnissen aus Abschnitt 4.3.1 überein.

Bild 4.8 zeigt den Zeitverlauf von Stell- und Regelgröße für Prozeß II an der oberen Optimalitätsgrenze (vgl. mit Bild 4.7).

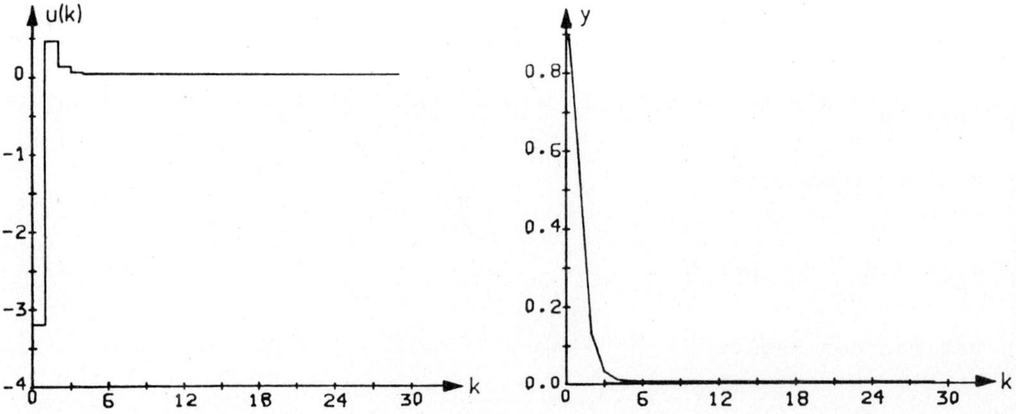

Bild 4.8: Stell- und Regelgröße an der oberen Optimalitätsgrenze $\mu = \mu_{optmax}$, Gl. (4.40), Prozeß II.

Bilder 4.9 und 4.10 zeigen die Stabilitäts- und Optimalitätsgrenzen μ über dem Entwurfsfaktor r; aufgetragen für ein stabiles und ein instabiles System. Für Prozeß II erhält man ab r=0,23 den Ein/Ausgangsreglern vergleichbare Verstärkungsreserven (μ_{stab}<5,7), vgl. Kapitel 3.4.

Anmerkung: Einige der Ergebnisse zu Optimalitätsreserven und Eigenwertverhalten diskreter optimaler Zustandsregler wurden in etwas anderer Form auch von Schwerdtfeger (1983) abgeleitet und dort vor allem unter dem Aspekt der Synthese robuster Abtastregler ausgearbeitet.

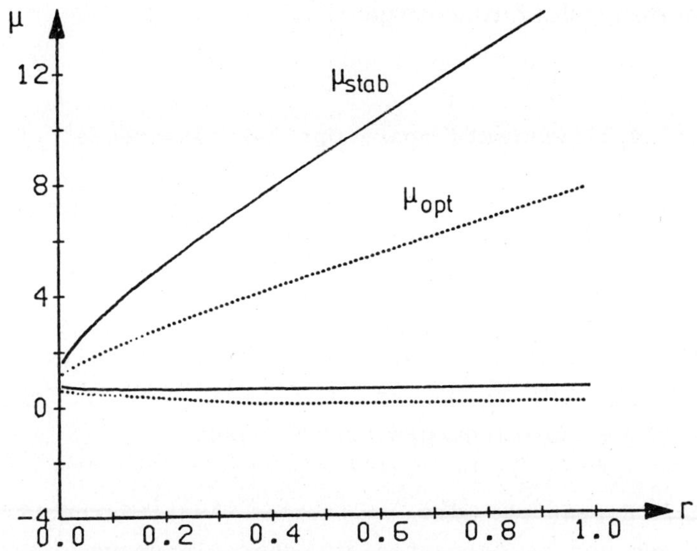

Bild 4.9: Hinreichender Stabilitätsbereich, Gl.(4.27) —— und Optimalitätsbereich, Gln.(4.40),(4.49) --- als Funktion der Stellgrößenbewertung r für Q=I und stabilen Prozeß II.

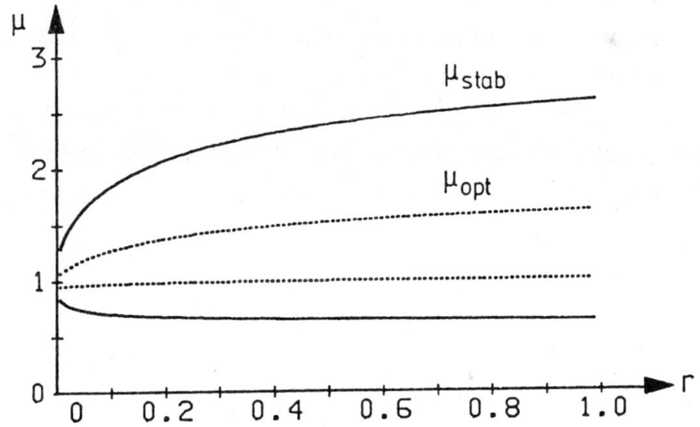

Bild 4.10: Hinreichender Stabilitätsbereich, Gl.(4.27) —— und Optimalitätsbereich, Gln.(4.40),(4.49) --- als Funktion der Stellgrößenbewertung r für Q=I und instabilen Prozeß V.

4.4 Eigenwertverhalten des Zustandsreglers

Die in Kapitel 4.3 bestimmte obere Optimalitätsgrenze

$$\mu_{optmax} = \frac{r + \underline{b}^T P \, \underline{b}}{\underline{b}^T P \, \underline{b}} \qquad (4.40)$$

zeichnet sich im Hinblick auf das interessierende Zeitverhalten des geregelten Systems besonders aus. Dies wird im folgenden anhand von Eigenwertüberlegungen nachgewiesen.

Die Pole oder Eigenwerte des variierten Zustandsregelkreises ergeben sich aus dessen charakteristischer Gleichung

$$\det[z\, I - A + \mu\, \underline{b}\, \underline{k}^T] = 0 \; . \qquad (4.57)$$

Es soll nun berechnet werden, für welche multiplikative Variation μ der Rückführung $\underline{k}$ (oder des Eingangsvektors $\underline{b}$) genau ein Eigenwert in z=0 liegt. Aus Gl. (4.57) hat man für diesen Fall (z=0)

$$\det(A)\, \det[I - \mu\, A^{-1}\underline{b}\, \underline{k}^T] = 0 \; . \qquad (4.58)$$

Falls A nicht singulär ist (also das ungeregelte System keine Totzeiten oder Eigenwerte bei z=0 enthält), kann Gl. (4.58) nur über

$$\det[I - \mu\, A^{-1}\underline{b}\, \underline{k}^T] = 0 \qquad (4.59)$$

erfüllt werden. Durch Anwendung eines Satzes aus der linearen Algebra (Gröbner, 1966) erhält man

$$\det[I - \mu\, A^{-1}\underline{b}\, \underline{k}^T] = \det(I)\,[1 - \mu\, \underline{k}^T A^{-1}\underline{b}] = 0 \qquad (4.60)$$

und damit die Forderung

$$\mu = [\underline{k}^T A^{-1} \underline{b}]^{-1} \; . \tag{4.61}$$

Mit Gl. (3.45) für $\underline{k}^T$ folgt daraus

$$\mu = [\underline{k}^T A^{-1} \underline{b}]^{-1} = \frac{r + \underline{b}^T P \, \underline{b}}{\underline{b}^T P \, \underline{b}} = \mu_{optmax} \; , \tag{4.62}$$

also die *obere Optimalitätsgrenze*, Gl. (4.40).

<u>Satz 4.3</u>:

Ein Zustandsregelkreis $(A, \underline{b}, \underline{k}_\mu)$, Gln. (4.17), (3.36) und (3.45), besitzt nach Gl. (4.61) mindestens einen Eigenwert im Ursprung der z-Ebene, falls sein nominaler Rückführvektor $\underline{k}$ multiplikativ zu

$$\underline{k}_\mu = \mu_{optmax} \underline{k} \tag{4.63}$$

mit der oberen Optimalitätsgrenze μ_{optmax} aus Gl. (4.62) verändert wird.

Jedes bezüglich des quadratischen Güteindex, Gl. (3.41), optimale System mit verschwindender Stellgrößenbewertung $r \to 0$ besitzt wegen Gl. (4.62) einen Eigenwert bei $z=0$ bereits im Nominalfall; sein Rückführvektor $\underline{k}$ erfüllt also die Bedingung

$$\underline{k}^T A^{-1} \underline{b} = 1 \tag{4.64}$$

(vgl. auch bei Schwerdtfeger, 1983) ■

Bild 4.11 zeigt den Verlauf der Wurzelorte des geschlossenen Kreises bei Variation der Zustandsrückführung mit einem Faktor μ für einen Prozeß 2.Ordnung und $1 \le \mu \le \mu_{max}$. Man erkennt, daß die obere Stabilitätsgrenze hinreichend ist, da die Eigenwerte für $\mu = \mu_{max}$ noch innerhalb des Einheitskreises $|z|=1$ liegen. Für $\mu = \mu_{optmax}$ liegt ein Eigenwert bei $z=0$.

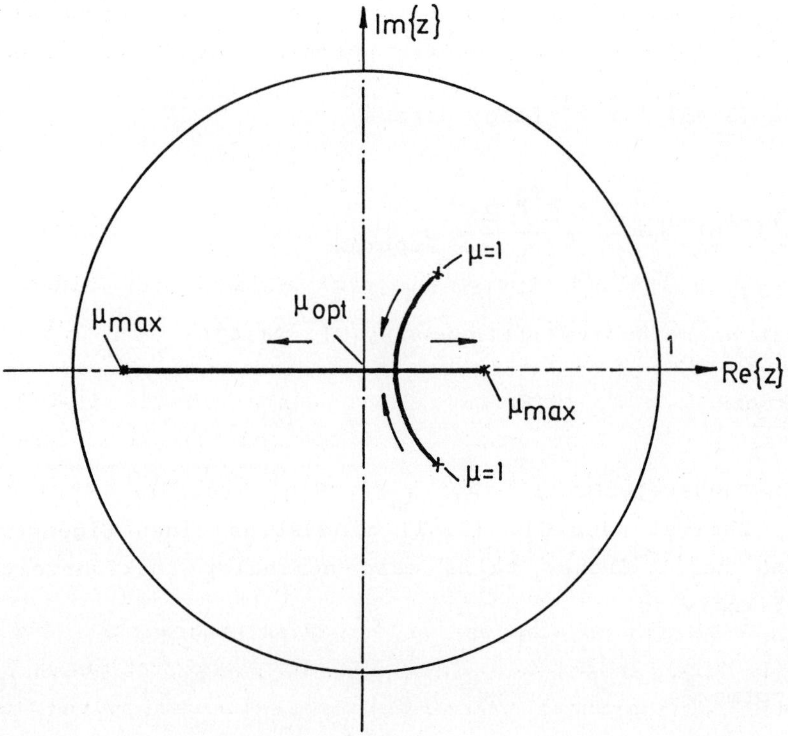

Bild 4.11: Wurzelorte für Verstärkungsvariationen μ bei Zustandsregler und Prozeß II ($\mu_{opt} \hat{=} \mu_{optmax}$).

Satz 4.3 legt nahe, daß für r=0 eine Bedingung für die Elemente der Bewertungsmatrix Q im Gütekriterium, Gl. (3.41), existiert, die die Lage *aller* Eigenwerte des geregelten Systems im Ursprung erzwingt. Der Kreis besitzt in diesem Fall endliche Einstellzeit (Deadbeat-Verhalten) und für die Zustandsrückführungen gilt (Isermann, 1977)

$$k_i = -a_{n-i}. \qquad (4.65)$$

Es kann gezeigt werden (Schwerdtfeger, 1983), daß für

$$Q = q\,I \quad ; \quad r = 0 \quad ; \quad q > 0 \qquad (4.66)$$

der zeitoptimale Deadbeat-Regler gerade als Grenzfall des quadratisch optimalen Entwurfes entsteht. Man beachte, daß bei r=0 wegen Gln. (4.27) und (4.40) sowohl $\mu_{stab}=1$ als auch $\mu_{optmax}=1$ gilt.

Satz 4.4:

Für ein beliebiges System $(A,\underline{b},\underline{c})$ erhält man einen zeitoptimalen Zustandsregler $\underline{k}_{DB}$ durch die Wahl des (entarteten) quadratischen Gütekriteriums, Gl. (3.41), $J_{DB}(Q=qI, r=0)$. Der Regelkreis mit $\underline{k}_{DB}$ besitzt keine hinreichenden Stabilitätsreserven. Die Eigenschaft Zeitoptimalität ist unendlich empfindlich gegenüber Variationen der Streckenverstärkung oder des Rückführvektors ∎

Zum Beweis siehe Gln. (4.27) und (4.40) für r=0.

Satz 4.4 begründet die bekannte Parameterempfindlichkeit des Zustands-Deadbeatreglers aus Robustheitsüberlegungen für optimale Rückführungen. Wegen der grundsätzlich großen Robustheit dieser vollständigen Rückführungen im Vergleich zu Ein/Ausgangsreglern ist die große Parameterempfindlichkeit des Zustands-Deadbeatreglers erst recht Ein/Ausgangs-Deadbeatreglern, Kapitel 3.1, zu eigen. Dies wurde dort auf anderem Wege gezeigt.

4.5 Zusammenhänge zwischen Stabilitäts- und Optimalitätsschranken; Grenzwerte

Die wegen der Ähnlichkeiten von Stabilitäts- und Optimalitätsgrenzen, Gln. (4.27) und (4.40), zu vermutenden Zusammenhänge sollen in diesem Abschnitt analysiert werden.

Satz 4.5:

Aus Gl. (4.21) für den Mittelpunkt des Stabilitätsbereiches folgt mit Gl. (4.23)

$$M = [1 - a^2]^{-1} = \left(1 - \frac{r}{r + \underline{b}^T P\, \underline{b}}\right)^{-1}$$

$$= \frac{r + \underline{b}^T P\, \underline{b}}{\underline{b}^T P\, \underline{b}}, \qquad (4.67)$$

also die obere Optimalitätsgrenze, Gl. (4.40). Sie liegt grundsätzlich genau in der Mitte des hinreichenden Sektors für Stabilität.

Mit Gln. (4.24) und (4.25) gilt

$$(M-R)(M+R) = M^2 - R^2 = [1-a^2]^{-1}$$

$$= \left(1 - \frac{r}{r + \underline{b}^T P\, \underline{b}}\right)^{-1} = \frac{r + \underline{b}^T P\, \underline{b}}{\underline{b}^T P\, \underline{b}} = M = \mu_{optmax}\,. \qquad (4.68)$$

Die obere Optimalitätsgrenze kann als Produkt aus unterer und oberer Stabilitätsgrenze berechnet werden ■

Es bestehen also enge Verbindungen zwischen den Sektorgrenzen für Stabilität und Optimalität bei vollständigen quadratisch optimalen Rückführungen.

Bilder 4.8 und 4.9 zeigen den Verlauf der Sektorgrenzen für Stabilität und Optimalität für ein stabiles und ein instabiles System 2.Ordnung. Es ist deutlich zu erkennen, daß die Robustheit (d.h. die Toleranz von Rückführ- und Verstärkungsänderungen) mit zunehmender Stellgrößengewichtung r ebenfalls zunimmt. Für instabile Prozesse erreicht sie endliche obere Grenzwerte, während für stabile Systeme $\mu_{max} \to \infty$ für $r \to \infty$

gilt. Die untere Stabilitätsgrenze hat für stabile Systeme keine Bedeutung; für instabile Prozesse nähert sie die tatsächliche Stabilitätsgrenze jedoch gut an.

Satz 4.6:

Die untere Stabilitätsgrenze verläuft bei stabilen Prozessen für $r \to \infty$ oder

$$r \gg \underline{b}^T P \, \underline{b} \tag{4.69}$$

nach

$$\mu_{min}(r \to \infty) = 0{,}5 \; ; \tag{4.70}$$

die oberen Grenzen nach

$$\mu_{max}(r \to \infty) \to \infty \; ; \tag{4.71}$$

$$\mu_{optmax}(r \to \infty) \to \infty \, . \tag{4.72}$$

Für $r \to 0$ oder $r \ll \underline{b}^T P \, \underline{b}$ gehen außer der unteren Optimalitätsgrenze alle zulässigen Variationen gegen

$$\mu(r \to 0) = 1 \, . \tag{4.73}$$

Aus Gln. (4.70) und (4.71) folgt, daß der diskrete Zustandsregler für $\underline{b}^T P \, \underline{b} \ll r$ die Stabilitätsreserven $\mu = (0{,}5;\infty)$ und damit die Robustheit der kontinuierlichen Zustandsrückführung erreicht. Ebenso folgt aus Gln. (4.29) und (4.23), daß dann deren Phasenreserve von mindestens 60° erreicht wird ■

Ist die Bedingung Gl. (4.69) nicht hinreichend erfüllt, so besitzt der diskrete Zustandsregler geringere Robustheit als der zugehörige zeitkontinuierliche Zustandsregler. Dies entspricht dem bekannten stabilitätsmindernden Einfluß von Abtastungen.

Tabelle 4.1 faßt die Ergebnisse der Sätze zusammen. Eine vollständige quadratisch optimale Zustandsrückführung toleriert nennenswerte Abweichungen zwischen Entwurfsmodell und realer Strecke, ohne daß Instabilität auftritt. Für geringere Variationen, die ebenfalls analytisch geschlossen angebbar sind, bleibt Optimalität bezüglich berechenbarer veränderter Bewertungsgrößen erhalten. Hierbei ist jedoch zu bedenken, daß diese Bewertungsgrößen losgelöst vom ursprünglischen physikalischen Bezug sind und i.a. auch keine Aussagen über das zeitliche Verhalten des variierten Systems gemacht werden können. Es sind daher bei Anwendungen diese Aspekten z.B. über Simulationen zu überprüfen.

Tabelle 4.1: Robustheitsmaße diskreter Zustandsrückführungen.

Robustheitsmaße		$0 < r < \infty$	$r \to 0$	$r \gg b^T Pb$
Stabilitätsgrenze (μ_{stab})	oben	$\left(1-\sqrt{\frac{r}{r+\underline{b}^T P\, \underline{b}}}\right)^{-1}$	1	∞
	unten	$\left(1+\sqrt{\frac{r}{r+\underline{b}^T P\, \underline{b}}}\right)^{-1}$	1	0,5
	$\lvert\gamma\rvert$	$\leq 2 \arcsin\left(0{,}5 \sqrt{\frac{r}{r+\underline{b}^T P\, \underline{b}}}\right)$	0°	60°
Optimalitätsgrenze (μ_{opt})	oben	$1 + \frac{r}{\underline{b}^T P\, \underline{b}}$	1	$<\mu_{stab}$ $\to \infty$
	unten	$1 + \beta[r+\underline{b}^T P\, \underline{b}]^{-1}$; β aus: $Q + \beta(\mu)\underline{k}\,\underline{k}^T = 0$	$f(\beta)$	$f(\beta)$
	r_μ	$r + (1-\mu)\underline{b}^T P\, \underline{b}$	o: 0 u: $f(\beta)$	$f(\mu)$ $f(\beta)$
	Q_μ	$\mu\left(Q + [\mu-1][r+\underline{b}^T P\, \underline{b}]\underline{k}\,\underline{k}^T\right)$	o: Q u: $f(\beta)$	groß $f(\beta)$

Stabilitätsgrenzen: hinreichend; Optimalitätsgrenzen: notwendig und hinreichend. Für instabile Prozesse ist $r \gg \underline{b}^T P \underline{b}$ nicht erreichbar; o: obere Grenze; u: untere Grenze.

5 Robustheit diskreter Zustandsbeobachter

5.1 Dualität von Regelung und Beobachtung

Die Rückführung der Zustände $\underline{x}$ über den Reglervektor $\underline{k}$ bei Zustandsregelungen, Gl. (3.36), erfordert deren Meßbarkeit. Ist diese schon im Falle der zeitkontinuierlichen Zustandsregelung oft nicht realisierbar oder zumindest teuer, da eine entsprechende Anzahl Sensoren angebracht werden muß, so ist sie im Zeitdiskreten nur in Ausnahmefällen durchführbar. Es müßten dazu die Zustände einzeln meßbar sein, über separate A/D-Wandler erfaßt werden und es würde eine physikalische Bedeutung jeder Zustandsgröße voraussetzen. Bei Einsatz parameteradaptiver Zustandsregler wird das Streckenverhalten aber in der Regel über Messung der Ein- und Ausgangsgrößen auf Grundlage eines approximierenden Prozeßmodells niedriger Ordnung identifiziert.

Eine Zustandsgrößenmessung ist daher nicht möglich. Sie muß durch Einsatz eines Zustandsgrößenbeobachters ersetzt werden. Dieser stellt in seiner einfachsten Form ein exaktes Streckenmodell dar, das über die Stellgröße u vorgesteuert und über den Ausgangsfehler

$$e_B(k) = y(k) - \hat{y}(k) \qquad (5.1)$$

nachgeführt wird.

Im Unterschied zur Regelung, die aus m Zustandsgrößen $\underline{x}$ über Gl. (3.36) eine Stellgröße u erzeugt, werden bei Beobachtung die m Zustandsgrößen-Schätzwerte $\hat{\underline{x}}$ aus einem Fehler, Gl. (5.1), über

$$\Delta\hat{\underline{x}}(k) = -\underline{h}\; e_B(k) \qquad (5.2)$$

korrigiert. Die das Systemverhalten beschreibenden Matrizen und Vektoren entsprechen denen der Strecke selbst, so daß durch Übergang zum transponierten System

$$A \rightarrow A^T \; ; \; \underline{b} \rightarrow \underline{c} \tag{5.3}$$

die Berechnung der Beobachterrückführung $\underline{h}$ nach den Entwurfsmethoden für Zustandsregler $\underline{k}$ durchgeführt werden kann, sofern Gl. (5.3) beachtet wird, vgl. z.B. Tolle (1985).

Die in Kapitel 4 berechneten Robustheitseigenschaften diskreter Zustandsregelungen können unter Beachtung der Dualität, Gl. (5.3), - die vollständige Steuerbarkeit und Beobachtbarkeit des Systems voraussetzt - direkt auf Zustandsbeobachter übertragen werden.

5.2 Stabilitätsreserven diskreter Zustandsbeobachter

Das lineare zeitinvariante dynamische System

$$\begin{aligned} \underline{x}(k+1) &= A\,\underline{x}(k) + \underline{b}\,u(k) + \underline{\xi}(k) \\ y(k) &= \underline{c}^T\underline{x}(k) + n(k) \end{aligned} \tag{4.17}$$

sei die Linearisierung des nichtlinearen Systems

$$\begin{aligned} \underline{x}(k+1) &= \mathcal{A}(\underline{\nu})\underline{x}(k) + \underline{\mathscr{b}}(\underline{\nu})u(k) + \underline{\xi}(k) \\ y(k) &= \underline{\mathscr{c}}^T(\underline{\nu})\underline{x}(k) + n(k) \end{aligned} \tag{4.14}$$

für $\underline{\nu}=\underline{\nu}_0$, wie in Kapitel 4.2 dargestellt. Es lassen sich dann Grenzen für zulässige Abweichungen

$$\begin{aligned} \Delta\mathcal{A} &= \mathcal{A} - A \\ \Delta\underline{\mathscr{c}} &= \underline{\mathscr{c}} - \underline{c} \end{aligned} \tag{5.4}$$

angeben, so daß eine auf der Basis des *linearisierten* Systems, Gl. (4.17), entworfene Beobachterrückführverstärkung

$$\underline{h}^T = [r + \underline{c}^T P \underline{c}]^{-1} \underline{c}^T P A^T \tag{5.5}$$

die Stabilität des *nichtlinearen* Beobachters (mit Systemmodell Gl. (4.14)), nicht gefährdet (Safonov, 1980).

$\underline{h}^T$, Gl. (5.5), ist die optimale Verstärkung bezüglich des quadratischen Gütefunktionals (vgl. Kapitel 3.2)

$$J_B = \sum_{k=0}^{\infty} \alpha^{2k} \left[\underline{x}^{*T}(k) Q \underline{x}^*(k) + r \eta^2(k)\right] \tag{5.6}$$

mit $Q > 0$, $r > 0$, und

$$\eta(k) = -\underline{h}^T \underline{x}^*(k) \tag{5.7}$$

falls man zum Entwurf das zu dem linearisierten System, Gl.(4.17), duale System $\underline{x}^*(k+1) = A^T \underline{x}^*(k) + \underline{c}\,\eta(k)$ verwendet. P ist hier die Lösung der stationären Beobachter-Riccati-Gl.

$$P = \alpha^2 \left(Q + A P \left[I - \underline{c}[r + \underline{c}^T P \underline{c}]^{-1} \underline{c}^T P\right] A^T\right) \tag{5.8}$$

und existiert immer für stabile beobachtbare Systeme. Analog zu den Aussagen in Kapitel 4.2 hat man

<u>Satz 5.1</u>

Für das nichtlineare System, Gl. (4.14), gelte speziell

$$\begin{aligned} \mathcal{A} &= A \\ \underline{\mathcal{c}} &= \mathcal{N}\, \underline{c} \end{aligned} \tag{5.9}$$

mit einer Nichtlinearität $\mathcal{N}|y^* = \mathcal{N}\, y$, Bild 5.1. Unter der Voraussetzung, daß $\mathcal{N}$ höchstens endliche Verstärkungsänderungen aufweist und $N \cdot 0 = 0$ gilt, ist die auf Grundlage des linearisierten Systems, Gl. (4.17), entworfene quadratisch optimale Beobachterrückführung

$$\underline{h}^T = [r + \underline{c}^T P\, \underline{c}]^{-1} \underline{c}^T P\, A^T \tag{5.5}$$

stabil, falls die Ortskurve $N[e^{j\omega T}0]$ innerhalb eines Kreises mit Mittelpunkt

$$M = [1-a^2]^{-1} + j\,0 \tag{5.10}$$

und Radius

$$R = a[1-a^2]^{-1} \tag{5.11}$$

mit

$$a = \sqrt{\frac{r}{r + \underline{c}^T P\, \underline{c}}} \quad ; \quad 0 < a < 1 \tag{5.12}$$

in der komplexen Ortskurvenebene verläuft, siehe Bild 4.5. Asymptotische Stabilität - d.h. das Erreichen der tatsächlichen Zustände - erfordert, daß der Beobachter selbst ein exaktes Modell der Strecke ist, also Gl. (4.14) und (5.9) realisiert ■

Zum Beweis siehe Safonov (1980).

N kann hier als Sensornichtlinearität interpretiert werden, die dann allerdings auch im Beobachter zu modellieren ist.

Beschränkt man die Stabilitätsaussagen und Robustheitsüberlegungen wie in Kapitel 4.2 auf statische Verstärkungskennlinien, die zur Vereinfachung der Notation durch einen Ersatzverstärkungsfaktor oder Multiplikator μ beschrieben werden, so ergeben sich für die zulässige Verstärkungsvariation in der Beobachterrückführung die folgenden Stabilitätsgrenzen:

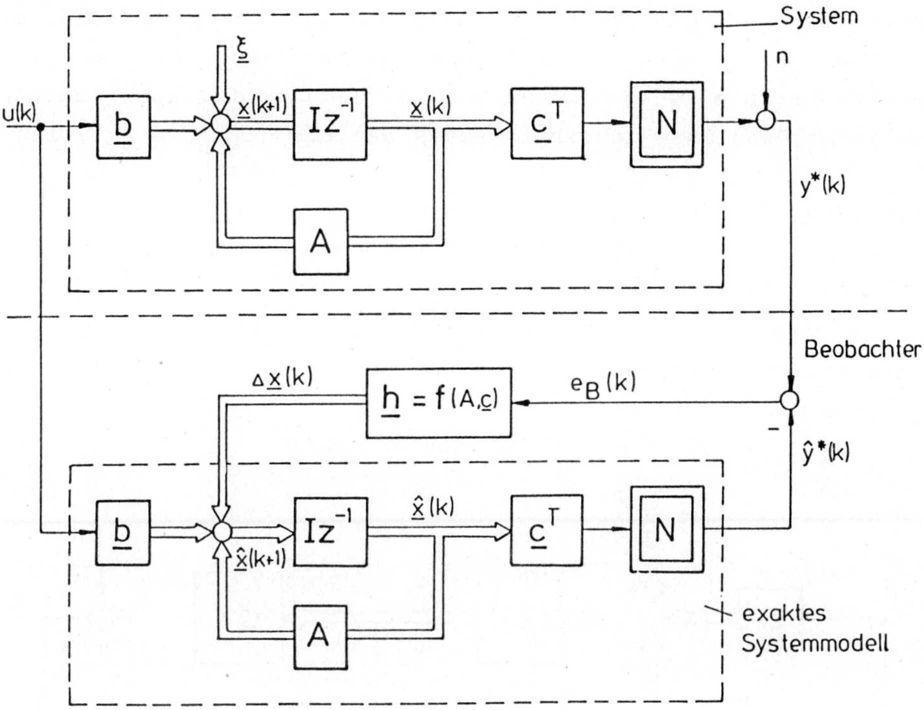

Bild 5.1: Zeitdiskretes linearisiertes Zustandsmodell $(A, \underline{b}, \underline{c})$ mit Nichtlinearität N am Ausgang, die als Sensorlinearität aufgefaßt werden kann und im Beobachter modelliert werden muß.

Falls

$$(1 + a)^{-1} < \mu_{stab} < (1 - a)^{-1} \tag{5.13}$$

mit a aus Gl. (5.12), also

$$\left[1 + \sqrt{\frac{r}{r + \underline{c}^T P \, \underline{c}}}\right]^{-1} \leq \mu_{stab} < \left[1 - \sqrt{\frac{r}{r + \underline{c}^T P \, \underline{c}}}\right]^{-1}, \tag{5.14}$$

ist der Beobachter mit der veränderten Verstärkung $\underline{h}_{\mu} = \mu \, \underline{h}$

$$\tilde{\underline{x}}(k+1) = [A - \mu\, \underline{c}\, \underline{h}^T]\tilde{\underline{x}}(k) \tag{5.15}$$

stabil. Liegt also ein nichtlinearer Übertragungsblock, dessen statische Kennlinie innerhalb eines Sektors $[\mu_{min}, \mu_{max}]$, Bild 4.6, verläuft, gemäß Bild 5.2, in der Rückführung des Beobachters, so ist der nach Gl. (5.5) auf der Grundlage des linearen Systems, Gl. (4.17), berechnete nichtlineare Beobachter, Gln. (4.14), (5.9) und (5.5) immer stabil. Die Größe des Sektors ist über die Lösung P der Riccati-Gl. (5.8) des linearisierten Systems indirekt von der Bewertungsmatrix Q und direkt vom Bewertungsfaktor r abhängig.

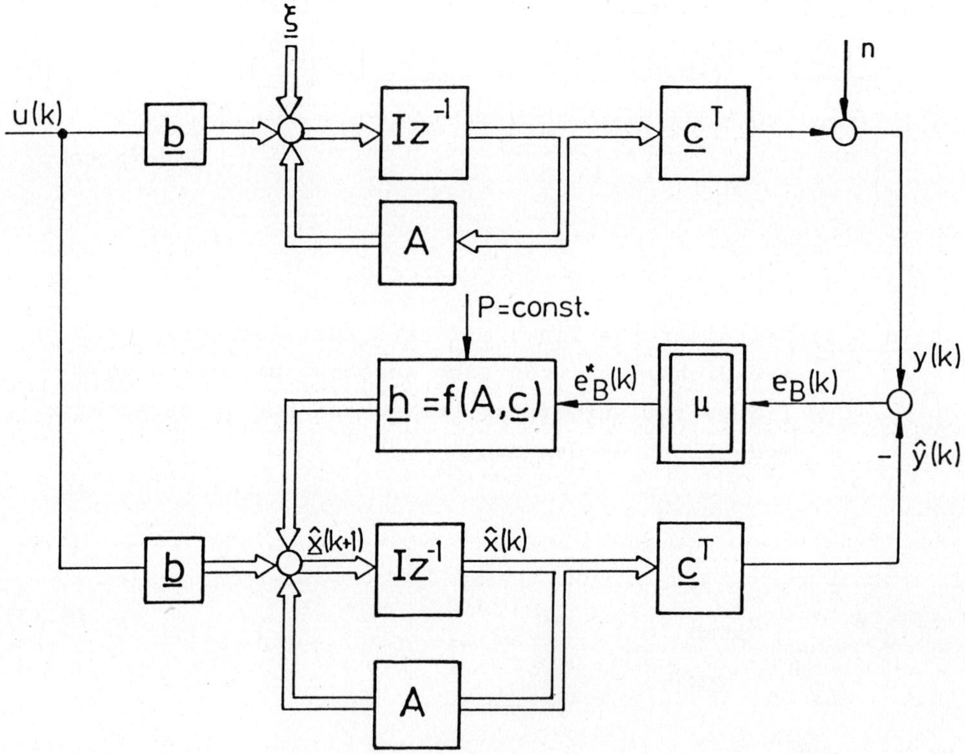

Bild 5.2: Umgeformtes Blockschaltbild 5.1 mit $N \rightarrow \mu$ in der Rückführung $\underline{h}$.

Bild 5.3 zeigt den maßgebenen Beobachterfehlerkreis mit Variation μ, Gl. (5.15). Diese Darstellung entspricht den Bildern 5.1 und 5.2 für $N \rightarrow \mu$.

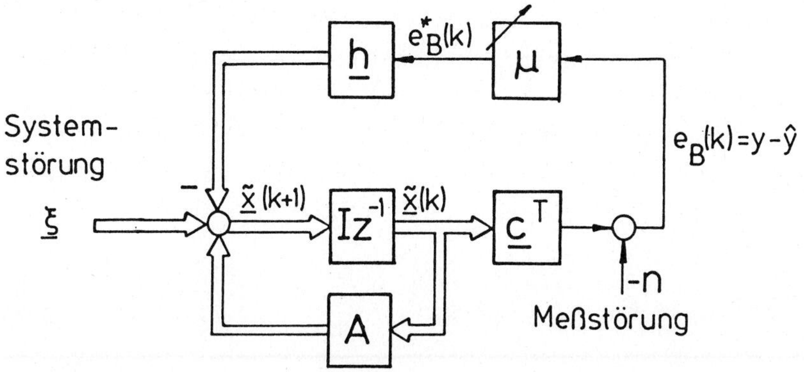

Bild 5.3: Beobachter-Fehlerdynamik für $N \rightarrow \mu$, vgl. Bilder 5.1 und 5.2.

Anmerkung 1: Die zu Satz 4.2 ausgeführten Anmerkungen 1 - 4 gelten entsprechend für den Beobachter.

Anmerkung 2: Die Stabilitätsreserven des Beobachters sind relativ zu dem Fall der exakten Linearisierung aufzufassen, in dem das tatsächliche Systemverhalten, Gl. (4.14), mit dem des linearen Systems, Gl. (4.17), übereinstimmt.

Für Variation der Beobachterrückführung mit der oberen hinreichenden Stabilitätsgrenze, Gl. (5.13), also das System

$$\underline{\breve{x}}(k+1) = [A - \mu_{max}\underline{c}\ \underline{h}^T]\underline{\breve{x}}(k) = [A - (1-a)^{-1}\underline{c}\ \underline{h}^T]\underline{\breve{x}}(k), \qquad (5.16)$$

erhält man einen der variierten Zustandsrückführung vergleichbaren Zeitverlauf des Beobachterfehlers, vgl. Bild 4.7.

5.3 Optimalitätsbereich diskreter Zustandsbeobachter

Die auf Stabilität des Beobachters bezogenen Robustheitsaussagen des vorangegangenen Abschnittes werden nun im folgenden ähnlich wie für die Zustandsrückführung weiter konkretisiert. Es soll wieder gefordert werden, daß die mit μ multiplikativ veränderte Beobachterrückführung $\underline{h}$, Gl. (5.5) und Bild 5.3, den Beobachter nicht nur stabilisiert, sondern zusätzlich einem veränderten zulässigen quadratischen Gütekriterium

$$J_{\mu B} = \sum_{k=0}^{\infty} \underline{x}^{*T}(k) Q_{\mu} \underline{x}^{*}(k) + r_{\mu} \eta^{2}(k) \qquad (5.17)$$

mit $Q_{\mu}>0$; $r_{\mu}>0$ genügt, also quadratisch optimal ist.[6] Führt man unter Ausnutzung der Dualität von Regelung und Beobachtung eine Herleitung entsprechend Kapitel 4.3 durch, so erhält man

Satz 5.2

Sei $\underline{h}$, Gl. (5.5), die nominale Beobachterrückführung, die optimal bezüglich des quadratischen Gütekriteriums J, Gl. (5.6), und des Systems $(A,\underline{b},\underline{c})$, Gl. (4.17), ist.

Dann ist die veränderte Beobachterrückführung $\underline{h}_{\mu}=\mu\,\underline{h}$ optimal bezüglich des zulässigen modifizierten quadratischen Gütekriteriums J_{μ}, Gl. (5.17), und des Systems, Gl. (4.17), falls

$$1 + \frac{\beta}{r + \underline{b}^{T} P\, \underline{b}} < \mu_{opt} < 1 + \frac{r}{\underline{c}^{T} P\, \underline{c}} . \qquad (5.18)$$

Q_{μ} und r_{μ} können analog zu Gln. (4.39) und (4.44) zu

---

[6] Hier und im folgenden wird aus Gründen der Übersichtlichkeit $\alpha=1$ gesetzt, vgl. Gl. (5.6). Alle Aussagen gelten auch für a>1, falls dies entsprechend Gl. (3.44) berücksichtigt wird.

$$r_{\mu} = r + (1-\mu)\underline{c}^T P \, \underline{c} \; ; \tag{5.19}$$

$$Q_{\mu} = \mu\left[Q + (\mu-1)\left(r + \underline{c}^T P \, \underline{c}\right)\underline{h} \, \underline{h}^T\right] \tag{5.20}$$

berechnet werden. Die untere Grenze mit $\beta<0$ in Gl. (5.18) folgt aus der Forderung nach positiver Definitheit für Q_{μ}, Gl. (5.20), und muß iterativ - z.B. über Berechnung der Eigenwerte des Ausdruckes $Q + \beta(\mu)\underline{h} \, \underline{h}^T$ - bestimmt werden, vgl. Kapitel 4.

Wird anstelle der Beobachterrückführung der Ausgangsvektor $\underline{c}$ zu $\underline{c}_{\mu}=\mu \, \underline{c}$ variiert, so bleiben Gln. (5.18) und (5.19) erhalten, während $Q^*_{\mu}=\mu^{-2}Q_{\mu}$ mit Q_{μ} aus Gl. (5.20) wird ■

Zum Beweis wird auf Kapitel 4.3 verwiesen. Die Abhängigkeiten der zulässigen multiplikativen Variationen μ von der Bewertung r im Hinblick auf Stabilität und Optimalität des Beobachters verlaufen wie in den Bildern 4.9 und 4.10.

5.4 Eigenwertverhalten des Beobachters

Für die Lage der Eigenwerte des Beobachters in Abhängigkeit der Rückführvariationen μ gilt ebenfalls, daß für Multiplikation der nominalen Beobachterrückführung mit der oberen Optimalitätsgrenze

$$\mu_{optmax} = \frac{r + \underline{c}^T P \, \underline{c}}{\underline{c}^T P \, \underline{c}} = \left[\underline{h}^T A^{-1} \underline{c}\right]^{-1} \tag{5.21}$$

mindestens ein Eigenwert des Beobachters in z=0 liegt. Zur Herleitung vergleiche Abschnitt 4.4. Man hat

Satz 5.3

Ein Zustandsbeobachter $(A, \underline{c}, \underline{h}_{\mu})$, Gln. (5.5) und (5.15), besitzt nach Gl. (5.21) mindestens einen Eigenwert im Ursprung der z-Ebene, falls seine nominale Rückführverstärkung $\underline{h}$ multiplikativ zu

$$\underline{h}_{\mu} = \mu_{\text{optmax}}\, \underline{h} \tag{5.22}$$

mit der oberen Optimalitätsgrenze μ_{optmax} aus Gl. (5.21) verändert wird.

Jeder bezüglich des quadratischen Güteindex, Gl. (5.6), optimale Beobachter mit verschwindender Bewertung $r \to 0$ besitzt wegen Gl. (5.21) einen Eigenwert bei z=0 bereits im Nominalfall; seine Rückführverstärkung $\underline{h}$ erfüllt also die Bedingung

$$\underline{h}^T A^{-1} \underline{c} = 1 \;\blacksquare \tag{5.23}$$

Der Beweis folgt aus der Herleitung von Satz 4.3 in Kapitel 4.

Für den Verlauf der Wurzelorte als Funktion der Variation μ wird auf Bild 4.11 verwiesen.

Es gilt auch in Anlehnung an Satz 4.4:

Satz 5.4

Für ein beliebiges lineares System $(A, \underline{b}, \underline{c})$ erhält man einen zeitoptimalen Zustandsbeobachter $\underline{h}_{DB}$, d.h. einen Beobachter, dessen sämtliche Eigenwerte im Ursprung der z-Ebene liegen, durch die Wahl des entarteten quadratischen Gütekriteriums, Gl. (5.6), $J_{DB}(Q=qI, r=0)$. Der Beobachter mit $\underline{h}_{DB}$ besitzt keine hinreichenden Stabilitätsreserven. Die Eigenschaft Zeitoptimalität ist unendlich empfindlich gegenüber Variationen des Ausgangsvektors oder der Beobachterrückführung $\blacksquare$

Zum Beweis siehe Gln. (5.14) und (5.18) für r=0.

Satz 5.4 begründet die bekannte Parameterempfindlichkeit eines Zustandsbeobachters mit endlicher Einstellzeit aus Robustheitsüberlegungen für optimale Rückführungen.

5.5 Zusammenhänge zwischen Stabilitäts- und Optimalitätsschranken; Grenzwerte

Die Zusammenhänge zwischen Stabilitäts- und Optimalitätsgrenzen gelten für den Beobachter analog wie in Kapitel 4.5 für den Zustandsregler hergeleitet.

Satz 5.5

Die obere Optimalitätsgrenze eines Zustandsbeobachters liegt grundsätzlich genau in der Mitte des hinreichenden Sektors für Stabilität; sie kann als Produkt dessen unterer und oberer Stabilitätsgrenze berechnet werden ■

Zum Beweis vgl. Gln. (4.67) und (4.68) mit $\underline{b} \to \underline{c}$.

Satz 5.6

Die untere Stabilitätsgrenze verläuft bei stabilen Prozessen für $r \to \infty$ oder

$$r \gg \underline{c}^T P \, \underline{c} \tag{5.24}$$

nach

$$\mu_{min}(r \to \infty) = 0,5 \; ; \tag{5.25}$$

die oberen Grenzen nach

$$\mu_{max}(r \to \infty) \to \infty ; \qquad (5.26)$$

$$\mu_{optmax}(r \to \infty) \to \infty . \qquad (5.27)$$

Für $r \to 0$ oder $r \ll \underline{c}^T P \underline{c}$ gehen außer der unteren Optimalitätsgrenze alle zulässigen Variationen gegen

$$\mu(r \to 0) = 1 . \qquad (5.28)$$

Aus Gln. (5.25) und (5.26) folgt, daß der diskrete Zustandsbeobachter für $\underline{c}^T P \underline{c} \ll r$ die Stabilitätsreserven $\mu = [\frac{1}{2}, \infty]$ und damit die Robustheit eines kontinuierlichen Zustandsbeobachters erreicht. Ebenso besitzt er dann dessen Phasenreserve von mindestens 60° ∎

Für die Zusammenfassung der Robustheitseigenschaften des Zustandsbeobachters wird auf Kapitel 4, Tabelle 4.1, mit $\underline{b} \to \underline{c}$ verwiesen.

5.6 Kalman-Filter

Bei der Aufstellung der Beobachtergleichungen wurde ein zeitinvariantes, determiniertes Prozeßmodell verwendet. Die statistischen Eigenschaften der Störsignale n(k) und $\underline{\xi}(k)$ werden in der Riccati-Gl. (5.8) nicht berücksichtigt.

Treten nun nennenswerte Störungen n(k) oder $\underline{\xi}(k)$ auf und wird das System $(A, \underline{b}, \underline{c})$ zeitvariant, so geht die stationäre Riccati-Gl. (5.8) in eine Differenzengleichung über, in der die statistischen Eigenschaften der Signale n(k) und $\underline{\xi}(k)$ in Form ihrer Varianzen (Kovarianzmatrizen bei vektoriellen Signalprozessen) enthalten sind und zur Lösung berücksichtigt werden müssen.

Anstelle der geschlossenen Form wie Gl. (5.8) wird die Einschritt-Aktualisierung $P(k) \rightarrow P(k+1)$ häufig in zwei Teile zerlegt: Die Zeitvorhersage enthält das Prozeßeigenverhalten und die Eigenschaften von dessen Eingangsgrößen $(A, \underline{b}, \underline{\xi}(k))$, während die Meßvorhersage die Eigenschaften der Ausgangsgrößen $(\underline{c}^T, n(k))$ enthält. Für ein System, Gl. (4.17) mit $\underline{b} = \underline{0}$ und der zusätzlichen Kenntnis der statistischen Eigenschaften

$$Z(k) = \operatorname{cov}\{\underline{\xi}(k)\} \; ;$$
$$\Omega(k) = \operatorname{var}\{n(k)\} \tag{5.29}$$

hat man dann zu berechnen:

<u>Zeitvorhersage</u>:

$$\hat{\underline{x}}(k+1) = A(k)\hat{\underline{x}}^+(k) \; ;$$
$$P(k+1) = \alpha^2[A(k)P^+(k)A^T(k) + Z(k)] \tag{5.30}$$

<u>Meßvorhersage</u>:

$$\underline{k}(k) = P(k)\underline{c}(k)[\Omega(k) + \underline{c}^T(k)P(k)\underline{c}(k)]^{-1} \; ;$$
$$\hat{\underline{x}}^+(k) = \hat{\underline{x}}(k) + \underline{k}(k)[y(k) - \underline{c}^T(k)\hat{\underline{x}}(k)] \; ;$$
$$P^+(k) = [I - \underline{k}(k)\underline{c}^T(k)]P(k) \; . \tag{5.31}$$

Wegen der Zeitvarianz von $P(k)$ wird auch die Rückführung $\underline{k}(k)$ zeitvariant. Sind $n(k)$ und $\underline{\xi}(k)$ stationär und A, $\underline{c}$ konstant, so konvergieren P und $\underline{k}$ für $k \rightarrow \infty$ gegen feste Werte. $\alpha \geq 1$ kann hier als Gewichtungsparameter für die Messungen aufgefaßt werden; üblicherweise ist $\alpha=1$. $\alpha>1$ bewirkt eine verstärkte Bewertung aktueller Messungen, vgl. auch Gl. (5.37) und die Diskussion in Kapitel 6.

Die Robustheitsanalyse des (nichtlinearen) Beobachters wurde von Safonov (1980) auf den Fall des nichtlinearen (erweiterten) Kalman-Filters übertragen, allerdings nur für eine (suboptimale) konstante Rückführung $\underline{k}$.

Durch Vergleich mit Gl. (5.8) folgt zunächst die Korrespondenz $r \rightarrow \Omega$ und damit in Anlehnung an Satz 5.1 folgende Stabilitätsaussage für das erweiterte Kalman-Filter mit konstanter Verstärkung:

<u>Satz 5.7</u>

Für das nichtlineare System, Gl. (4.14), gelte speziell

$$\mathcal{A} = A$$
$$\mathcal{C} = \mathcal{N}\ c \qquad (5.9)$$

mit einer Nichtlinearität $\mathcal{N}|y^{*}=\mathcal{N}\ y$, Bild 5.1. Unter der Voraussetzung, daß $\mathcal{N}$ höchstens endliche Verstärkungsänderungen aufweist und $\mathcal{N}\cdot 0=0$ gilt, ist die auf Grundlage des linearisierten (konstanten) Systems, Gl. (4.17), entworfene optimale konstante Filter-Rückführung

$$\underline{k}^T = [\Omega+\underline{c}^T P\ \underline{c}]^{-1}\underline{c}^T P\ A \qquad (5.32)$$

stabil, falls die Ortskurve $\mathcal{N}[e^{j\omega T_0}]$ innerhalb eines Kreises mit Mittelpunkt

$$M = [1-a^2]^{-1} + j\ 0 \qquad (5.33)$$

und Radius

$$R = a[1-a^2]^{-1} \qquad (5.34)$$

mit

$$a = \sqrt{\frac{\Omega}{\Omega + \underline{c}^T P \, \underline{c}}} \qquad (5.35)$$

in der komplexen Ortskurvenebene verläuft.
Im Filter selbst muß dabei mit dem tatsächlichen nichtlinearen Modell, Gl. (4.14) und (5.9), gerechnet werden.

$\underline{k}^T$, Gl. (5.32), ist die optimale Filter-Rückführung für das lineare System, Gl. (4.17), P löst also die Riccati-Gl.

$$P = \alpha^2 \left(Z + A \, P \left[I - \underline{c} \left[\Omega + \underline{c}^T P \, \underline{c} \right]^{-1} \underline{c}^T P \right] A^T \right) . \qquad (5.36)$$

Die zeitvariante Rückführung $\underline{k}(k)$ minimiert bei linearem System das Gütekriterium (Anderson, Moore, 1979)

$$J_{KF} = \frac{1}{2} \sum_{k=0}^{N-1} \alpha^{2k} \Omega^{-1}(k) \left[y(k) - \underline{c}^T(k) \hat{\underline{x}}(k-1) \right]^2$$

$$+ \frac{1}{2} \sum_{k=0}^{N-1} \underline{\xi}^T(k) \alpha^{2k+2} Z^{-1}(k) \underline{\xi}(k) . \qquad (5.37)$$

Die Kreise, Gln. (5.33) - (5.35) werden für den Fall nichtdynamischer Nichtlinearitäten zu Sektoren $[\mu_{min}, \mu_{max}]$; für multiplikative Rückführvariationen μ folgen die Sektorgrenzen für Stabilität zu

$$\left[1 + \sqrt{\frac{\Omega}{\Omega + \underline{c}^T P \, \underline{c}}} \right]^{-1} \le \mu_{stab} < \left[1 - \sqrt{\frac{\Omega}{\Omega + \underline{c}^T P \, \underline{c}}} \right]^{-1} . \qquad (5.38)$$

Aussagen zu Optimalitätsbereichen sollen hier nicht gemacht werden, da eine Rückführvariation μ_{opt} entsprechend Gln. (5.18)-(5.20) wegen des Gütekriteriums, Gl. (5.36), die Annahme veränderter statistischer Signaleigenschaften erfordern würde $[Z \to Z_\mu, \; \Omega \to \Omega_\mu]$.

6 Robustheit diskreter LS-Parameterschätzer

6.1 Parameterzustandsmodell

In den Kapiteln 4 und 5 wurden Robustheitsmaße von konstanten diskreten optimalen Zustandsrückführungen für Regelung und Beobachtung entwickelt. Die Rückführungen, Gln. (3.45) und (5.5), sind konstant, da die zugrunde liegende Systemdarstellung, Gl. (4.17), zeitinvariant ist (konstante $A, \underline{b}, \underline{c}$).

In diesem Kapitel soll nun untersucht werden, in wieweit die Robustheitsergebnisse für Regelung und Beobachtung auf die rekursive Parameterschätzung nach der Methode der kleinsten Quadrate übertragen werden können. Die zu schätzenden Prozeßparameter $\hat{\underline{\Theta}}$, Gl. (2.4), werden hierzu als Zustände des Parameterschätzers aufgefaßt.

Aus den Überlegungen in Kapitel 2 folgt, daß für die Parameterschätzung konstante Parameter $\underline{\Theta}$ der Strecke angenommen werden. Daraus folgt mit der Meß-Gl. (2.2) das *Parameterzustandsmodell*

$$\underline{\Theta}(k+1) = I\,\underline{\Theta}(k) + \underline{\eta}(k) \tag{6.1}$$

$$y(k) = \underline{\psi}^T(k)\underline{\Theta}(k) + \nu(k)\ . \tag{6.2}$$

Mit $\underline{\eta}(k)$ wird eine stochastische Parameterstörung eingeführt.

Für den Parameterfehlervektor $\underline{e}_{\Theta}(k)$ gilt mit Gl. (2.32) für die Aktualisierung von $\hat{\Theta}(k)$

$$\underline{e}_\Theta(k+1) = \underline{\Theta}(k+1) - \hat{\underline{\Theta}}(k+1|k)$$

$$= [\underline{\Theta}(k)-\hat{\underline{\Theta}}(k|k-1)]+\eta(k)-\underline{\gamma}(k)[\underline{\psi}^T(k)[\underline{\Theta}(k)-\hat{\underline{\Theta}}(k|k-1)]+\nu(k)]$$

$$= [\underline{I}-\underline{\gamma}(k)\underline{\psi}^T(k)]\underline{e}_\Theta(k) + \eta(k) - \underline{\gamma}(k)\nu(k) . \qquad (6.3)$$

Gln. (6.1) - (6.3) können als Blockschaltbilder 6.1 und 6.2 dargestellt und als Gleichungen eines optimalen zeitvarianten Beobachters für die Prozeßparameter $\underline{\Theta}(k)$ interpretiert werden (man setze zunächst μ=1). Die in Bild 6.1 angedeuteten Steuereingänge $\underline{g}\Delta\Theta(k)$ sind in der Standardform, Gl. (6.1), nicht enthalten. Sie können jedoch bei a-priori Kenntnissen und zeitvariantem Prozeß die Güte der Schätzung verbessern.

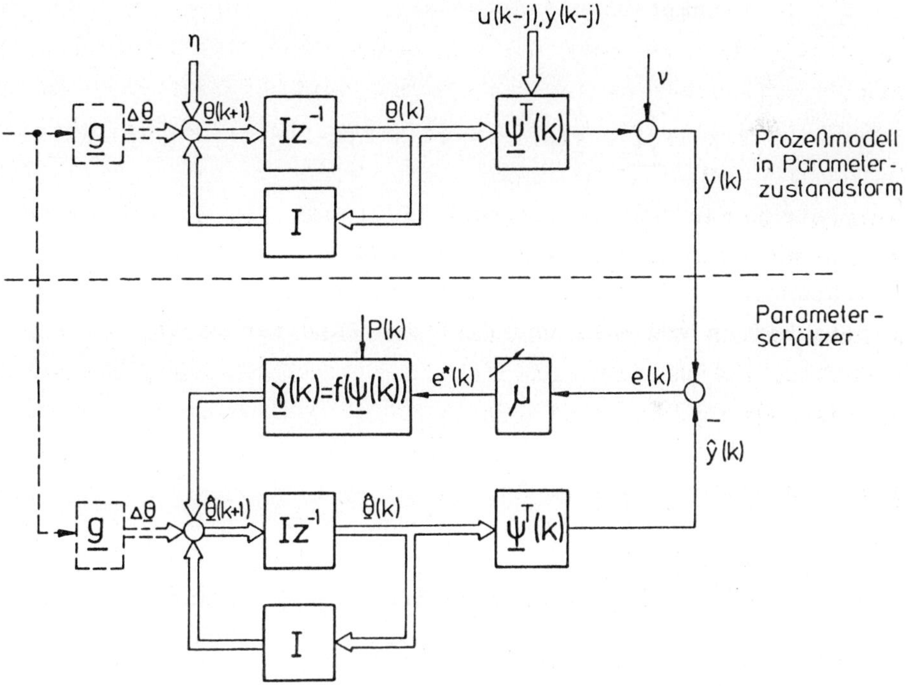

Bild 6.1: Blockschaltbild von Prozeßmodell und LS-Parameterschätzer in Zustandsform.

Aus den Gleichungen zur rekursiven Aktualisierung des Korrekturvektors $\underline{\gamma}(k)$ und der Kovarianzmatrix $\underline{P}(k)$, Gln. (2.36) und (2.37), erhält man die Riccati-Gl. des Parameterschätzers

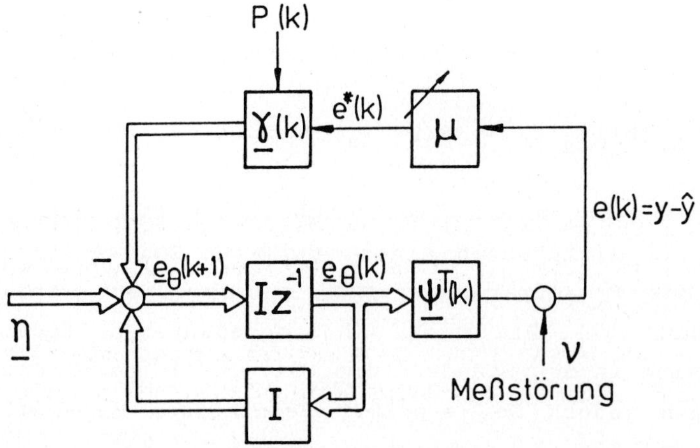

Bild 6.2: Parameterfehlerdynamik.

$$P(k) = \lambda^{-1}P(k-1)\left[I - \underline{\psi}(k)\,[\lambda + \underline{\psi}^T(k)P(k-1)\underline{\psi}(k)]^{-1}\underline{\psi}^T(k)P(k-1)\right]. \tag{6.4}$$

Vergleicht man Gln. (6.1) und (6.2) mit Gl. (4.17) sowie Gl. (6.4) mit Gl. (5.8), erhält man für eine deterministische Betrachtungsweise, d.h. ohne Berücksichtigung der statistischen Eigenschaften von $\underline{\eta}(k)$ und $\nu(k)$ die Entsprechungen

$$A \to I\ ;$$
$$\underline{b} \to \underline{0}\ ;$$
$$\underline{c} \to \underline{\psi}(k)\ ;$$
$$\underline{h} \to \underline{\gamma}(k) \tag{6.5}$$

zwischen einem optimalen Beobachter mit konstanter Rückführung $\underline{h}$ und einem Parameterschätzer nach der Methode der kleinsten Quadrate. Berücksichtigt man zusätzlich die in Bild 6.1 angedeuteten Steuereingänge, gilt $\underline{b} \to \underline{g}$.

Aus der Riccati-Gl. (6.4) erhält man durch Vergleich mit Gl. (5.8) die Korrespondenzen

$$Q \to 0; \quad \alpha \to \lambda^{-1/2}; \quad r \to \lambda; \tag{6.6a}$$

oder

$$Q \to (1-\lambda)/\lambda\ P^+(k); \quad \alpha \to 1; \quad r \to \lambda \tag{6.6b}$$

mit $P^{+}(k) = P(k-1)\left[I - \underline{\psi}(k)[\lambda + \underline{\psi}^{T}(k)P(k-1)\underline{\psi}(k)]^{-1}\underline{\psi}^{T}(k)P(k-1)\right]$ für die Bewertungsparameter der Gütekriterien. Die Zeitvarianz der Riccati-Gl. (6.4) und des Korrekturvektors $\underline{\gamma}(k)$ folgt aus der Zeitvarianz des Ausgangsvektors $\underline{\psi}(k)$ des Parameterzustandsmodelles, Gl. (6.2), der mit dem Datenvektor in Gl. (2.3) identisch ist. Die Lösung der Riccati-Gl. (6.4) liefert den für den aktuellen Abtastschritt optimalen Korrekturvektor $\underline{\gamma}(k)$ bezüglich des Gütekriteriums

$$J_{LS} = \sum_{k=0}^{N-1} \lambda^{-1}\lambda^{N-k}e^{2}(k) = \sum_{k=0}^{N-1} \lambda^{N-k-1}e^{2}(k) \tag{6.7}$$

mit dem a-priori Fehler e(k) aus Gl. (2.34) (siehe auch Kapitel 2, Gl. (2.35)).

Da Ausgangsvektor und Rückführung zeitvariant sind, kann man den LS-Parameterschätzer auch als Kalman-Filter für die Zustände $\underline{\Theta}(k)$ auffassen. Dies entspricht einer stochastischen Interpretation als Schätzung von $\hat{\underline{\Theta}}(k)$ mit minimaler Varianz unter Berücksichtigung der Eigenschaften der Störungen $\underline{\eta}(k)$ und $\nu(k)$. Man hat dann mit Gln. (5.29) - (5.31) und $\underline{\beta}(k) = \underline{1}$ über Gl. (6.4) die Entsprechungen

$$\begin{aligned}
&A(k) \rightarrow I \;; \\
&\underline{b} = \underline{0} \;; \\
&\underline{c}(k) \rightarrow \underline{\psi}(k) \;; \\
&\underline{k}(k) \rightarrow \underline{\gamma}(k) \;; \\
&Z \rightarrow \frac{1-\lambda}{\lambda} P^{+}(k) \mathrel{\hat{=}} \mathrm{cov}\,\{\underline{\eta}(k)\} \text{ für } \alpha=1 \;; \\
&\alpha \rightarrow \lambda^{-1/2} \text{ für } Z=0 \;; \\
&\Omega \rightarrow \lambda \mathrel{\hat{=}} \mathrm{var}\,\{\nu(k)\}
\end{aligned} \tag{6.8}$$

λ^{N-k} in Gl. (6.7) kann als exponentielle Gewichtung vergangener Vorhersagefehler interpretiert, λ^{-1} als Kehrwert der Varianz der Signalstörung $E\{\nu^{2}(k)\}$ angesehen werden. Interessant ist, daß $\lambda<1$ in Gl. (2.37) zur Aktualisierung von P(k) als Annahme einer zur Parameterfehlerkovarianzmatrix P proportionalen Kovarianz Z der Parameterstörung $\underline{\eta}(k)$ aufgefaßt werden kann, die allerdings im Gütekriterium nicht berücksichtigt wird, vgl. Gln. (6.7) und (5.37). Die geringe Anregung des Filters wegen des fehlenden Eingangssignals ($\underline{b}=\underline{0}$) wird durch $\lambda<1$ als Vorgabe einer (größeren) Parametervarianz quasi ersetzt, die Rückführverstärkung $\underline{\gamma}(k)$ wird größer. Dies ist auch bei Kalman-Filtern ein gebräuchliches Verfahren zur Erhöhung der Konvergenzgeschwindigkeit, vgl. Kapitel 5.6. Anderson/Moore (1979) weisen sogar auf die Gefahr der Instabilität des Filters für $Z=0$ (entsprechend $\lambda=1$) wegen mangelnder Anpassungsfähigkeit an veränderte Zustandsgrößen hin.

Diese Korrespondenzen ermöglichen demnach die Interpretation des Parameterschätzers als deterministischen zeitvarianten Beobachter, Gln. (6.5), (6,6), oder als Kalman-Filter, Gl. (6.8), für die Parameterzustände des Prozeßmodelles.

6.2 Stabilitätsreserven diskreter LS-Parameterschätzer

Die in den Kapiteln 4 und 5 angegebenen (hinreichenden) Stabilitätsbereiche von Safonov sind nicht ohne weiteres auf den hier vorliegenden Fall der Parameterschätzung zu übertragen: Aus den Korrespondenzen, Gl. (6.6) und (6.8) folgt nämlich, falls $\alpha\to\lambda^{-1/2}$ angenommen wird, ein Verschwinden der Zustandsbewertungsmatrix Q beim Beobachter und der Kovarianzmatrix Z der Prozeßstörung beim Kalman-Filter. Für $\alpha=1$ ergibt sich, daß diese Matrizen jeweils proportional zur zeitvarianten Parameterfehler-Kovarianzmatrix P(k) sind. Gemäß Voraussetzung - siehe Gln.(5.6) und (5.36), (5.37) - müssen Q und Z jedoch positiv definit sein und zur Berechnung der Stabilitätssektoren nach Safonov die Riccati-Lösung für den stationären Zustand P(k) = const. verwendet werden. Die Forderung nach positiv definitem Q in der Riccati- Differenzengl. (6.4) kann formal z.B. durch Addition einer positiv definiten Diagonalmatrix erfüllt werden. Dies ist eine bei der Identifikation zeitvarianter Systeme tatsächlich angewandte Methode, vgl. Kapitel 8.2, Gl. (8.19). Eine ähnliche Wirkung bezüglich der Forderung erzielt man durch die Wahl $\lambda<1$. Dann kann die Multiplikation der Riccati-Differenzengl. (6.4) mit λ^{-1} auch als Addition eines Anteiles der (positiv definiten) Kovarianzmatrix $P^{+}(k)$ interpretiert werden. Beide Maßnahmen sichern $P > 0$ und damit endliche Rückführverstärkung $\underline{\gamma}(k)$ für $t \rightarrow \infty$. Problematisch bleibt jedoch auch dann die Zeitvarianz der Lösung. Stellt man allerdings durch die genannten Maßnahmen sicher, daß $P(k) > 0$ gilt für jeden Schritt k, so kann man vermuten, daß die Robustheitsbereiche der Kapitel 4 und 5 auch hier existieren, durch die Zeitvarianz der Riccati-Lösung jedoch nun ebenfalls zeitvariant werden. Aus Gründen der Vollständigkeit der Robustheitsanalyse werden daher im folgenden die aus der Analogieüberlegung resultierenden hinreichenden Stabilitätsbereiche angegeben. In Kapitel 6.4 werden über eine Eigenwertberechnung hinreichende und notwendige Stabilitätsgrenzen für den Parameterschätzer abgeleitet, so daß eine weitergehende formale Analyse der aus den Analogieüberlegungen resultierenden Grenzen nicht erforderlich ist.

Falls $\underline{\gamma}(k)$ die optimale Rückführverstärkung eines LS-Parameterschätzers, Gl. (2.36) ist, kann vermutet werden, daß der Parameterschätzer mit der modifizierten Verstärkung

$$\underline{\gamma}_{\mu}(k) = \mu(k)\underline{\gamma}(k) \tag{6.9}$$

stabil bleibt, falls

$$[1 + a(k)]^{-1} < \mu_{stab}(k) < [1 - a(k)]^{-1} \tag{6.10}$$

mit

$$a(k) = \sqrt{\frac{\lambda}{\lambda + \underline{\psi}^{T}(k)\underline{P}(k-1)\underline{\psi}(k)}} \quad ; \quad 0 < a(k) < 1 \; . \tag{6.11}$$

Stabilität bedeutet in diesem Fall Nichtdivergenz der Parameterschätzwerte. Die Variation $\mu_{stab}(k)$ ist zeitvariant und hängt entscheidend von den eingehenden Daten $\underline{\psi}(k)$ und dem bisherigen Verlauf der Parameterschätzung ab, der in der Größe der Matrix P(k) implizit enthalten ist.

Anmerkung 1: Es wird hier durchweg angenommen, daß $\|\underline{\psi}(k)\|$ beschränkt ist, da andernfalls $a \rightarrow 0$; $\mu_{stab} \rightarrow 1$ wird. In Anwendungen ist diese Beschränktheit immer erfüllbar. Zusätzlich ist die Endlichkeit von P(k) zu sichern (d.h. auch $P > 0$).

Anmerkung 2: Die in Gl. (6.10) angegebenen Stabilitätsgrenzen sind hinreichend und so aufzufassen, daß ein in jedem Schritt k mit $\mu_{stab}(k)$ veränderter Rückführvektor Stabilität garantiert.

6.3 Optimalitätsbereich diskreter LS-Parameterschätzer

Die in Abschnitt 6.2 angegebenen Schranken ermöglichen eine Abschätzung des Ein/Ausgangsstabilitätsbereiches des Parameterschätzers. In der Regel ist man jedoch an Schätzwerten interessiert, die optimal im Sinne eines LS-Gütekriteriums, Gl. (6.7), sind. Dies führt auf

Satz 6.1:

Sei $\underline{\gamma}(k)$, Gl. (2.36), der nominale Rückführvektor eines Parameterschätzers nach der Methode der kleinsten Quadrate, also optimal bezüglich des quadratischen Gütekriteriums J_{LS}, Gl. (6.7), und des (exakten) Parameterzustandsmodelles, Gln. (6.1) und (6.2). Dann ist der veränderte Korrekturvektor

$$\underline{\gamma}_{\mu}(k) = \mu(k)\underline{\gamma}(k) \qquad (6.9)$$

optimal bezüglich des zulässigen modifizierten quadratischen Kriteriums

$$J_{\mu LS} = \sum_{k=0}^{N-1} \lambda_\mu^{-1}(k)\lambda^{N-k} e^2(k) \quad ; \quad 0 < \lambda_\mu(k) \leq 1 \, , \tag{6.12}$$

falls

$$1 < \mu_{opt}(k) < \frac{\lambda + \underline{\psi}^T(k)\underline{P}(k-1)\underline{\psi}(k)}{\underline{\psi}^T(k)\underline{P}(k-1)\underline{\psi}(k)} = \frac{1}{\underline{\psi}^T(k)\underline{\gamma}(k)} \, . \tag{6.13}$$

Diese Veränderung $\mu(k)=\mu_{opt}(k)$ der nominalen Rückführung $\underline{\gamma}(k)$ entspricht einem variablen

$$\lambda_\mu(k) = \lambda + [1-\mu(k)]\underline{\psi}^T(k)\underline{P}(k-1)\underline{\psi}(k) \quad ; \quad 0<\lambda_\mu(k)\leq\lambda\leq 1 \tag{6.14a}$$

bei Berechnung eines

$$\underline{\gamma}_\mu(k) = \frac{\mu(k)P(k-1)\underline{\psi}(k)}{\lambda_\mu(k) + \mu(k)\underline{\psi}^T(k)P(k-1)\underline{\psi}(k)} \quad \blacksquare \tag{6.14b}$$

Zum Beweis vgl. Gln. (4.33) - (4.39) sowie Gln. (5.18) - (5.20) mit den Korrespondenzen Gln. (6.5) und (6.6).

Betreibt man die Rückführung $\underline{\gamma}_\mu(k)$ des Parameterschätzers mit der oberen Optimalitätsgrenze

$$\mu_{optmax}(k) = 1 + \frac{\lambda}{\underline{\psi}^T(k)P(k-1)\underline{\psi}(k)} = [\underline{\psi}^T(k)\underline{\gamma}(k)]^{-1} \, , \tag{6.15}$$

so folgt aus Gln. (2.36) und (6.13) sowie (6.14a), daß dies $\lambda_\mu(k)\to 0$ entspricht. Da die Forderung $\lambda_\mu>0$ besteht, ist die obere Grenze in Gl. (6.15) notwendig und hinreichend, während die untere Grenze hinreichend ist. Für die in späteren Kapiteln zu entwickelnde Beeinflußung der Paramterschätzung über Veränderungen der Rückführverstärkung ist jedoch nur eine Verstärkung, nicht eine Abschwächung der Fehlerrückführung von Bedeutung, weshalb hier keine weiteren Überlegungen bezüglich der unteren Schranke in Gl.(6.13) angestellt werden.

Man beachte, daß die Aktualisierung der P-Matrix nach Gl. (2.37) mit $\underline{\gamma} \rightarrow \underline{\gamma}_\mu(k)$ und λ ausgeführt wird; nicht etwa mit $\lambda_\mu(k)$ aus Gl. (6.14), da λ hier zwei Bedeutungen hat, vgl. Gln. (6.6) und Gl. (6.8). Dies sieht man auch durch Anwendung des Satzes zur Matrizeninversion. Dieser liefert über Gl. (6.14b) für die Riccati-Gl. (6.4) des mit $\underline{\gamma}_\mu = \mu \cdot \underline{\gamma}$ veränderten Schätzers

$$P(k) = \lambda^{-1} P(k-1) \left[I - \mu \underline{\psi}(k) [\lambda_\mu(k) + \mu \underline{\psi}^T(k) P(k-1) \underline{\psi}(k)]^{-1} \underline{\psi}^T(k) P(k-1) \right]$$
$$= \lambda^{-1} [I - \mu\, \underline{\gamma}(k) \underline{\psi}^T(k)] P(k-1) \qquad (6.16)$$

und den Ausdruck in $P^{-1}(k)$ als

$$P^{-1}(k) = \lambda\, P^{-1}(k-1) + \frac{\mu\lambda}{\lambda_\mu(k)} \underline{\psi}(k) \underline{\psi}^T(k) \; . \qquad (6.17)$$

$\lambda_\mu(k)$ kann wegen der zu Gl. (6.7) gegebenen Interpretation als Vorgabe einer kleineren Varianz der Ausgangsstörung angesehen werden. Aus Gl. (6.17) sieht man direkt, daß wegen $\lambda/\lambda_\mu(k) > 1$ für $\lambda_\mu(k) < \lambda$, Gl. (6.14a), die aktuellen Daten $\underline{\psi}(k)$ stärker als üblich (=1) gewichtet werden. $\lambda_\mu(k)$ verstärkt also den Einfluß aktueller Daten $\underline{\psi}(k)$ auf den Schätzverlauf, ohne ein "Vergessen" vergangener Werte (das über λ^{N-k} erfolgt) zu beschleunigen.

6.4 Eigenwertverhalten des LS-Parameterschätzers

Die zeitvariante charakteristische Gleichung des rekursiven Parameterschätzers der Methode der kleinsten Quadrate erhält man aus Gl. (6.3) zu

$$\det[z\, I - I + \underline{\gamma}(k) \underline{\psi}^T(k)] = 0 \; . \qquad (6.18)$$

Nach einigen Umformungen, siehe Anhang A5, kann Gl. (6.18) als

$$(z-1)^{n-1}[z - 1 + \underline{\psi}^T(k)\gamma(k)] = 0 \tag{6.19}$$

geschrieben werden. Dies gibt

Satz 6.2:

Ein diskreter rekursiver LS-Parameterschätzer der Ordnung n (dies ist die Anzahl der zu schätzenden Parameter) hat

- (n-1) feste Eigenwerte bei $z_i=+1$; $i=1,...,n-1$
  und
- einen zeitvarianten Eigenwert bei

$$z_n(k) = 1 - \underline{\psi}^T(k)\underline{\gamma}(k) = \lambda[\lambda + \underline{\psi}^T(k)P(k-1)\underline{\psi}(k)]^{-1}$$
$$= 1 - \underline{\psi}^T(k)P(k)\underline{\psi}(k) \;;\; 0 \le z_n(k) \le 1, \tag{6.20}$$

der von den eintreffenden Daten $\underline{\psi}(k)$ und der Kovarianzmatrix P(k-1) abhängt. Er liegt grundsätzlich innerhalb des Einheitskreises der z-Ebene.[7] ∎
Zum Beweis siehe Anhang A5.

Der Zustand eines rekursiven Parameterschätzers kann als weitere Kenngröße durch das Verhalten seines Eigenwertes über der Zeit charakterisiert werden.

Für einen Parameterschätzer mit nach Gl. (6.9) multiplikativ veränderter Rückführung $\underline{\gamma}_\mu$ erhält man den n-ten Eigenwert zu

$$z_{n\mu}(k) = 1 - \mu(k)\underline{\psi}^T(k)\underline{\gamma}(k) \;. \tag{6.21}$$

---

[7] Die Identitäten in Gl. (6.20) folgen aus der Gültigkeit der Beziehung $\underline{\gamma}(k)=P(k)\underline{\psi}(k)$, die man durch Multiplikation von links mit $\underline{\psi}^T(k)$ und Gl. (2.37) für P(k) nachprüft.

Aus der Forderung, daß dieser in jedem Schritt innerhalb des Einheitskreises liegen muß, folgen die notwendigen und hinreichenden Stabilitätsgrenzen

$$0 < \mu^{*}_{stab}(k) < \frac{2}{\underline{\psi}^{T}(k)\underline{\gamma}(k)} = 2\mu_{optmax}(k) \ . \tag{6.22}$$

Vergleicht man diese mit den vermuteten hinreichenden Stabilitätsgrenzen Gl.(6.10), so folgt über

$$[\underline{\psi}^{T}(k)P(k)\underline{\psi}(k)]^{2} > 0 \tag{6.23}$$

daß letztere innerhalb des tatsächlichen Stabilitätsbereiches liegen. Für die untere Grenze in Gl. (6.22), $\mu(k)=0$, ist die Rückführung geöffnet, der Parameterfehler bleibt konstant. Dies zeigt deutlich, daß der Stabilitätssektor in Gl. (6.22) keine asymtotische Konvergenz des Residuums gewährleistet, sondern lediglich dessen Nichtdivergenz.

Die Stabilitäts- und Optimalitätssektoren können nun mit Gl. (6.20) als Funktion des Eigenwertes $z_n(k)$ ausgedrückt werden. Mit

$$a(k) = \sqrt{z_n(k)} \tag{6.24}$$

erhält man den Stabilitätsbereich

$$0 < \mu_{stab}(k) < 2\cdot[1 - z_n(k)]^{-1} \tag{6.25}$$

und die Optimalitätsgrenzen werden

$$1 < \mu_{opt}(k) < [1 - z_n(k)]^{-1} \ . \tag{6.26}$$

Variiert man die Rückführung im Parameterschätzer mit der oberen Optimalitätsgrenze, Gl. (6.15), so erhält man für den Eigenwert aus Gl. (6.21)

$$z_{n\mu}(k) = 1 - \mu_{opt}(k)\underline{\psi}(k)^T\underline{\gamma}(k)$$
$$= 1 - [\underline{\psi}^T(k)\underline{\gamma}(k)]^{-1}[\underline{\psi}(k)^T\underline{\gamma}(k)] = 0 \ . \qquad (6.27)$$

Auch hier bewirkt die Modifikation mit der oberen Optimalitätsgrenze also den zeitlich schnellsten noch optimalen Einschwingvorgang des Parameterfehlers, vgl. Bild 6.3. Wird μ weiter erhöht, folgt aus Gl. (6.21), daß der Eigenwert auf die negativ reelle Achse wandert - dies führt zu alternierendem Einschwingverhalten - und die Stabilitätsgrenze z=-1 bei $\mu=2\mu_{opt}$ erreicht.

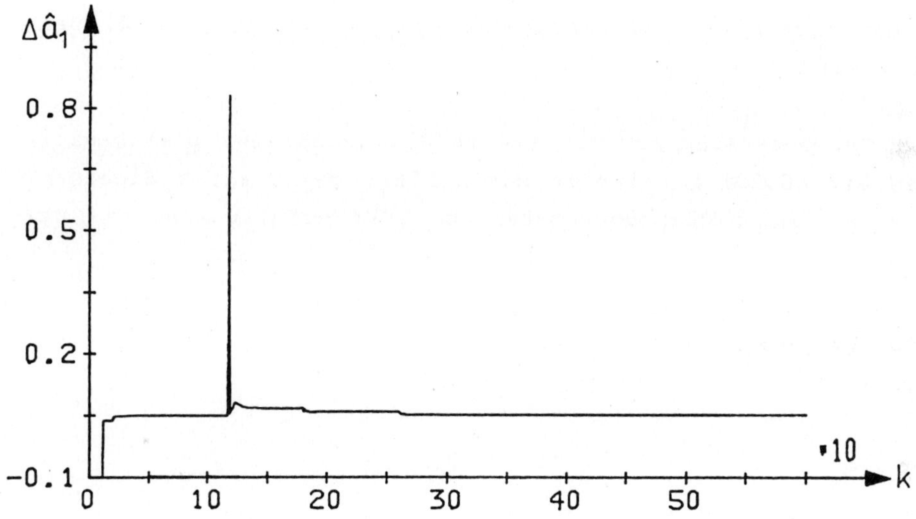

Bild 6.3: Parameterfehler $\Delta\hat{a}_1$ bei Schätzung mit $\underline{\gamma}_\mu(k)=\mu_{optmax}\underline{\gamma}(k)$; λ=0,95, Prozeß III, Verstärkungsänderung $K_p \rightarrow 2\ K_p$ in k=120. Anregung vgl. Bild 6.4.

Die nachfolgend angegebenen Sätze 6.3 und 6.4 werden aus den entsprechenden Aussagen der Kapitel 4 und 5 abgeleitet; sie haben jedoch keine praktische Bedeutung.

Satz 6.3:

Ein LS-Parameterschätzer, Gln. (6.3) und (6.4), besitzt nach Gl. (6.27) genau einen Eigenwert im Ursprung der z-Ebene, falls seine nominale Rückführverstärkung $\underline{\gamma}(k)$ multiplikativ zu

$$\underline{\gamma}_{\mu}(k) = \mu_{optmax}(k)\underline{\gamma}(k) \tag{6.28}$$

mit der oberen Optimalitätsgrenze μ_{optmax} aus Gl. (6.15) verändert wird.

Jeder Parameterschätzer mit $\lambda=0$ in Gl. (2.36) für $\underline{\gamma}(k)$ besitzt wegen Gl. (6.20) bereits im Nominalfall genau einen Eigenwert bei $z_n=0$; seine Rückführverstärkung $\underline{\gamma}(k)$ erfüllt also die Bedingung

$$\underline{\psi}^T(k)\underline{\gamma}(k) = 1 \quad \blacksquare \tag{6.29}$$

Satz 6.4:

Der Parameterschätzer mit einer Rückführung gemäß Gl. (6.29) besitzt keine hinreichenden Stabilitätsreserven. Die Eigenschaft zeitoptimales Einschwingen des Parameterfehlers ist unendlich empfindlich gegenüber Variationen in der Rückführung $\underline{\gamma}(k)$ ■

Zum Beweis siehe Gln. (6.26) und (6.27).

6.5 Konvergenzverhalten der Robustheitsmaße

Die in den vorangegangenen Abschnitten durchgeführte Robustheitsanalyse des Parameterschätzers soll nun zur Untersuchung seiner Eigenschaften in Abhängigkeit der aktuellen Datensituation herangezogen werden. Dabei muß zwischen

- fortdauernder Anregung durch die Eingangssignale u(k-i) und
- mangelnder Anregung $\underline{\psi} \approx$ constant

unterschieden werden.

Die in Gln. (6.10), (6.11) und (6.13) abgeleiteten Schranken für Stabilität und Optimalität hängen im wesentlichen von dem Ausdruck

$$\underline{\psi}^T(k)P(k-1)\underline{\psi}(k) = \sum_{i=1}^{n} \sum_{j=1}^{n} p_{ij}(k-1)\psi_i(k)\psi_j(k) > 0 \; ; \; i \geq j \qquad (6.30)$$

ab, wobei ψ_i das i.Element des Meßvektors $\underline{\psi}$ ist, also irgend ein vergangener Ein- oder Ausgangssignalwert. Die Elemente p_{ij} von P(k) hängen von der Vorgeschichte der Schätzung ab. Sie konvergieren gegen 0 für $\lambda=1$ und wachsen über alle Grenzen für $\lambda<1$. Trotzdem bleibt Gl. (6.30) im Rahmen der Rechnergenauigkeit endlich, vgl. Kapitel 8.

Fortdauernde Anregung (persistent excitation; p.e.) wird durch Streckeneingangssignale der Ordnung n, z.B. n Sinussignale unterschiedlicher Frequenz (Anderson et. al., 1982) oder Pseudo-Rauschbinärsignale (PRBS) erreicht. Zeitweise einwirkende Änderungen im Meßvektor $\underline{\psi}$ vergrößern den Ausdruck in Gl. (6.30) vorübergehend und abhängig von den Werten p_{ij}. Als Maß für Anregung kann man daher die Beziehung

$\underline{\psi}^T(k)P(k-1)\underline{\psi}(k) \gg 1$ oder gleichwertig

$$\underline{\psi}^T(k)P(k-1)\underline{\psi}(k) \gg \lambda \qquad (6.31)$$

(da λ in der Nähe von 1) heranziehen. Mit Gln. (6.20) und (6.25), (6.26) hat man dann

Satz 6.5:

Wirkt das Streckeneingangssignal anregend, so gehen der Eigenwert des Parameterschätzers

$$z_n(k) \xrightarrow{\text{Anregung}} 0 \tag{6.32}$$

und die Stabilitäts- und Optimalitätsreserven

$$\mu_{opt}(k) \xrightarrow{\text{Anregung}} 1 \,. \tag{6.33a}$$

$$\mu_{stab}(k) \xrightarrow{\text{Anregung}} 2 \,. \tag{6.33b}$$

Die Stärke der Veränderung hängt von der Größe von P(k) ab. Diese wird auch von λ beeinflußt, so daß für λ=1 geringere Änderungen als für λ<1 auftreten ■

Zum Beweis siehe Gln. (6.20), (6.25) und (6.26).

Mangelnde Anregung tritt vorwiegend bei Festwertregelungen und geringen Störungen, also verschwindenden Signaländerungen, auf. Die Konvergenz der Stabilitäts- und Optimalitätsreserven nach Satz 6.1 und Satz 6.2 wird ebenfalls vom Meßvektor $\underline{\psi}$ bestimmt. Für konstante Streckenein- und ausgangssignale hat man

$$\underline{\psi}(k) = \underline{\psi}(k-1) = \ldots = \underline{\psi}(k-n) = \underline{\psi}_0 = \text{const.}$$

und unter Verwendung von Gln. (2.36) und (2.37) für die Aktualisierung von P(k) und $\underline{\gamma}$(k)

$$\underline{\psi}^T(k+1)P(k)\underline{\psi}(k+1) = \underline{\psi}_0^T P(k)\underline{\psi}_0 = \frac{\underline{\psi}_0^T P(k-1)\underline{\psi}_0}{\underline{\psi}_0^T P(k-1)\underline{\psi}_0 + \lambda} \,. \tag{6.34}$$

n-malige Anwendung dieser Rekursion führt schließlich auf

$$\underline{\psi}_0^T P(k) \underline{\psi}_0 = \frac{\underline{\psi}_0^T P(k-n) \underline{\psi}_0}{\underline{\psi}_0^T P(k-n) \underline{\psi}_0 [1+\lambda+...+\lambda^{n-1}] + \lambda^n} =$$

$$= [[1+\lambda+...+\lambda^{n-1}] + \lambda^n [\underline{\psi}_0^T P(k-n) \underline{\psi}_0]^{-1}]^{-1} \tag{6.35}$$

und durch Grenzwertbildung

$$\lim_{n \to \infty} \underline{\psi}_0^T P(k+n) \underline{\psi}_0 = [(1-\lambda)^{-1} + 0]^{-1} = 1 - \lambda \tag{6.36}$$

zu einem nur von λ abhängigen Konvergenzpunkt.

Die Konvergenz*rate* hängt stark von λ ab, ist aber auch eine Funktion der Größe von $P(k-n)$, d.h. des Informationsgehaltes in der Schätzung zum Zeitpunkt des Verschwindens der Anregung.

Mit Gl. (6.36) hat man

Satz 6.6:

Die *Stabilitäts*reserven eines Parameterschätzers nach der Methode der kleinsten Quadrate werden für *mangelnde Anregung* nur durch den Gedächtnisfaktor λ bestimmt

$$0 < \mu_{stab}(\infty) < 2 \cdot [1-\lambda]^{-1}. \tag{6.37}$$

Der Parameterschätzer arbeitet *optimal* im Sinne eines Gütekriteriums, Gl. (6.12), für

$$1 < \mu_{opt}(\infty) < (1-\lambda)^{-1}. \tag{6.38}$$

Der kleinste Eigenwert wird zeitinvariant zu

$$z_n(\infty) = \lambda \;\blacksquare \tag{6.39}$$

Zum Beweis siehe Gln. (6.13) und (6.20)-(6.22) in Verbindung mit Gl. (6.36).

In den Bildern 6.4 - 6.7 ist das zeitliche Verhalten von oberer Stabilitäts- und Optimalitätsgrenzen sowie des Eigenwertes $z_n(k)$ in Abhängigkeit der äußeren Anregung des identifizierten Systems für $\lambda=1$ und $\lambda<1$ zur Veranschaulichung der Sätze 6.6 und 6.7 für Prozeß III dargestellt. Tabelle 6.1 faßt die Ergebnisse zusammen. Eine Interpretation bezüglich der Robustheitseigenschaften der Parameterschätzung wird in Kapitel 7 durchgeführt.

Tabelle 6.1: Robustheitsmaße rekursiver LS-Parameterschätzer

Robustheitsmaße		explizite Abhängigkeit von λ und $\underline{\psi}$	Äußere Anregung		
			fehlend		ja
			Konvergenz nach		
			$\lambda < 1$	$\lambda = 1$	$\lambda \leq 1$
Stabilitätsgrenzen $[\mu_{stab}]$	oben	$2\,(1+\frac{\lambda}{\beta(k)})$	$2\cdot(1-\lambda)^{-1}$	∞	1
	unten	0	0	0	0
Optimalitätsgrenzen $[\mu_{opt}]$	oben	$1+\frac{\lambda}{\beta(k)}$	$[1-\lambda]^{-1}$	∞	1
	unten	1	1	1	1
Eigenwerte z_i	$i=n$	$\frac{\lambda}{\lambda+\beta(k)}$	λ	1	0
	$i=1,\ldots,n-1$	1	1	1	1
$\beta(k)$		$\underline{\psi}^T(k)P(k-1)\underline{\psi}(k)$	$1-\lambda$	0	$\gg \lambda$

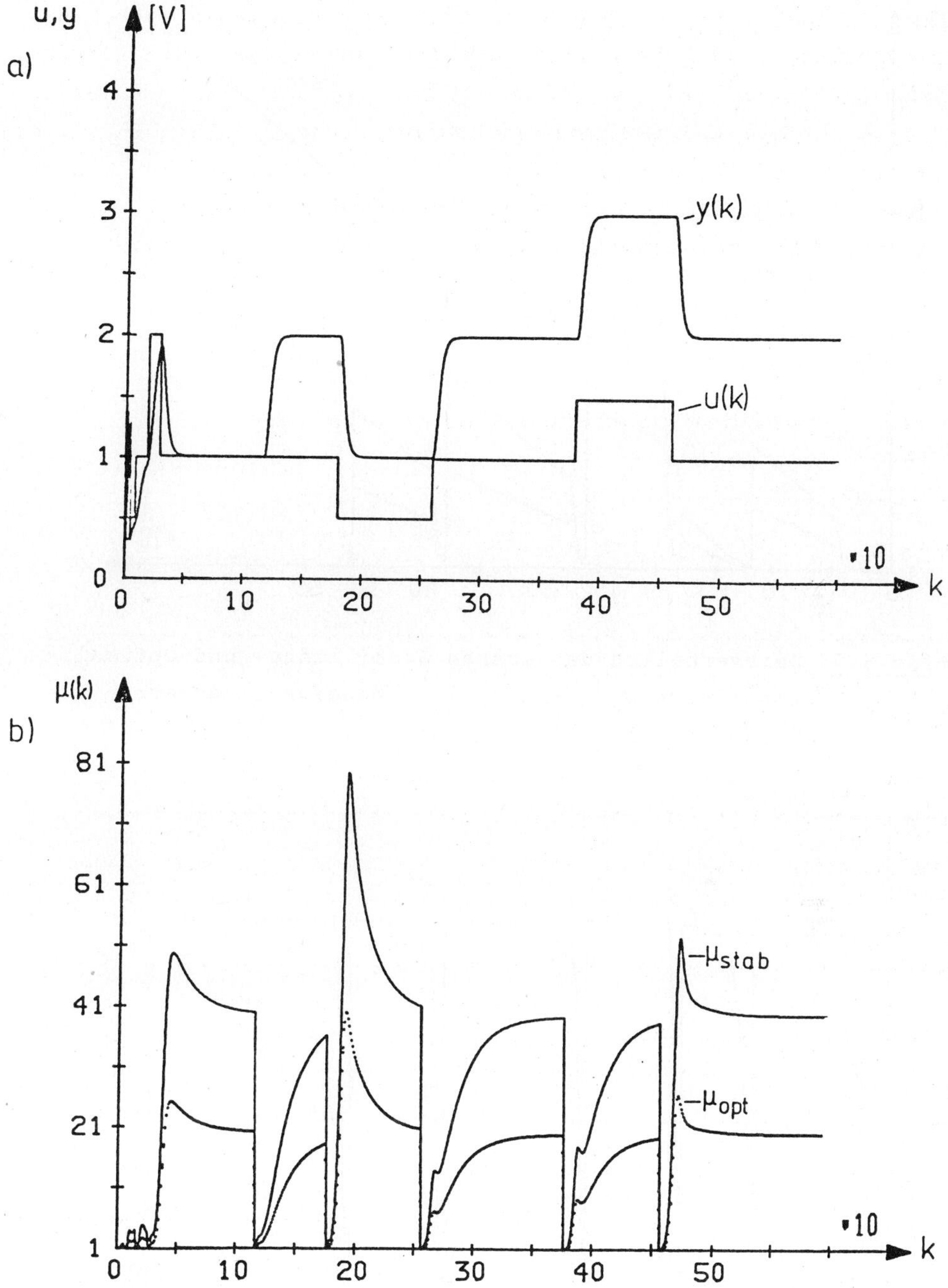

Bild 6.4: (b) Zeitverhalten der oberen Stabilitätsgrenze μ_{stab} —— und Optimalitätsgrenze, μ_{opt} ····· in Abhängigkeit äußerer Anregung (λ=0,95), Prozeß III, Verstärkungsänderung $K_p \rightarrow 2\ K_p$ in k=120; (a) Streckenein- und ausgangssignale.

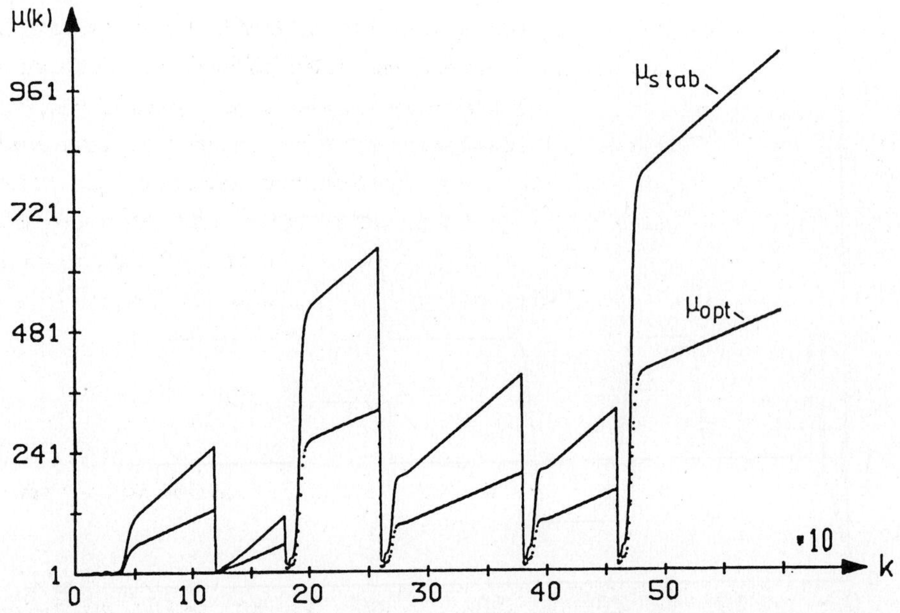

Bild 6.5: Zeitverhalten der oberen Stabilitäts- und Optimalitätsgrenzen μ_{stab}, μ_{opt} in Abhängigkeit äußerer Anregung (λ=1,0).

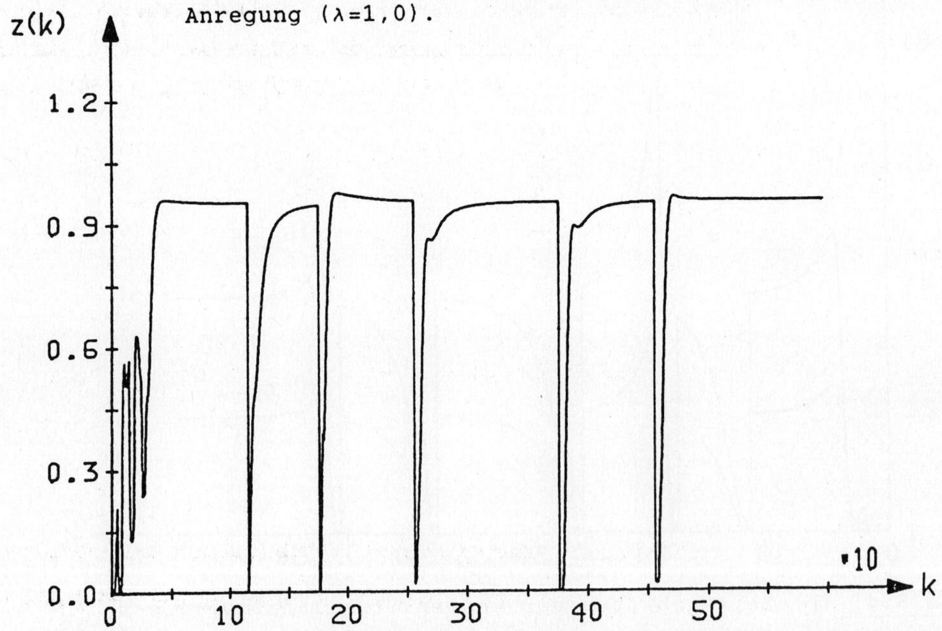

Bild 6.6: Zeitverhalten des Eigenwertes $z_n(k)$ des Parameterschätzers in Abhängigkeit äußerer Anregung (λ=0,95).

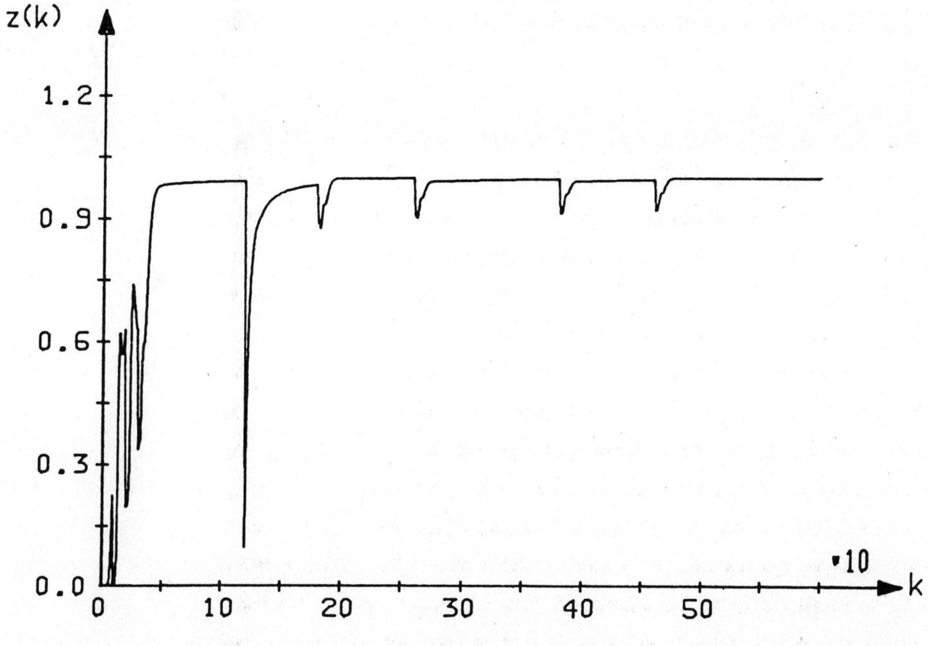

Bild 6.7: Zeitverhalten des Eigenwertes $z_n(k)$ des Parameterschätzers in Abhängigkeit äußerer Anregung (λ=1,0).

III Robuste parameteradaptive Systeme für anwendungsnahe Bedingungen

In diesem Hauptabschnitt sollen zunächst die verfügbaren formalen Robustheitsaussagen für adaptive Systeme zusammengefaßt und untersucht werden, welche Folgerungen die Ergebnisse der Robustheitsanalyse in Abschnitt II für den gesamten parameteradaptiven Kreis gestatten. In Kapitel 7 werden die Bedingungen für globale asymptotische Stabilität und Konvergenz der Parameterschätzung nach der Methode der kleinsten Quadrate über die Methode von Ljapunov abgeleitet. Mit diesen Aussagen kann die Stabilität eines parameteradaptiven Systems unter idealen Randbedingungen gezeigt werden. Danach werden Überlegungen zur Robustheit parameteradaptiver Systeme hinsichtlich äußerer Anregung und falscher Strukturvorgaben auf der Basis der Robustheitsanalyse des LS-Parameterschätzers als dem zentralen Element in parameteradaptiven Systemen angestellt. Die Zusammenstellung einiger Robustheitssaussagen für Modellreferenz-adaptive Systeme soll eine Einordnung der Eigenschaften parameteradaptiver Regelungen ermöglichen.

Aussagen zu Stabilität und Robustheit sind naturgemäß an formale Voraussetzungen geknüpft (z.B. stationäre Störsignale, keine sprungförmigen Streckenänderungen), die gerade in adaptiven Kreisen wegen der dort zu erwartenden Veränderungen nicht immer erfüllbar sind. Verfahren zur Steigerung der praktischen Robustheit, die vereinfacht als Gewährleistung einer vernünftigen Regelgüte formuliert werden kann, werden in Kapitel 8 und 9 angegeben. Sie nutzen explizit die Analyseergebnisse zu Robustheit und Eigenwertverhalten des Parameterschätzers aus Kapitel 6 zur Beschleunigung und Überwachung der Adaption.

Praktische Fragen zu Wahl und Bestimmung der Strukturparameter sowie Modifikationen der Algorithmen zur parameteradaptiven Regelung von Prozessen mit grenzstabilem, instabilem und speziellem nichtlinearen Übertragungsverhalten werden in Kapitel 10 diskutiert. In Kapitel 11 schließlich ist die Anwendung der robusten parameteradaptiven Regelung an einem thermischen Pilotprozeß dokumentiert.

7 Robustheit adaptiver Systeme

Im folgenden soll untersucht werden, unter welchen Bedingungen und Voraussetzungen die von einem rekursiven Schätzverfahren der Methode der kleinsten Quadrate bestimmten Parameter eines Systems gegen die wahren Parameter konvergieren. Der betrachtete dynamische Prozeß werde durch ein Prozeßmodell wie in Kapitel 2 beschrieben

$$y(k) = -a_1 y(k-1) - \ldots - a_m y(k-m) + b_1 u(k-d-1) + \ldots + b_m u(k-d-m) + c + \nu(k) = \underline{\psi}^T(k)\underline{\Theta}(k) + \nu(k) \ . \qquad (2.2)$$

Hierbei sei vorausgesetzt, daß die Ordnung m der Strecke sowie deren diskrete Totzeit d exakt bekannt sind. Das Ziel bei Einsatz eines Parameterschätzverfahrens besteht darin, die Parameter Θ des Prozesses genügend genau zu bestimmen, also

$$\lim_{k\to\infty} \|\underline{e}_\Theta(k)\| = \lim_{k\to\infty} \|\underline{\Theta} - \hat{\underline{\Theta}}(k)\| \to \min \qquad (7.1)$$

zu fordern. Die Konvergenz sollte exponentiell schnell sein, da dies die Robustheit des Konvergenzprozesses selbst erhöht und die Empfindlichkeit bezüglich Modellfehlern, Störsignalen und numerischen Effekten reduziert (Anderson, Johnson, 1982).

7.1 Stabilität und Konvergenz

7.1.1 Globale asymptotische Stabilität der Parameterschätzung (Ljapunov-Analyse)

Der Beweis der globalen asymptotischen Stabilität eines dynamischen Systems kann günstig über die zweite Methode von Ljapunov erfolgen, vgl. hierzu die Arbeiten von de Larminat

(1979), Solo (1979) und Schumann (1982). Im folgenden wird Stabilität anhand der Differenzengleichung des Parameterfehlers, Gl. (6.3), untersucht. Die Analyse soll auf den deterministischen Fall beschränkt werden, d.h. $\underline{\xi}=0$, $\nu=0$ in Gln. (6.1), (6.2). Aus Gl. (6.3) folgt dann das dynamische zeitvariante Parameterfehlersystem

$$\underline{e}_{\Theta}(k+1) = [I-\underline{\gamma}(k)\underline{\psi}^T(k)]\underline{e}_{\Theta}(k) \ . \tag{7.2}$$

Man stellt nun die zeitvariante Funktion

$$V[\underline{e}_{\Theta}(k),k] = \underline{e}_{\Theta}^T(k)P^{-1}(k|k-1)\underline{e}_{\Theta}(k) \triangleq \underline{e}_{\Theta}^T(k)P^{-1}(k-1)\underline{e}_{\Theta}(k) \tag{7.3}$$

auf mit

$$P_0^{-1} = \epsilon\ I \le P^{-1}(k) \le \delta\ I = P_{\infty}^{-1} \tag{7.4}$$

mit kleinem $\epsilon>0$ und großem aber endlichem $\delta>0$.
Bedingung (7.4), stellt sicher, daß

$V[\underline{e}_{\Theta}(k),k] \ge V_1[\underline{e}_{\Theta}(k)] = \underline{e}_{\Theta}(k)P_0^{-1}\underline{e}_{\Theta}(k) > 0$ und

$V[\underline{e}_{\Theta}(k),k] \le V_2[\underline{e}_{\Theta}(k)] = \underline{e}_{\Theta}(k)P_{\infty}^{-1}\underline{e}_{\Theta}(k) > 0$ gilt.

Mit einer ausführlichen Rechnung kann gezeigt werden, siehe Anhang A6, daß für $\lambda=1$ für die Differenz

$$\begin{aligned}\Delta V[\underline{e}_{\Theta}(k),k] &= V[\underline{e}_{\Theta}(k+1),k+1] - V[\underline{e}_{\Theta}(k),k] \\ &= -\|\underline{h}^T(k)\underline{e}_{\Theta}(k)\|^2 = -f(k)^2 < 0\end{aligned} \tag{7.5}$$

gilt mit

$$\underline{h}(k) = \underline{\psi}(k)[\lambda+\underline{\psi}^T(k)P(k-1)\underline{\psi}(k)]^{-1/2}. \tag{7.6}$$

Gl. (7.5) kann allerdings nur erfüllt werden, falls $f(\cdot)\neq 0$ für alle k und $\underline{e}_{\Theta}(k)\neq\underline{0}$. Dies erfordert für den Datenvektor $\underline{\psi}(k)$ die Bedingung

$$E\{\underline{\psi}(k)\underline{\psi}^T(k)\} > \kappa\ I \qquad ; \qquad \kappa > 0\ . \tag{7.7}$$

Gl. (7.7) beschreibt die fortlaufende Anregung des Systems (persistency of excitation) und entspricht einer der bekannten Identifizierbarkeitsbedingungen (Isermann, 1977). Sie kann z.B. erfüllt werden, falls das Eingangssignal des Systems u(k) als eine Summe von $p \geq m$ Sinusschwingungen gewählt wird, die fortdauernd einwirken. Dies kann in Regelkreisen auch über eine sich ständig ändernde Führungsgröße erreicht werden (Anderson, Johnson, 1982).

$V[\underline{e}_\Theta(k),k]$, Gl. (7.3) ist wegen Gl. (7.4) und $V(0)=0$ positiv definit und $\Delta V[\underline{e}_\Theta(k),k]<0$ für alle $\underline{e}_\Theta(k) \neq \underline{0}$. Außerdem gilt $V[\underline{e}_\Theta(k),k] \to \infty$ mit k falls $\|\underline{e}_\Theta(k)\| \to \infty$ (als Folge der unteren Grenze in Gl. (7.4)). Dann heißt V Ljapunov-Funktion und das Fehlersystem, Gl. (7.2), ist global asymptotisch stabil mit dem Gleichgewichtspunkt $\underline{e}_\Theta = \underline{0}$.

Bei asymptotisch stabilem $\underline{e}_\Theta(k)$ hat der Gleichungsfehler

$$e(k) = y(k)-\hat{y}(k) = \underline{\psi}^T(k)[\underline{\Theta}(k) - \hat{\underline{\Theta}}(k|k-1)] = \underline{\psi}^T(k)\underline{e}_\Theta(k) \qquad (7.8)$$

auch diese Eigenschaft, falls $\underline{\psi}(k)$ beschränkt ist für alle k.

Der hier für den störungsfreien (deterministischen) Fall angegebene Beweis kann auf den Fall stochastischer Störung des Ausgangssignales ($\nu \neq 0$) erweitert werden. Die Dimensionen des Datenvektors $\underline{\psi}$ und des Parametervektors $\hat{\underline{\Theta}}$ müssen dann geeignet erhöht werden (RELS-Verfahren) und die Störung $\nu(k)$ muß stationäres weißes Rauschen mit Varianz σ_ν^2 sein. Unter Verwendung des Martingale-Konvergenztheorems kann dann mit einer ähnlichen Beweisführung (Solo, 1979; Schumann, 1982, 1986) gezeigt werden, daß unter gewissen weiteren Annahmen (z.B. $[D^{-1}(z^{-1}) - \frac{1}{2}]$ positiv reell)

$$\underset{k\to\infty}{\text{l.i.m.}} \|\underline{e}_\Theta(k)\| = 0 . \qquad (7.9)$$

7.1.2 Asymptotische Stabilität des parameteradaptiven Regelkreises

Der Beweis der Stabilität eines parameteradaptiven Systems wird durch die nichtlineare zeitvariante Rückführung, die eine Folge der Verbindung zwischen Parameterschätzung und Reglerberechnung ist, stark erschwert.

Schumann hat 1982 einen Beweis unter der Voraussetzung fortdauernder Anregung angegeben. Stabilität des adaptiven Kreises folgt danach unter den Annahmen:

- Stabilisierbarkeit
  Das für $t \to \infty$ geschätzte Prozeßmodell bildet zusammen mit dem Regler einen stabilen geschlossenen Kreis.

- Beschränktheit der Stellsignale
  Die aus dem geschätzten Prozeßmodell berechneten Reglerparameter sichern endliche Reglerausgangsgrößen bei beschränkten Reglereingangsgrößen (BIBO-Stabilität des Reglers).

Der geschlossene *Modell*regelkreis kann dargestellt werden als Zustandsgleichung

$$\underline{\psi}(k+1) = \Phi(k)\underline{\psi}(k) + \underline{b}(k)e(k) \tag{7.10}$$

mit dem Datenvektor $\underline{\psi}(k)$ als Zustandsvektor und dem a-priori Fehler $e(k)$ als Eingang des Systems. Die Elemente der zeitvarianten Systemmatrix $\Phi(k)$ sind der geschätzte Parametervektor $\hat{\underline{\Theta}}(k)$, die Reglerparameter $\hat{q}_i(k)$, $\hat{p}_i(k)$ und der Ausdruck $\hat{q}_0(k)\hat{p}_0(k)^{-1}\hat{\underline{\Theta}}(k)$. Der Eingangsvektor $\underline{b}(k)$ enthält $\hat{q}_0(k)\hat{p}_0^{-1}(k)$ als einziges zeitvariantes Element.

Unter den genannten Voraussetzungen ist sichergestellt, daß $\Phi(k)$ und $\underline{b}(k)$ nur beschränkte Elemente haben. Unterstellt man weiterhin Konvergenz des Parameterfehlers nach Gl. (7.9), so wird $\Phi(k)$ zunehmend zeitinvariant, weil aus konvergierenden Parameterschätzwerten auch zunehmend konstante Reglerparameter resultieren. Unter der ersten Annahme, daß der zum konvergierten Prozeßmodell gehörende Regler den Kreis stabilisiert, kann gefolgert werden, daß $\Phi(k)$ nach einer bestimmten endlichen Zeit k_1 stabil ist. Wegen der Parameterkonvergenz verschwindet der Eingang(=Fehler) e(k) für $k \rightarrow \infty$ und damit wird $\|\underline{\psi}(k)\| \rightarrow 0$ für $k \rightarrow \infty$, d.h. der geschlossene *Modell*-Regelkreis ist asymptotisch stabil. Alle Signale $\underline{\psi}(k)$ sind Signale des Regelkreises mit der realen Strecke. Die asymptotische Stabilität des Modell-Regelkreises gilt damit auch für den tatsächlichen Regelkreis (Schumann, 1982).

Ein parameteradaptives System ist also asymptotisch stabil unter der Annahme der asymptotischen Stabilisierbarkeit des Modell-Regelkreises, beschränkter Reglerausgangssignale und - zur Sicherstellung asymptotischer Konvergenz der Schätzwerte - fortdauernd anregender Kreissignale. Der Beweis impliziert, daß das Prozeßmodell eine Minimalrealisierung der Regelstrecke mit Ordnung $\hat{m}$ nicht kleiner als Ordnung m der zeitdiskreten Darstellung der Strecke und exakt bekannter Totzeit $\hat{d}=d$ ist. Bewiesen wird hier die stabilitätssichere Adaption der Parameter eines in seiner Struktur vorgegebenen Reglers an unbekannte konstante Parameter einer Regelstrecke im geschlossenen Kreis unter fortlaufender Anregung. Hierbei konvergiert P(k) gegen sehr kleine Werte, woraus verschwindende $\underline{\gamma}(k)$ folgen. Dies bedeutet, daß der Adaptionsprozeß damit abgeschlossen ist; eine Anpassung an veränderte Parameter nur bei Schaffen der Ausgangsbedingungen (z.B. $P^{-1}(0)=\epsilon\cdot I$) möglich wäre ("Neustart"). Man beachte außerdem, daß über eine Adaption während des Regelbetriebes mit ggf. nicht ausreichend anregenden Signalen nichts ausgesagt wird.

Zur Analyse der Auswirkungen immer vorhandener Restfehler im Prozeßmodell und nichtidealer Strukturvorgaben sowie der Adaption an zeitvariante Strecken ist die Ljapunov-Methode nicht gut geeignet. Hier können eher die auf Sektoren bezogenen Stabilitätsaussagen aus Kapitel 6 weiterhelfen.

7.2 Sektorstabilitätsüberlegungen

7.2.1 Zusammenschaltung von Zustandsregler und Beobachter

Im folgenden wird kurz untersucht, welche allgemeinen Aussagen im Hinblick auf Stabilität und Optimalität für den Fall folgen, daß Zustandsregler und Beobachter zusammengeschaltet betrieben werden.

In den Kapiteln 4 und 5 wurden hinreichende Variationsgrenzen ("Sektoren") für quadratisch optimale Rückführungen angegeben, die jeweils getrennt Ein/Ausgangsstabilität von Zustandsregelkreis und Beobachter gewährleisten. Da diese Stabilitätsgrenzen nicht die Einhaltung von spezifizierbaren Regelgütekriterien ermöglichen, wurden sie verschärft durch notwendige Grenzen, die Optimalität der Rückführung im Sinne eines quadratischen Gütekriteriums für die Zustands- und Rückführgrößen gewährleisten.

Im Falle der direkten vollständigen Zustandsrückführung $u=-\underline{k}^T\underline{x}$ kann die mögliche Variation der Rückführung auch als nichtmodellierte Verstärkungs-Nichtlinearität der Strecke angesehen werden. Streckenvariationen im Rahmen der Grenzen gewährleisten Stabilität oder Optimalität des Zustandsregelkreises mit nominaler Rückführung.

Beobachter und Parameterschätzer müssen dagegen ein exaktes Modell der Strecke bzw. der Parameterdynamik enthalten. Leider kann eine Variation der Rückführung hier nicht ohne weiteres einer *nichtmodellierten* Ausgangsvektoränderung (Sensornichtlinearität) gleichgesetzt werden, da diese im Beobachter nachzubilden ist; nur mit $\underline{c}_S=\underline{c}_B$ kann $\tilde{\underline{x}}=\underline{x}-\hat{\underline{x}}\rightarrow 0$ erfüllt werden, vgl. Bilder 5.1 - 5.3. Für den zeitinvarianten Beobachter oder das (erweiterte) Kalman-Filter, Kapitel 5.6, können die Robustheitsaussagen so gedeutet werden, daß der *Entwurf* der Rückführung auf Basis eines linearisierten Modelles der Strecke mit den Hilfsmitteln für lineare Systeme durchgeführt werden kann, sofern die an Ein- und Ausgang konzentrierten Nichtlinearitäten die angegebenen Sektoren nicht verlassen. Der Entwurf ist also robust gegenüber *Entwurfs*modellierungsfehlern.

Betrachtet man die Zusammenschaltung von Zustandsregler und -beobachter, so sind die Stabilitätsaussagen nur in dem Sinne überlagerbar, daß über einen stabilen Beobachter erzeugte Zustandsschätzwerte $\hat{\underline{x}}(k)$ eine Rückführung $u(k)=N\cdot\hat{\underline{x}}(k)$ nicht destabilisieren, falls die direkte Rückführung $u(k)=N\cdot\underline{x}(k)$ stabil ist (vgl. auch Safonov, 1980). Die Stabilitätssicherheit des Zustandsregelkreises für Variationen innerhalb der Sektoren geht bei dieser Zusammenschaltung dagegen i.a. verloren, da mit Beobachter eine veränderte dynamische Rückführung entsteht. Insbesondere die Nullstellen des Beobachters spielen hier eine Rolle und müssen beachtet werden. Ein zeitkontinuierliches Beispiel für den möglichen Verlust der Stabilitätssicherheit (nicht der Stabilität) ist in Tolle (1985) enthalten.

Auch die Optimalitätsreserven sind allgemein nicht zu überlagern, da dies eine Veränderung des Entwurfsgütekriteriums $x(k) \rightarrow \hat{x}(k)$ beim Regler bedeuten würde. Es kann nur soviel ausgesagt werden, daß bei eingeschwungenem Beobachter die dann vorhandenen Systemzustandstörungen im Sinne des Gütekriteriums des Zustandsregelkreises ausgeregelt werden. Sind also beispielsweise Beobachter und Regler mit $Q=I$, $r \rightarrow 0$, also auf Deadbeat-Verhalten, entworfen, so schwingt die Ausgangsgröße in 2m Schritten ein, da der Beobachter die Zustände nach m Schritten exakt rekonstruiert hat.

Zum anderen können die Robustheitseigenschaften zur aktiven Variation der Rückführung z.B. mit einem Faktor μ zur Veränderung der Einschwingcharakteristik der Beobachter ausgenutzt werden. Diese Veränderung kann in ihrer zulässigen Größe geschlossen und a-priori angegeben werden; für bestimmte bekannte Fälle folgt ein charakteristisches Zeitverhalten des Fehlers (z.B. Zeitoptimalität). Speziell bei Anwendung zur Parameterschätzung zeitvarianter Prozesse, vgl. Kapitel 8 und 9, gewährleisten die berechenbaren Sektoren die Stabilität oder Optimalität des Eingriffes, was bei bekannten Modifikationen des LS-Schätzverfahrens nicht immer erfüllt ist (möglicherweise jedoch durch detaillierte Analyse mit den Werkzeugen aus Kapitel 6 gezeigt werden könnte).

7.2.2 Parameterzustandsmodell im adaptiven Kreis

Bei Übertragung der Ergebnisse aus Abschnitt 7.2.1 auf die Verhältnisse im parameteradaptiven Kreis ist zu beachten, daß die Parameterschätzwerte nicht auf den Eingang des Parametermodelles zurückgeführt werden, der Parameterschätzer sich also bezüglich $\hat{\underline{\Theta}}(k)$ nicht in einer weiteren Rückführung befindet, vgl. Bild 6.1. Man hat daher die Stabilitäts- und Optimalitätsreserven aus Sätzen 6.1 und 6.2 bei guter Approximation der Parameterdynamik durch Gl. (6.1) zur Verfügung. Dies bedeutet, daß bei stabiler Erzeugung der Parameterschätzwerte auch die Dynamik der berechneten Reglerparameterwerte stabiles Zeitverhalten besitzt, wenn man voraussetzt, daß endliche Streckenparameteränderungen auch nur endliche Reglerparameteränderungen bewirken. Die Rückführung des Parameterschätzers darf dazu in den Stabilitätsgrenzen, Gl. (6.22), verändert werden. Dies bedeutet jedoch noch nicht, daß die berechneten Parameter des Reglers zu einem stabilen Grundregelkreis führen. Das kann nur gewährleistet werden, wenn die Streckenparameter-Schätzwerte in der Nähe der wahren Werte liegen. Dann wird bei vernünftiger Einstellvorgabe für die Reglerparameter (z.B. Überschwingweite) sogar eine befriedigende Regelgüte gewährleistet.

Damit die Schätzwerte, also die Zustände $\hat{\underline{\Theta}}(k)$ des Parameterschätzers, in der Nähe der wirklichen Streckenparameter $\underline{\Theta}$ liegen, ist die wichtige Bedingung der ausreichenden Anregung durch externe Signale, d.h. Änderungen von $\underline{\psi}(k)$ zu erfüllen, vgl. Kapitel 7.1. Dies entspricht einer der klassischen Identifizierbarkeitsbedingungen, vgl. Isermann (1977,1987).

Dies kann man auch direkt aus Bild 6.1 und den zugehörigen Gln. (6.1) und (6.2) entnehmen. Für einen zeitinvarianten Beobachter gilt, daß sich die Zustände $\hat{x}(k)$ genau dann vollständig aus den gemessenen Ausgangsgrößenwerten $y(k)$ rekonstruieren lassen, wenn die Beobachtbarkeitsmatrix

$$Q_B = \begin{bmatrix} \underline{c}^T \\ \underline{c}^T A \\ \vdots \\ \underline{c}^T A^{m-1} \end{bmatrix} \tag{7.11}$$

von Rang m, also regulär ist. Der Prozeß heißt dann vollständig beobachtbar. Für den Parameterschätzer gelten nach Gl. (6.5) die Entsprechungen $A \rightarrow I$, $\underline{c} \rightarrow \underline{\psi}(k)$, so daß man für das Parameterzustandsmodell die zeitvariante Beobachtbarkeitsmatrix

$$Q_{LS}(n,k) = \begin{bmatrix} \underline{\psi}^T(k) \\ \underline{\psi}^T(k+1) \\ \vdots \\ \underline{\psi}^T(k+n-1) \end{bmatrix} \tag{7.12}$$

wegen der Zeitvarianz von $\underline{\psi}$ hat. Soll Q_{LS} von Rang n sein (n=Ordnung des Parametervektors $\underline{\Theta}(k)$), so müssen die $\underline{\psi}(k+i)$; $i=0,\ldots n-1$, linear unabhängig sein. Dies ist aber genau die Identifizierbarkeitsbedingung "anregend von genügender Ordnung", die auch als Forderung nach Beobachtbarkeit des Paares $[I,\underline{\psi}(k)]$ formuliert werden kann. Auch Anderson (1985) weist darauf hin, daß Instabilitäten in adaptiven Systemen durch fehlende Anregung *unabhängig* vom Verlauf (oder der Existenz) der Kovarianzmatrix auftreten, da im Grenzfall konstanter Signale allenfalls der Verstärkungsfaktor der Strecke (bei bekannten Beharrungswerten) identifizierbar ist. Wird für die Parameter eine Dynamik $\underline{\Theta}(k+1)=\Phi\cdot\underline{\Theta}(k)$ angesetzt, vgl. Kapitel 8, so muß zur Erzeugung von konsistenten Schätzwerten das Paar $[\Phi,\underline{\psi}(k)]$ beobachtbar, also der Meßvektor $\underline{\psi}(k)$ nicht unbedingt zeitvariant sein. Aus der Beobachtbarkeit des Systems $[I,\underline{\psi}(k)]$ und der Beschränktheit von $\underline{\psi}$ folgt nach Ludyk

(1985) aus der Theorie zeitvarianter Systeme auch die *exponentielle* Stabilität des zeitvarianten Schätzers

$$\underline{e}_{\Theta}(k+1) = [I - \underline{\gamma}'(k)\underline{\psi}^T(k)]\underline{e}_{\Theta}(k) \ , \tag{7.13}$$

falls $\underline{\gamma}'(k)=[Q^T_{LS}(k)Q_{LS}(k)]^{-1}\underline{\psi}(k)$ (vgl. auch Anderson, Johnson, 1982). Mit $[Q^T{}_{LS}(k)Q_{LS}(k)]^{-1}=P(k|k-1)$, vgl. Gln. (2.16) und (2.17), gilt dies wegen

$$\underline{0} < \underline{\gamma}(k)=P(k|k-1)\underline{\psi}(k)\,[1+\underline{\psi}^T(k)P(k|k-1)\underline{\psi}(k)]^{-1} < \underline{\gamma}'(k) \tag{7.14}$$

auch für den LS-Parameterschätzer. Man hat also auf anderem Wege, nämlich über Zustandsraumüberlegungen, exponentielle (!) Stabilität des Parameterfehlers für den deterministischen Fall (nur) bei genügender Anregung der Strecke.

Bei allen Überlegungen zur Robustheit der Parameterschätzung und des adaptiven Kreises ist stets diese notwendige Anregungs- oder Beobachtbarkeitsbedingung zu beachten. Gl. (7.12) zeigt aber auch, daß bei Verkleinerung der Ordnung n des Parameterschätzproblems eine reduzierte Beobachtbarkeitsmatrix entsteht. Deren Regularität ist bereits mit weniger häufigen Änderungen der Signale sicherzustellen. Dies könnte die Beobachtung erklären, daß die Reduktion der Ordnung des Schätzproblems zu erheblich schnellerer und gleichmäßiger Konvergenz der verbleibenden Parameter führt.

Weitere Überlegungen über die Eigenschaften von Parameterschätzer und adaptivem Kreis in Abhängigkeit der konkreten Anregungsverhältnisse werden in Kapitel 7.3 angestellt.

Aus der Parameterzustandsdarstellung des Prozeßmodelles $y(k)=\underline{\psi}^T(k)\underline{\Theta}(k)$ können auch Schlüsse über zulässige Modellierungsfehler gezogen werden. Geht man davon aus, daß m diejenige Ordnung ist, mit der das charakteristische Verhalten des (zeitkontinuierlichen) Prozesses in diskreter Beschreibung genügend gut nachgebildet werden kann, so führt die Vorgabe einer falschen Ordnung $\hat{m} \neq m$ auf eine andere Dimension des Parameter-Beobachters als der "Strecke", d.h. des wahren (ausreichend genauen) Prozeßmodelles. Für $\hat{m} < m$ bleibt der Fehler $\underline{e}_\Theta(k) \neq \underline{0}$ wegen der Nichtmodellierung von wesentlichen Parameterzuständen; trotzdem kann über $\hat{y} = \underline{\Psi}_{\hat{m}}^T \underline{\Theta}_{\hat{m}}$ eine Annäherung $y \rightarrow \hat{y}$ stattfinden; die $\hat{m} < m$ Parameter können unter Umständen im Mittel das Ausgangssignal mit noch tolerierbarem Fehler vorhersagen. Aus dieser Interpretation ist jedoch auch klar, daß bedeutende Untermodellierung, etwa $\hat{m} = m-2$ zu große Fehler in $\underline{\hat{\Theta}}(k)$ bewirkt. Bei Übermodellierung, also $\hat{m} > m$, kann im Idealfall ein Abgleich der m Parameterzustände auf $\underline{\hat{\Theta}}_m \approx \underline{\Theta}_m$ und ein näherungsweises Verschwinden der $\hat{m}-m$ überzähligen Werte $\underline{\Theta}_{\hat{m}-m} \rightarrow 0$ erwartet werden, da man sich das System um $\hat{m}-m$ Nullzustände erweitert denken kann. Wirken allerdings Störungen ein, wird man - abhängig von deren Varianz - von Null verschiedene Werte finden.

Für eine falsch vorgegebene Modelltotzeit $\hat{d} \neq d$ hat man den Datenvektor $\underline{\Psi}(k)$, also den Ausgangsvektor des Parameterzustandsmodelles, zu untersuchen. Nur er ändert sich über unterschiedliche Werte von u(k-d), vgl. Gl. (2.3), und enthält im Vergleich zu dem "wahren", das Prozeßverhalten richtig beschreibenden $\underline{\Psi}(k)$, zeitverschobene Stellgrößenwerte. Gerade die Stellgrößen ändern sich während der Identifikation stark, da sie genügend anregen müssen; erhebliche Modellierungsfehler im Parameterbeobachter LS-Schätzverfahren sind die Folge. Gerade sie sind aber für Gewährleistung der Robustheitseigenschaften nicht zugelassen. Aus dieser Betrachtung läßt sich also direkt die Empfindlichkeit des Parameterschätzverfahrens auf falsche Totzeitvorgabe erklären. Diese anschauliche Analyse im Hinblick auf Strukturvorgabefehler stimmt im übrigen mit den experimentellen Ergebnissen überein.

7.3 Adaption und Robustheit

Die Robustheit adaptiver Systeme wird seit einiger Zeit intensiv diskutiert; besonders im Bereich der Modellreferenz-adaptiven Regelungen. Ursache hierfür dürfte die beobachtete geringe Robustheit von adaptiven Reglern mit Bezugsmodell und integralem Adaptionsgesetz gegenüber Streckenvariationen und -modellierungsfehlern sein. Die Literatur hierzu ist sehr umfangreich und eine ausführliche Diskussion der Robustheitsfragen bei dieser Klasse adaptiver Regler würde eine eigene Arbeit erfordern. Im folgenden Abschnitt sollen daher anhand einiger wichtiger Literaturstellen nur die prinzipiellen Ergebnisse der Robustheitsdiskussion schlaglichtartig dargestellt werden. Anschließend werden die Überlegungen zur Robustheit parameteradaptiver Systeme, wie sie bereits oben begonnen wurden, um den Aspekt der Adaption im laufenden Betrieb erweitert.

7.3.1 Robustheit bei MRAC-Systemen

Soll ein Regelkreis *exakt* einem vorgeschriebenen dynamischen Verhalten folgen (Exaktheit ist durch die Forderung nach verschwindendem Adaptionsfehler impliziert), so erfordert dies bei den üblichen Strukturen, d.h. Verwendung von Ein/Ausgangsreglern, die Kompensation des Streckenübertragungsverhaltens durch den Regler, vgl. Gl. (3.60), und einen Integrator in der Fehlerrückführung. Dies schließt nicht phasenminimale Prozesse zunächst von der adaptiven Regelung aus, da Regler entstehen, deren instabile Pole während der Anpassungsphase nicht vollständig von den Nullstellen kompensiert werden. Instabile Nullstellen können aber bei Abtastsystemen alleine durch kleine Abtastzeiten auftreten. In Verbindung mit einem integralen Adaptionsgesetz kann bei Kenntnis des ersten Parameters des Streckenzählerpolynoms (b_1) die asymptotische Stabilität des

MRAC-Systems für streng positiv reelle (SPR)*, stabil invertierbare Strecken bewiesen werden, also für Strecken mit einer Pol/Nullstellendifferenz von höchstens eins ($PT_1, PDT_2, \ldots$) falls die Totzeit d exakt bekannt ist und eine Obergrenze für die Ordnung m der Strecke existiert, vgl. z.B. Landau, Lozano (1981); Kosut, Johnson (1984); Goodwin et.al. (1984); und M'Saad et.al. (1985) für umfassende Diskussionen der Robustheitseigenschaften adaptiver Systeme.

Die mögliche geschlossene Beweisführung wird aber durch deutliche Einschränkungen an den Geltungsbereich dieser Beweise erkauft. Störungen, die einen Adaptionsfehler erzeugen, der nicht durch Fehlanpassung des Reglers verursacht ist und daher die im Idealfall bereits erreichte Kompensation wieder verstimmt, stellen ein weiteres Problem dar. Insbesondere bei zeitkontinuierlichen adaptiven Reglern wirkt nichtmodellierte höherfrequente Streckendynamik stabilitätsgefährdend, vgl. Shankar Sastry (1984); Rohrs et.al. (1985b). Bei diskreten Systemen kann dieses Problem durch Wahl genügend großer Abtastzeiten umgangen werden (Rohrs et.al. (1984, 1985a). Außer den genannten strukturellen Voraussetzungen muß in der Regel noch die Bedingung fortdauernder Anregung (persistent excitation) zur fehlerfreien Adaption erfüllt sein. Verfahren, die diese Bedingung nicht erfordern, verwenden spezielle Anpassungsalgorithmen (z.B. stochastische Approximation) und zeigen Konvergenz für den Vorhersagefehler, nicht für die Parameter, vgl. z.B. Goodwin et.al. (1981); de Larminat (1984). Einige der erforderlichen Einschränkungen sind durch geeignete Maßnahmen (z.B. korrigierende Netzwerte zur Sicherstellung von Phasenminimalität [M'Saad et.al., 1985] oder Erzeugung fehlerabhängiger Zusatzsignale) zu lockern.

Ein aktueller Vorschlag ist die Festlegung einer *Totzone* für den Adaptionsfehler: Die Totzone wird (adaptiv) dem Pegel der

---

*Ein dynamisches System G(z) heißt SPR falls es stabil ist und seine Ortskurve $G(e^{i\omega T_0})$ ausschließlich in der rechten Hälfte der Ortskurvenebene verläuft, also $Re\{G(z)\}>0$ für $|z|=1$.

nichtmodellierten Dynamikanteile angepaßt, vgl. Peterson, Narendra (1982); Shankar Sastry (1984); Kreisselmeier (1986); Middleton, Goodwin (1987).

Eine wesentliche Ursache für relativ eingeschränkte Stabilitäts- und Robustheitsbereiche scheint bei Modellreferenzadaptiven Systemen jedoch die Festlegung des Reglertypes auf ein Kompensationsprinzip zu sein. Dies schränkt auch die allenfalls indirekt über das Referenzmodell mögliche Beeinflußbarkeit des zeitlichen Regelverhaltens - eine der Grundaufgaben des Regelungsingenieurs - ein.

Aus dieser kurzen Zusammenstellung der Probleme folgt bereits, daß ein Einsatz von Systemen, für die strenge Stabilität oder Konvergenz beweisbar ist, nur für sehr spezielle Fälle, bei denen die Eigenschaften der Regelstrecke sehr genau a-priori bekannt sind und geringe Störungen auftreten, direkt möglich ist. Dies muß nicht bedeuten, daß bei Nichterfüllung der (meist hinreichenden) Voraussetzungen sofort Instabilität auftritt; die Stabilität ist aber nicht mehr zu garantieren.

Die Stabilitäts- und Konvergenzaussagen gelten im übrigen für $t \to \infty$, was zwar aus theoretischer Sicht befriedigen mag, für Anwendungen aber nur die Hoffnung auf ein vernünftiges Regelverhalten bei Anfangsadaption und in Transienten läßt.

Robustheit bezieht sich heute bei MRAC-Systemen auf die Gültigkeit der Konvergenz- und Stabilitätsaussagen auch bei kleineren Modellierungsfehlern und geringen Störungen und wird durch geeignete Zusatzmaßnahmen sichergestellt. Sie schließt *nicht* die Duldung substanieller Streckenänderungen oder gar die Einhaltung spezifischen Zeitverhaltens ein. Ortega (1987) hat daher MRAC-Systeme mit integralem Adaptionsgesetz als nicht robust bezeichnet.

7.3.2 Robustheit bei PAC-Systemen

Einer der wesentlichen Unterschiede zwischen MRAC und parameteradaptiven Systemen (PAC) besteht in der relativen Freiheit der Reglertypwahl. Da kein Referenzverhalten für den geschlossenen Kreis zu befriedigen ist, können andere, weitergehende oder zumindest stärker regelungstechnisch orientierte Gesichtspunkte beim Entwurf des Systems verfolgt werden. Der Regler kann zunächst unabhängig von der Eigenschaft "adaptiv" ausgewählt werden. Es lassen sich so z.B. Anwenderforderungen nach einem bestimmten Regelalgorithmus erfüllen. Dies ist für die Akzeptanz adaptiver Regelungen in Industrieanwendungen von nicht zu unterschätzender Bedeutung.

Mit dem Fehlen eines Adaptionsmechanismus, der direkt einen Fehler für den geschlossenen Regelkreis minimiert, entsteht ein im Vergleich zu MRAC wesentlich komplizierteres Stabilitätsanalyseproblem, da nun die Auswirkungen von Fehlern im identifizierten Prozeßmodell in ihrer Auswirkung über den Reglerentwurf auf das tatsächliche Verhalten des geschlossenen Kreises nicht durch eine Fehlerrückführung erfaßt werden. Der integrale Anteil befindet sich im Parameterschätzer (Eigenwerte bei $z=1$, vgl. Kapitel 6 und 8), stellt also nur eine asymptotisch genaue Anpassung des Streckenmodelles sicher. Soll der Regelkreis selbst asymptotisch exakt sein, ist ein Regler mit Pol bei $z=1$ (Deadbeat, PID) vorzusehen. PAC-Systeme sind also durch eine Trennung von Modell- und Regelfehler gekennzeichnet. Strenge Stabilitäts- und Konvergenzbeweise, die von ähnlich idealen Voraussetzungen wie bei MRAC-Systemen ausgehen (exakt bekannte Struktur, weißes Rauschsignal, fortdauernde Anregung), sind hier allerdings auch möglich, vgl. Kapitel 7.1. Sie verlangen *keine* streng positiv reelle, phasenminimale Strecke, sondern lassen im Gegenteil nahezu beliebige Streckentypen zu, vgl. Kapitel 10. Es muß nur die Konvergenz der Parameterschätzwerte *in die Nähe* der Streckenparameter durch fortdauernde Anregung sichergestellt werden. Elliott (1985) beweist die Stabilität eines parameteradaptiven Systems mit Polvorgaberegler, wenn die Identifikation intervallweise fortdauernd angeregt durchgeführt und der Regler nur jeweils am

Ende dieses Intervalles verändert wird. Man erhält dann eine zeitliche Folge linearer, zeitinvarianter stabiler Systeme, die selbst stabil ist. Allerdings darf sich die Strecke während der Identifikationsphasen (bei festem Regler) nicht zu stark ändern, da sonst Stabilitätsprobleme auftreten können.

Die in Kapitel 8 und 9 entwickelte Überwachungsstrategie mit zeitweiser Adaption kann als eine ähnlich Maßnahme angesehen werden; dort wird der Regler bei detektierten Streckenänderungen allerdings sofort angepaßt.

Für den Fall der einmaligen Regleradaption an eine parameterunbekannte Strecke hat man also bei PAC eine ähnlich gesicherte Beweissitutation wie bei MRAC, falls zuvor sichergestellt wurde, daß der Reglertyp zur Streckenstruktur paßt. Robustheit mindestens in dem Sinne, wie sie bei MRAC gebraucht wird, liegt also auch bei PAC vor.

Betrachtet man die in Kapitel 6.5 dargestellten und in Sätzen 6.6 und 6.7 sowie Tabelle 6.1 zusammengefaßten zeit- und datenabhängigen Verläufe der Robustheitsmaße Stabilitäts- und Optimalitätsgrenze, so erkennt man, daß äußere Anregung zu kleineren Verstärkungsreserven, also geringerer Robustheit der Rückführung im Parameterschätzer führt. Dies kann gleichwertig als höhere Empfindlichkeit für Modellfehler (durch größere Verstärkung $\underline{\gamma}(k)$) angesehen werden. Tatsächlich findet eine nennenswerte Anpassung der Parameterschätzwerte auch nur während dieser Phasen äußerer Anregung statt. Verschwindet sie, konvergieren die Grenzwerte für die Variation relativ schnell gegen $\mu_{stab}=2\cdot[1-\lambda]^{-1}$ bzw. $\mu_{opt}=[1-\lambda]^{-1}$, also recht große, nur von λ abhängige Werte (typisch 20...100). Der Fall größter Robustheit wird für $\lambda=1$ $(\mu \rightarrow \infty)$ erreicht, vgl. Bild 6.5. Dies entspricht aber genau der Tatsache, daß für fehlende Anregung und $\lambda=1$ praktisch keine Adaption mehr stattfindet $[\underline{\gamma}(k) \rightarrow 0]$ - auch nicht an Störungen - während für $\lambda<1$ eine endliche Empfindlichkeit erhalten bleibt, die sowohl während Anregung über größere Änderung der Schranken als auch im stationären

Betrieb direkt proportional zu λ ist[9]. Anregung erhöht also die Empfindlichkeit des Systems Parameterschätzer. Diese Empfindlichkeit wird zur Adaption benötigt. Regt man nicht mehr an und vergißt keine Information ($\lambda=1$), erhält man den robustesten Fall eines Parameterschätzers, während sich für abnehmendes λ die Empfindlichkeit erhöht. Adaption(sfähigkeit) und Robustheit sind also bezüglich der Parameterschätzung im Grunde entgegengesetzte Eigenschaften. Diese Aussagen sind freilich relativ zu verstehen, da auch im Falle von Anregung und/oder kleinerem λ die Verstärkungsreserven i.a. nicht vollständig verschwinden; d.h. größer 1 bleiben.

Für den gesamten adaptiven Kreis einschließlich Reglerentwurf folgen jedoch andere Robustheitsaussagen. Hier ist Robustheit nur dann gewährleistet, wenn der Regler selbst entsprechend robust gegenüber Streckenvariationen ist. Ändert sich nämlich die Strecke, so folgen die Parameterschätzwerte wegen der Filtereigenschaft langsam nach, und zwar um so langsamer, je robuster der Parameterschätzer eingestellt ist. Eine künstliche Erhöhung der Empfindlichkeit in dieser transienten Phase z.B. durch multiplikative Vergrößerung von $\underline{\gamma}(k)$, vgl. Kapitel 8, erhöht durch schnellere Anpassung der Parameter des Reglers die Robustheit des gesamten Systems, da Regelgüte und damit Stabilität für größere Streckenvariationen als im nicht adaptiven Fall erhalten werden kann.

Ein parameteradaptives System kann als robust bezeichnet werden, wenn der (feste) Regler aufgrund seiner Struktur bereits Streckenmodelländerungen in größerem Umfang toleriert, also robust im klassischen Sinne ist und durch geeignete Maßnahmen die Empfindlichkeit des Parameterschätzers bei Streckenänderungen *und* ausreichender Anregung erhöht wird. So werden regelmäßig mit adaptiven Zustandsreglern im praktischen Regelbetrieb nicht nur Stabilität, sondern auch sehr vernünftige Regelgüten erzielt, vgl. Kapitel 9 und 11. In Anlehnung an Goodwin et.al. (1985) wird daher vorgeschlagen, adaptive

---

[9] Empfindlichkeit werde hier als die zu Robustheit inverse Eigenschaft aufgefaßt.

robuste Regler anstelle robuster adaptiver Regler zu realisieren. Der Regler kann dann im adaptiven Kreis i.a. schärfer, d.h. weniger robust eingestellt werden, als im festen Betrieb, da an größere Streckenänderungen adaptiert wird.

Zur Veranschaulichung und Verifikation dieser Aussagen zu robustem Verhalten des adaptiven Kreises wurde Prozeß VI mit festen und adaptiven Zustandsreglern unterschiedlicher Einstellung und unter Einwirkung stochastischer Störung geregelt. Nach einer Voridentifikation des Nominalprozesses mit Verstärkung $K_p=1$ über 20 Schritte wurde der Zustandsregler selbsttätig eingestellt. Nach weiteren 20 Abtastschritten wurde die Verstärkung des Prozesses verändert (Faktoren 0,5;1;1,5;2); nach 50 Schritten eine Führungsgrößenänderung um Δ w=1 und nach weiteren 30 Schritten um Δ w=-1 auf den alten Wert durchgeführt. Es wurden dabei für Q=I die Bewertungsgrößen r=0,1 und 0,02 vorgegeben, vgl. Gl. (3.41) mit $\alpha=1$. Im adaptiven Fall war der Vergessensfaktor $\lambda=1$ und $\lambda=0,90$; bei adaptiver Regelung mit Überwachung $\lambda=0,95$. Durch Kombination dieser Vorgaben entstehen fünf hinsichtlich ihrer Robustheit typische Konfigurationen, Tabelle 7.1. Dort sind die über N=130 Abtastschritte berechneten Stell- und Regeldifferenz-Verlustfunktionen (Isermann, 1977, 1987)

$$S_u^2 = [N+1]^{-1} \sum_{k=0}^{N} \Delta u^2(k) \ ; \tag{7.15}$$

$$S_e^2 = [N+1]^{-1} \sum_{k=0}^{N} e_w^2(k) \tag{7.16}$$

eingetragen. Bild 7.1 zeigt die grafische Darstellung.

Für den Entwurfspunkt $K_p=1$ liegt für die fest eingestellten Regler etwa gleiche Regelgüte für r=0,1 und r=0,02 vor; die Unterschiede sind wegen der nicht zu großen Differenzen von r nicht ausgeprägt. Der Stellaufwand ist für r=0,02 allerdings bereits deutlich höher, der Regler greift stärker ein. Daß er im Sinne der Kriterien, Kapitel 4, weniger robust gegenüber Streckenvariationen ist, folgt aus den Sektorgrenzen μ,

Tabelle 7.2. Sie wurden auf Basis des nach 20 Schritten geschätzten Prozeßmodelles ermittelt. Für Streckenvariationen verschlechtern sich Regelgüte und Stellaufwand bei r=0,02 stärker als für r=0,1. Für μ>1,5 überschreitet der Kreis mit r=0,02 bereits die Stabilitätsgrenze.

Im adaptiven Betrieb wurden r=0,1/λ=1 als Kombination eines robusten Reglers mit einem robust eingestellten Parameterschätzer und r=0,02/λ=0,90 als relativ dazu empfindliche Kombination gewählt. Zunächst fällt auf, daß selbst im Nominalfall, also unveränderter Strecke, die Verlustfunktionen für Stellaufwand und Regelgüte kleinere Werte als im fest eingestellten Fall haben. Dies hängt wohl mit der wegen Störung nicht vollständigen Konvergenz des Prozeßmodelles auf die wahren Werte während der Voridentifikationsphase zusammen; die adaptiven Regler haben die Möglichkeit zur weiteren, verbesserten Anpassung im Regelbetrieb. Im Nominalpunkt K_p=1 sind die Regelgüten für r=0,1 und r=0,02 vergleichbar, während - wie im festen Betrieb - der Stellaufwand bei r=0,02 deutlich höher ist. Für Variationen der Strecke hat man für die robuste Kombination durchweg schlechtere Regelgüte und höheren Stellaufwand im Vergleich zur empfindlicheren Kombination. Diese paßt sich Veränderungen schneller und vollständig an (λ klein). Dies ist ein deutlicher Hinweis auf die Notwendigkeit, bei adaptiven Systemen nicht nur die Robustheit der Anordnung, sondern auch deren Anpassungsfähigkeit im Auge zu behalten. So tritt für r=0,02 keine Instabilität wie im festeingestellten Fall auf; dies ist nur auf den Adaptionsprozeß zurückzuführen. Für λ=0,9 sind allerdings im Langzeitbetrieb geeignete Gegenmaßnahmen zu ergreifen, um die Divergenz der P-Matrix zu verhindern. Die endliche Robustheit für λ<1 ist in der kurzen Zeitspanne der Versuchsläufe nicht erkennbar.

Das beste Ergebnis im Hinblick auf Robustheit gegenüber Streckenänderungen wurde mit dem nach Kapitel 9.5 überwachten adaptiven Regler erzielt. Die datenabhängige Steuerung der Überwachung erkennt die Verstärkungsänderungen über

Veränderungen des Eigenwertes $z_n(k)$ und führt sodann eine verstärkte Anpassung an die neuen Werte durch, vgl. die Zeitverläufe in Kapitel 8, 9 und 11. Die Abschaltung der Identifikation im Beharrungszustand beruhigt den Kreis und sichert die Stabilität auch für $\lambda<1$. Tritt Anregung auf, wird die Empfindlichkeit der Schätzung vorübergehend gesteigert, um den Regler schneller anzupassen.

Tabelle 7.1: Gütemaße für Kombinationen unterschiedlicher Robustheit.

Gütemaße		s_u^2				s_e^2			
Regler	$\mu=$	0,5	1	1,5	2	0,5	1	1,5	2
1)	λ=1,0; r=0,1	0,74	0,02	0,26	0,45	0,06	0,04	0,05	0,075
2)	λ=0,9; r=0,02	0,17	0,05	0,03	0,11	0,04	0,035	0,04	0,06
3)	r=0,1	0,17	0,03	0,08	0,17	0,22	0,051	0,23	0,46
4)	r=0,02	0,39	0,08	20 (instab.)	23 (instab.)	0,17	0,050	10 (instab.)	11 (instab.)
5)	λ=0,95; r=0,1	0,05	0,04	0,05	0,123	0,024	0,04	0,042	0,055

Regler 1, 2 und 5 adaptiv; Regler 3 und 4 fest eingestellt.

Tabelle 7.2: Robustheitsmaße für Prozeß VI.

Prozeß VI		r=0,1	0,02
μ_{stab}	max	2,53	1,56
	min	0,62	0,74
μ_{opt}	max	1,58	1,15
	min	0,77	0,80

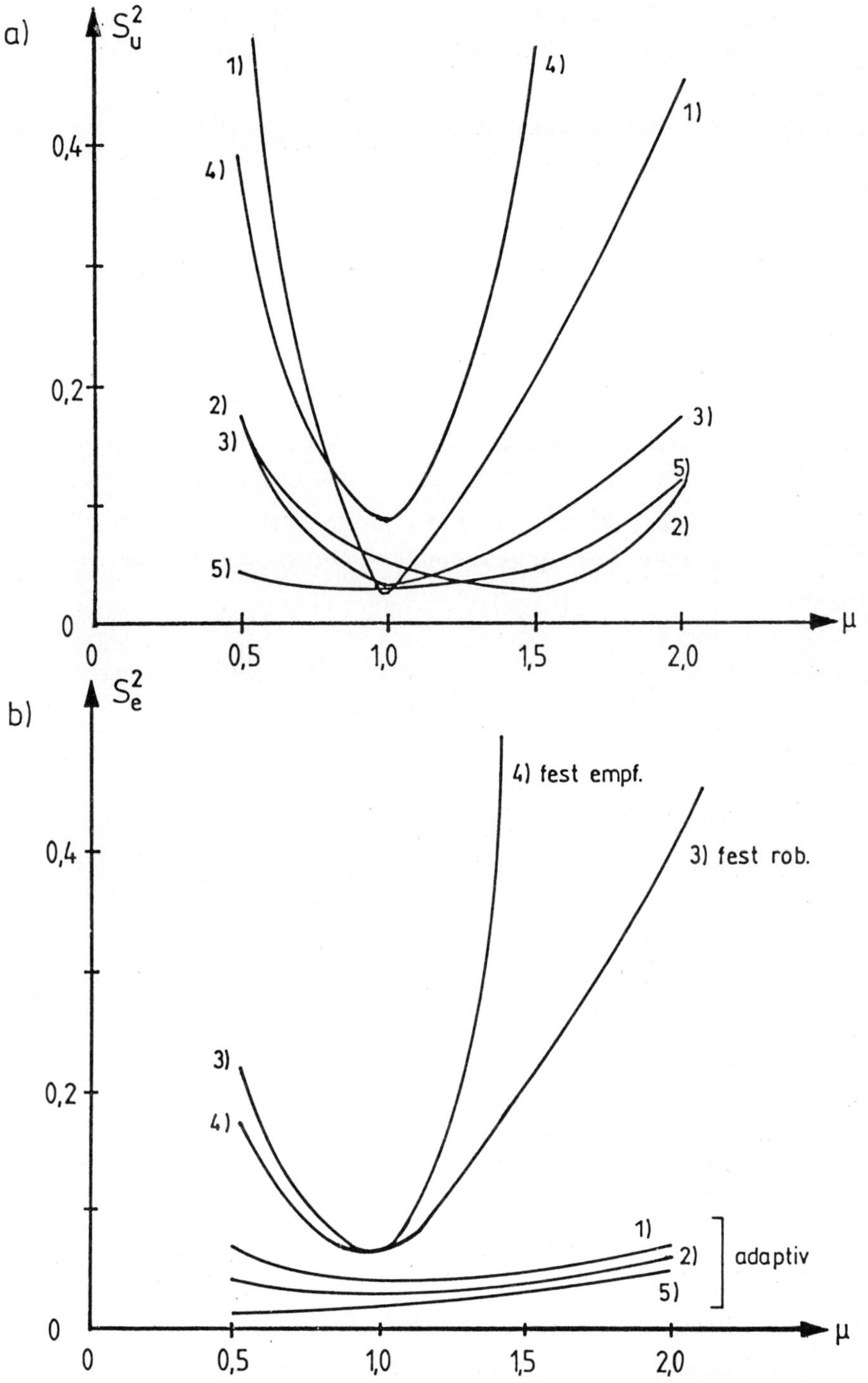

Bild 7.1: Verlustfunktionen (a) s_u^2 und (b) s_e^2 über der Streckenverstärkungsvariation μ für Kombinationen unterschiedlicher Robustheit.

8 Adaptive Regelung zeitvarianter Systeme

8.1 Problematik

Die ursprüngliche Motivation zur Entwicklung adaptiver Regelungen entstand aus dem Wunsch nach gleichbleibend hoher Regelgüte an veränderlichen Strecken. In festen Betriebspunkten sind Veränderungen der Streckenverstärkung und der Zeitkonstanten die wesentlichen Elemente der Zeitvarianz. Aus Sicht des Reglers, der für einen Arbeitspunkt fest eingestellt wurde, erscheinen statische Nichtlinearitäten - zum Beispiel Kennlinien - der Strecke bei Arbeitspunktänderungen ebenfalls als Zeitvarianz.

Bei adaptiven Regelungen soll der Begriff der Zeitvarianz daher weitergehend gefaßt werden und alle durch die Strecke bedingten Variationen umfassen, die eine veränderte Reglereinstellung für eine gleichbleibende Regelgüte erfordern. Angenommen werde auch, daß die geforderte Güte in jedem Fall durch eine realisierbare Reglereinstellung erreichbar ist; insbesondere also die Reglerstruktur zum Streckentyp paßt.

Man hat dann zu unterscheiden:

(1) *Statisch nichtlineare Strecke:* Reglerneueinstellungen sind nur bei Betriebspunktänderungen erforderlich. Diese bedingen i.a. eine gute Anregung des Systems durch die Stellgrößen und ermöglichen so eine Identifikation.

(2) *Zeitvariante Strecke:* Änderungen von *Zeitkonstanten* sind im Beharrungszustand aus den Ein- und Ausgangssignalen nicht identifizierbar. *Verstärkungs*änderungen bewirken dagegen eine Veränderung der Stellgrößen und sind zumindest detektierbar. Solche Verstärkungsänderungen der Strecke, auf die der Regler adaptiert werden soll, sind jedoch von

(3) *Deterministischen Störungen* bei unveränderlicher Strecke zu unterscheiden. Diese bewirken häufig Signaländerungen, die denen bei Streckenvariationen sehr ähnlich sind. Im Unterschied zu Verstärkungsänderungen ist bei äußeren Störungen grundsätzlich *keine* Reglerveränderung erwünscht; auch das Übertragungsverhalten soll nicht neu identifiziert werden; nur der die bleibende Störung beschreibende Parameter ist anzupassen (c in Gln. (2.2), (2.4)).

Im adaptiven Betrieb sind nun diese Situationen jeweils angemessen - d.h. unterschiedlich - zu behandeln, damit das Ziel gleichbleibender Regelgüte auch tatsächlich erreicht wird. Während bei nichtlinearer Strecke und Verstärkungsänderungen in einem Betriebspunkt eine möglichst rasche richtige Reglereinstellung verlangt wird, soll bei Störungen und im Langzeitbetrieb ohne bedeutende Anregung des Systems eine zuverlässige und stabile Funktion des adaptiven Kreises gewährleistet werden. Dies ist bei vielen bisher bekannten Verfahren nur über zusätzliche Maßnahmen zu erreichen, wie im folgenden Abschnitt dargestellt wird.

8.2 Veränderung von Vergessensfaktor und Kovarianzmatrix

Die zur Identifikation in parameteradaptiven Regelungen verwendete Methode der kleinsten Quadrate unterstellt in ihrer Grundform einen zeitinvarianten Prozeß, vgl. Kapitel 2 und 6, Gl. (6.1); der Gedächtnisfaktor in den Aktualisierungsgln. (2.36) und (2.37) ist $\lambda=1$. Nach Kapitel 7.1 erhält man die wahren Parameter $\underline{\Theta}_0$ der Strecke bei Identifikation mit genügender Anregung und einem AR-Störsignal, Gl. (2.5), asymptotisch genau. Der Adaptionsprozeß ist jedoch damit abgeschlossen, da die Kovarianzmatrix gegen kleine Werte konvergiert, woraus eine kleine Rückführverstärkung $\underline{\gamma}(k)$ folgt. Es gilt also ab einer Zeit $k=k_1$

$$\underline{\hat{\Theta}}(k_1+1) = \underline{\hat{\Theta}}(k_1) \approx \underline{\Theta}_0 \; . \tag{8.1}$$

Verändert sich die Strecke nun, kann dieser Veränderung nur sehr langsam über den wachsenden a-priori-Fehler e(k) und die Änderungen im Meßvektor $\underline{\psi}(k)$ gefolgt werden. $\lambda=1$ wirkt in diesem Fall als unendliches Gedächtnis; alle seit Beginn der Identifikation aufgetretenen Fehler werden gleich stark berücksichtigt, vgl. das LS-Gütekriterium, Gl. (6.7). Bild 8.1 zeigt eine Identifikation im offenen Kreis bei PRBS-Anregung für $\lambda=1$ und $\lambda=0{,}8$.

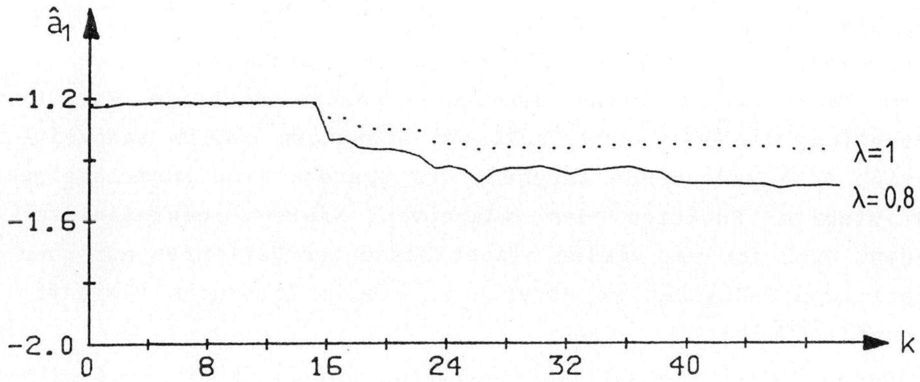

Bild 8.1: Parameterschätzwerte $\hat{a}_1$ bei Identifikation mit PRBS für $\lambda=1$ und $\lambda=0{,}8$; Prozeßänderung bei k=15. (Prozeß VI)

Deutlich ist für $\lambda<1$ eine schnellere, allerdings auch unruhigere Anpassung an die neuen Werte zu erkennen. Im adaptiven Kreis überträgt sich diese Unruhe direkt auf die Berechnung der Reglerparameter und somit meist auf die Stellgröße.

λ beeinflußt die Zeitkonstante des Filteralgorithmus, wie folgende Überlegung nachweist: Für das eindimensionale Parameterschätzproblem (n=1) hat man aus der Schätz-Gl. (2.36) und der Parameterfehler-Gl. (6.3) für den deterministischen Fall ($\underline{\eta}=\underline{0}, \nu=0$)

$$\gamma_1(k+1) = \frac{\psi_1(k+1)p_1(k)}{\lambda + \psi_1^2(k+1)p_1(k)} \; ; \tag{8.2}$$

$$\hat{\theta}_1(k+1) - \theta_1 = [1 - \gamma_1\psi_1][\hat{\theta}_1(k) - \theta_1] \tag{8.3}$$

und daraus nach kurzer Rechnung und z-Transformation das Übertragungsverhalten nach einer Änderung des Parameters θ_1 zu

$$\frac{\hat{\theta}_1(z)}{\theta_1(z)} = \frac{\psi_1^2(k)p_1(k)z^{-1}}{[\lambda + \psi_1^2(k)p_1(k)] - \lambda\, z^{-1}} \tag{8.4}$$

als Verzögerung 1.Ordnung.

$\psi_1^2 p_1$ konvergiert bei *fehlender Anregung* gegen $(1-\lambda)$, vgl. Gl. (6.36), womit

$$\left.\frac{\hat{\theta}_1(z)}{\theta_1(z)}\right|_{\underline{\psi}=\mathrm{const}} = \frac{(1-\lambda)z^{-1}}{1 - \lambda\, z^{-1}} = (1-\lambda)\,\frac{1}{z - \lambda} \tag{8.5}$$

für $\lambda<1$ ein asymptotisch genaues Erreichen von $\hat{\theta}_1 \rightarrow \theta_1$ möglich ist; für $\lambda=1$ (und $\underline{\psi}\approx$const) jedoch kein weiterer Einschwingvorgang stattfindet. Für $\lambda \rightarrow 0$ hat man formal $\hat{\theta}_1(k+1)=\theta_1$, also sofortiges Einschwingen auf den richtigen Wert. Dies ist wegen immer vorhandener Störungen jedoch nicht erreichbar, siehe auch Kapitel 8.3. Die Zeitkonstantante τ von Gl. (8.5) kann über z-Rücktransformation zu

$$\tau(\lambda) = \frac{1}{\ln 1/\lambda}\, T_0 \approx \frac{1}{2}\,\frac{1 + \lambda}{1 - \lambda}\, T_0 \quad ; \quad 0 < \lambda < 1 \tag{8.6}$$

mit $\tau(\lambda \rightarrow 1) \rightarrow \infty$ bestimmt werden. Für $\lambda=0{,}95$ erhält man $\tau\approx 20T_0$, also nach etwa 60 Abtastschritten 95 % des Wertes von θ_1. Für $\lambda=0{,}8$ werden weniger als 5, bei $\lambda=0{,}99$ fast 100 Abtastschritte benötigt.

Formuliert man das Übertragungsverhalten des Parameterschätzers bezüglich des Vorhersagefehlers, Gl. (2.34), hat man mit

$$\hat{\Theta}_1(k+1) = \hat{\Theta}_1(k) + \gamma_1(k+1)e(k+1) \tag{2.32}$$

und Gl. (8.2)

$$\frac{\hat{\Theta}_1(z)}{e(z)} = \frac{\psi_1 p_1}{(\lambda + \psi_1^2 p_1)(1 - z^{-1})} \tag{8.7}$$

dessen Integrationseigenschaft bezüglich des Fehlers e(k) mit dem Integrationsfaktor

$[\psi_1 p_1][\lambda + \psi_1^2 p_1]^{-1}$.

Eine naheliegende Lösung zur Anpassung des Prozeßmodelles an einen zeitvarianten Prozeß besteht demnach in der Wahl $\lambda<1$, siehe auch Kapitel 2 und 6. Dies gefährdet jedoch die Langzeitstabilität des Parameterschätzers, da aus der Aktualisierungsgleichung für die Kovarianzmatrix

$$P(k+1) = [I - \underline{\gamma}(k+1)\underline{\psi}^T(k+1)]P(k)\lambda^{-1} \tag{2.37}$$

folgt, daß für $\underline{\psi}$=const die Beträge der Elemente von P ständig anwachsen. Die Normierungseigenschaft von

$$\underline{\gamma}(k+1) = \frac{P(k)\underline{\psi}(k+1)}{\lambda + \underline{\psi}^T(k+1)P(k)\underline{\psi}(k+1)} \tag{2.36}$$

führt allerdings in Verbindung mit der Symmetrie der Kovarianzmatrix zu $\underline{\gamma}$=const, sofern die Vektoroperation $P(k)\underline{\psi}$ für jedes Produkt noch innerhalb der Genauigkeitsgrenze des Rechners liegt. Wird diese (üblicherweise bei $p_{ij}(k) \approx 10^7$) überschritten, so wird Gl. (2.36) numerisch bedingt instabil, $\underline{\gamma}$ wächst exponentiell an, vgl. Bild 8.2. Treten nun Störungen oder

Prozeßänderungen auf, werden die Parameterschätzwerte durch falsche Verstärkung des Restfehlers e(k) ebenfalls falsch.

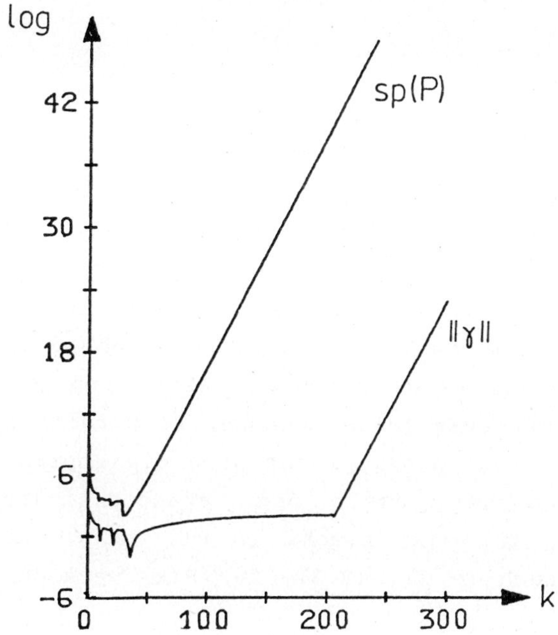

Bild 8.2: Verlauf Spur (P) und $\|\underline{\gamma}(k)\|$ bei λ=0,80 (log. Maßstab).

Dieses Phänomen kann auch vor Erreichen der Genauigkeitsgrenze durch kleine Störungen auftreten und ist als Kovarianz-windup bekannt.

Es kann über

- Abschalten der Aktualisierungsgl. (2.37) oder
- Hochsetzen von $\lambda \rightarrow 1$

vermieden werden.

Schaltet man die Schätzung ab, so besteht die neue Problematik im rechtzeitigen Erkennen von Streckenänderungen, auf die adaptiert werden soll. Hierzu werden in Kapitel 9 noch detaillierte Überlegungen angestellt und ein Verfahren angegeben.

Setzt man im Beharrungszustand $\lambda=1$, erfordert dies eine erneute Herabsetzung bei Streckenänderungen. Von Fortescue et.al. (1981) wurde dazu ein *variabler Vergessensfaktor*

$$\lambda(k) = 1 - [1 - \underline{\psi}^T(k)\underline{\gamma}(k)]\frac{e^2(k)}{\Sigma_0} \quad ; \quad \lambda(k) > \lambda_{min} \tag{8.8}$$

mit dem Residuum e(k), Gl. (2.34), und einer Bezugsvarianz Σ_0 vorgeschlagen, die vorzugeben ist. Wird $\lambda(k)$ nach Gl. (8.8) verändert, so kann der Informationsgehalt im Parameterschätzer näherungsweise konstant gehalten werden: Relativ zu Σ_0 kleine a-priori-Fehler e(k) führen zu $\lambda\approx1$, während größere Fehler $\lambda \rightarrow \lambda_{min}$ bewirken. Kann aufgrund eines kleinen Fehlers von ausreichender Schätzgenauigkeit ausgegangen werden, so wird keine Information vergessen, ist e(k) groß, erhöht sich die Empfindlichkeit und Anpassungsgeschwindigkeit des Parameterschätzalgorithmus. Man beachte, daß $\lambda(k)$ sowohl in Gl. (2.36) zur Berechnung von $\underline{\gamma}(k)$ als auch in Gl. (2.37) für P(k) verändert wird.

Vergleicht man Gl. (8.8) mit Gl. (6.20), so kann $\lambda(k)$ mit dem Eigenwert $z_n(k)$ des Parameterschätzers auch als

$$\lambda(k) = 1 - z_n(k)e^2(k)\Sigma_0^{-1} \tag{8.9}$$

geschrieben werden. $z_n(k)$ variiert datenabhängig zwischen 0 und 1, siehe Tabelle 6.1. Für fehlende Anregung hat man $z_n(k) \rightarrow \lambda$ und

$$\lambda(\infty)\Big|_{\underline{\psi}=const} = [1 + e^2(k)\Sigma_0^{-1}]^{-1} \le 1 \, , \tag{8.10}$$

während bei starker Anregung der durch die Zunahme von e(k) verursachte Abfall von $\lambda(k)$ über das dann kleine $z_n(k)$ gedämpft wird.

Definiert man

$$N(k) = [1 - \lambda(k)]^{-1} = [z_n(k)e^2(k)]^{-1}\Sigma_0 \tag{8.11}$$

als asymptotische Gedächtnislänge (Clarke, Gawthrop, 1975), so kann eine Vorgabe für Σ_0 in Gln. (8.8), (8.11) über

$$\Sigma_0 = \sigma_\nu^2 N_0 \tag{8.12}$$

erfolgen. Hierin ist σ_ν^2 die zu erwartende Varianz der Störung und N_0 die gewünschte Gedächtnislänge. Das Verhalten von $\lambda(k)$ und damit die Empfindlichkeit der Schätzung ist bei diesem Verfahren stark von den Werten σ_ν^2 und N_0 abhängig, siehe Gln. (8.8), (8.12), deren Vorgabe ohne a-priori Kenntnisse problematisch ist. Außerdem verringert sich $\lambda(k)$ auch im Fall deterministischer Störungen und veränderter Signalvarianzen σ_ν^2, Bild 8.3. Gerade in diesen Fällen soll aber keine Adaption erfolgen; $\lambda \approx 1$ bleiben.

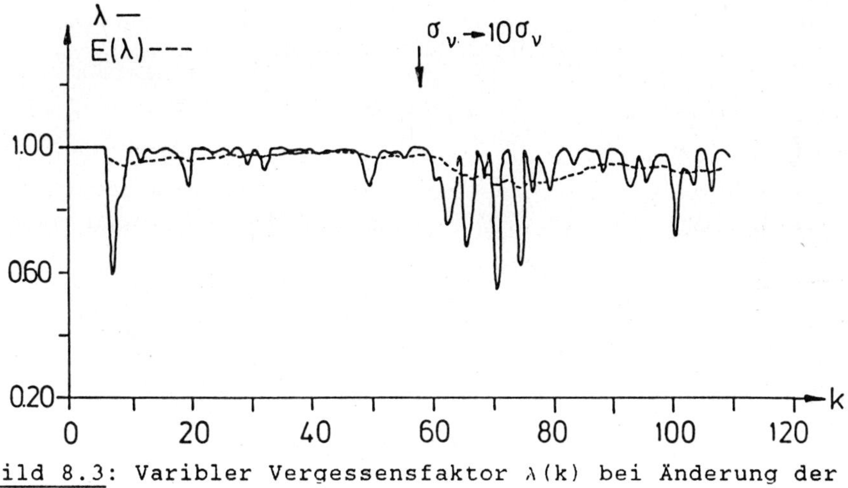

Bild 8.3: Varibler Vergessensfaktor $\lambda(k)$ bei Änderung der Störsignalvarianz σ_ν^2; Mittelwert $E\{\lambda(k)\}$; $\Sigma_0=2,5$.

Eine Möglichkeit zur Verminderung der Abhängigkeit von a-priori-Vorgaben bei Anwendung des variablen Gedächtnisfaktors besteht in der rekursiven Schätzung der Varianz σ_e^2, die ein Maß für die Varianz σ_ν^2 der Störung $\nu(k)$ ist, sofern sich die Paramter des Prozesses nicht ändern ($\underline{\Theta}$=const), da

$$\sigma_e^2 \approx \sigma_\nu^2 + \sigma_\Theta^2 \tag{8.13}$$

gilt (Hägglund, 1983).

$$\sigma_\Theta^2 = \frac{1}{N-1} \sum_{i=1}^{N} \|\underline{e}_\Theta(i) - \bar{\underline{e}}_\Theta\|^2 \tag{8.14}$$

bezeichnet hierin die Varianz der Prozeßparameter $\underline{\Theta}$. Sie steigt bei Änderungen der Parameter vorübergehend an und bewirkt über σ_e^2 eine vorübergehende Verringerung von $\lambda(k)$. Die Schätzung der Varianz $\sigma_\nu^2 \approx \sigma_e^2$ muß allerdings für diesen Zeitabschnitt unterbrochen werden, weil sonst σ_e^2 wegen Gl. (8.13) verfälscht würde. Dies erfordert die Festlegung einer Detektionsschranke, bei deren Überschreiten auf eine Parameteränderung geschlossen wird. Diese Schranke muß jedoch selbst wiederum von der mittleren Störungsvarianz σ_ν^2 abhängen, um Fehlalarme zu minimieren.

Eine hohe Detektionszuverlässigkeit kann über die Berechnung der näherungsweise linearen Änderung der Varianz nach Parameteränderungen erzielt werden. Verwendet man ein Regressionsverfahren zur Bestimmung der Steigung $\Delta\sigma_e^2(k)$ mit kleinstem quadratischem Fehler, gilt, vgl. Isermann (1974, 1988)

$$\Delta\hat{\sigma}_e^2(k) = \frac{N \sum_{i=1}^{N} (N+1-i)\hat{\sigma}_e^2(i) - \sum_{i=1}^{N} (N+1-i) \sum_{i=1}^{N} \hat{\sigma}_e^2(i)}{N \sum_{i=1}^{N} (N+1-i)^2 - \left[\sum_{i=1}^{N} (N+1-i)\right]^2} \tag{8.15}$$

und $\Delta\hat{\sigma}_e^2$ wird nahezu unabhängig von der Varianz σ_ν^2 der Störung, vgl. Bild 8.4. Eine Parameteränderung ist dann leichter zu detektieren. $\hat{\sigma}_e^2(k)$ in Gl. (8.15) folgt rekursiv aus

$$\hat{\sigma}_e^2(k) = \frac{N-2}{N-1}\,\hat{\sigma}_e^2(k-1) + \frac{e^2(k)}{N-1}\ . \tag{8.16}$$

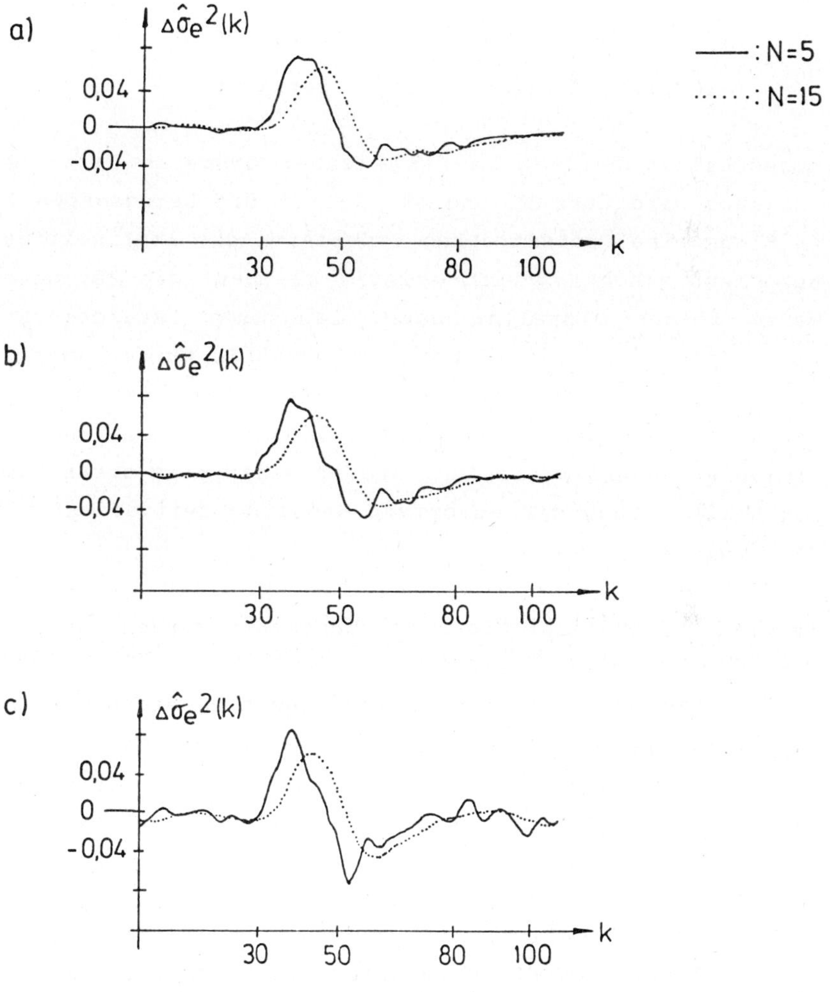

Bild 8.4: Änderung $\Delta\hat{\sigma}_e^2(k)$ der Varianz des a-priori-Fehlers nach Parameteränderung in k=30 für unterschiedliche Störsignal-Varianzen: (a) $\sigma_\nu^2=0{,}01$; (b) $\sigma_\nu^2=0{,}05$; (c) $\sigma_\nu^2=0{,}1$.

Eine andere Möglichkeit zur Detektion von Prozeßparameteränderungen stellt der Parameterfehlervektor, Gl. (6.3), selbst dar. Prinzipiell sind statistische Fehlererkennungs- und Klassifikationsverfahren hierzu geeignet, vgl. z.B. (Geiger, 1985; Goedecke, 1986).

Hat man eine Parameteränderung detektiert, so kann N_0 in Gl. (8.12) günstig gemäß

$$N_0 = \begin{cases} 100 \ldots 400 \; ; \; |\Delta\Theta| \, , \, \Delta\sigma_e^2 < \text{Schranke} \\ 10 \ldots 50 \; ; \; |\Delta\Theta| \, , \, \Delta\sigma_e^2 > \text{Schranke} \end{cases} \qquad (8.17)$$

umgeschaltet werden: Im Falle einer größeren Parameterfehleränderung wird über N_0 und Gl. (8.12) die Bezugsgröße Σ_0 in Gl. (8.8) um eine Größenordnung reduziert, die Empfindlichkeit entsprechend erhöht; λ wird relativ kleiner, die Parameterschätzwerte folgen schneller nach. Langsamen Parametervariationen wird, falls Σ_0 nicht viel zu groß gewählt wurde, über Gl. (8.8) ebenfalls gefolgt; die Langzeitstabilität ist wegen $\lambda \rightarrow 1$ gewährleistet. Das dargestellte Verfahren eines *modifizierten variablen Gedächtnisfaktors* stellt daher eine erste Möglichkeit zur Verbesserung der adaptiven Regelung zeitvarianter Strecken dar, vgl. Bild 8.5.

Es kann jedoch nicht als ideal angesehen werden, da

- mehrere Schranken heuristisch gewählt werden müssen und prozeßabhängig sind
- die Wahl von N_0 in Gl. (8.12) problematisch ist
- die notwendigen Filterungen und Regressionen eine verzögerte Detektion von Änderungen bewirken, weshalb die durch die Änderungen verursachten Anregungen im Datenvektor nicht mehr vollständig zur Adaption genutzt werden können.

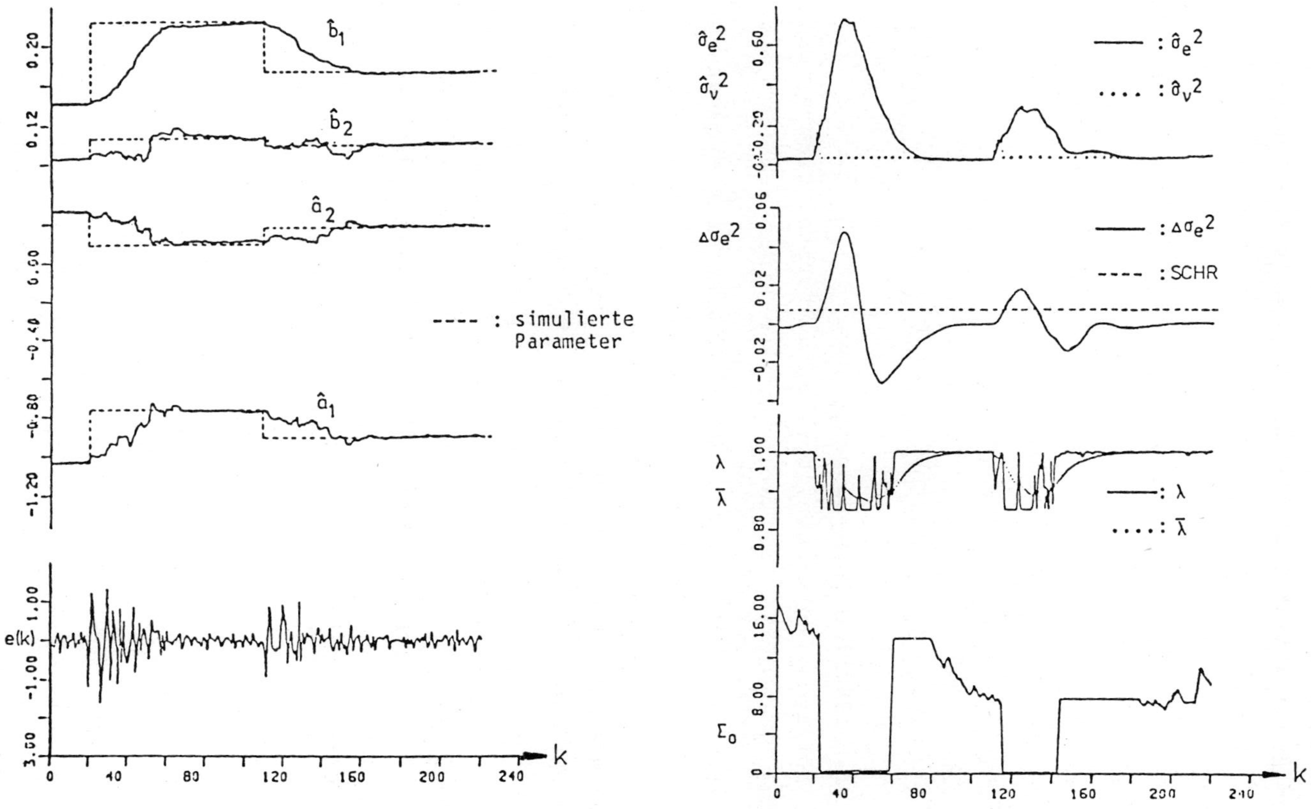

Bild 8.5: Identifikation eines zeitvarianten Prozesses mit modifiziertem variablen Gedächtnisfaktor (Schätzung von σ_ν^2, Umschaltung von N_0 nach GL. (8.17)); Prozeß II mit T_1: 5 sec $\longrightarrow$ 2,5 sec in k=20; T_1= 2,5 $\longrightarrow$ 3,75 sec in k=110; λ_{min}=0.85; **SCHR: Detektionsschranke; $\bar{\lambda} = E(\lambda)$; e(k): Gleichungsfehler; Σ_0: Bezugsvarianz.**

Eine Alternative zur Beeinflussung des Schätzverlaufes besteht nach Gln. (2.36), (2.37) und (8.4) und (8.7) in einer künstlichen Veränderung der Elemente von P(k). Größere Beträge der p_{ij} bewirken ein größeres $\underline{\gamma}(k)$ und damit größere Änderungen der Parameterschätzwerte $\hat{\underline{\Theta}}(k)$.

Es können im wesentlichen drei Verfahren unterschieden werden:

- Multiplikation der Matrix $P(k_1)$ oder ihrer Diagonalen mit einem Faktor β, falls *größere* Parameteränderungen im Schritt k_1 detektiert wurden, also

  $$P(k_1+1) = \beta \, P(k_1) \quad ; \quad \beta = 500 \ldots 5000 \tag{8.18}$$

  (Lachmann, 1983). Diese Maßnahme bewirkt allerdings ein kurzes heftiges Schwingen der Parameterschätzwerte und meist der Stellgröße, da sie praktisch einem *Neustart* mit P(0) entspricht. Deshalb sind die Schätzwerte $\hat{\underline{\Theta}}$ mindestens für die folgenden k_1+n Abtastschritte nicht zu verwenden. Diese Maßnahme garantiert im adaptiven Kreis nicht das Erreichen der richtigen Parameterwerte, da die Anregung aus den Prozeßsignalen hierzu meist zu klein ist.

- Addition einer Diagonalmatrix zu P(k), falls *größere* Parameteränderungen erkannt wurden, vgl. z.B. de Keyser (1983); Hägglund (1983). Hägglund ersetzt Gl. (2.37) durch

  $$P(k+1) = [I - \underline{\gamma}(k+1)\underline{\psi}^T(k+1)]P(k)\lambda^{-1} + \beta(k+1)I \,. \tag{8.19}$$

  $\beta(k+1)$ kann zu

  $$\beta(k+1) = [\underline{\psi}^T(k+1)\underline{\psi}(k+1)]^{-1}[z_n(k+1) - \tilde{z}_n(k+1)] \;;\; 0 < \tilde{z}_n \le z_n \tag{8.20}$$

  mit dem Eigenwert $z_n(k)$ aus Gl. (6.20) gewählt werden. $\tilde{z}_n(k)$ wird als gewünschter Eigenwert nach einer detektierten Parameteränderung vorgegeben; sonst ist $\tilde{z}_n(k)=z_n(k)$, d.h. $\beta(k+1)=0$. Diese Maßnahme kann als Vorgabe eines beschleunigten Einschwingverhaltens mit Eigenwert $\tilde{z}_n(k)<z_n(k)$ interpretiert werden, vgl. Kapitel 6[10]. Ein Vergleich mit Gl. (5.30) für das Kalman-Filter zeigt, daß β in Gl. (8.19) als Vorgabe einer erhöhten Parametervarianz $Z=\beta I$ angesehen werden kann.

Für die verbesserte Adaption an *langsame* Parameteränderungen wird

- Veränderung von $\underline{\gamma}(k+1)$, Gl. (2.36), zu

$$\underline{\gamma}'(k+1) = \frac{P(k)\underline{\psi}(k+1)}{[\sigma_\nu^{-1}(k) - \alpha(k)]^{-1} + \underline{\psi}^T(k+1)P(k)\underline{\psi}(k+1)} \tag{8.21}$$

vorgeschlagen (Hägglund, 1983), also $\lambda(k)$ durch den Ausdruck in Klammern zu ersetzen. $\alpha(k)$ wird über eine komplexe Unterscheidungslogik verändert. Diese Methode bewirkt, daß bei langsamen Parameteränderungen Information nur in jener Richtung vergessen wird, in der auch neue hinzukommt: Kann die klassische Aktualisierungsgleichung in Informationsform zu

$$P^{-1}(k+1) = P^{-1}(k) - (1-\lambda)P^{-1}(k) + \underline{\psi}(k+1)\underline{\psi}^T(k+1) \tag{8.22}$$

mit der Rang 1-Aktualisierung $\underline{\psi}(k+1)\underline{\psi}^T(k+1)$ und dem Rang-n-Vergessen $(1-\lambda)P^{-1}(k)$ geschrieben werden, so folgt im Falle von Gl. (8.21) und $\lambda=1$ in Gl. (2.37)

$$P^{-1}(k+1) = P^{-1}(k) + [\sigma_\nu^{-1}(k) - \alpha(k)]\underline{\psi}(k+1)\underline{\psi}^T(k+1) , \tag{8.23}$$

---

[10] Gl. (8.19) liefert über Gl. (6.20) den Eigenwert $z_n'(k+1)=z_n(k+1)-\beta(k+1)\underline{\psi}^T(k+1)\underline{\psi}(k+1)$.

also Aktualisieren und Vergessen mit Rang 1. Man beachte die Ähnlichkeit dieser Gleichung zu Gl. (6.17) für multiplikativ variiertes $\underline{\gamma}(k) \rightarrow \underline{\gamma}_{\mu}(k)$.

Die zusammenfassende Analyse wesentlicher bisher bekannter Verfahren zur Identifikation zeitvarianter Strecken ergibt, daß eine zufriedenstellende Folgegeschwindigkeit der Schätzwerte $\hat{\underline{\Theta}}$ nach Parameteränderungen $\Delta\underline{\Theta}$ erreicht wird für

- <u>schnelle Parameteränderungen</u> durch Kombinationen von Fehlerdetektionsverfahren mit
  - modifiziertem variablen Gedächtnisfaktor $\lambda(k)$, Gl. (8.8), mit veränderlicher Bezugsvarianz Σ_0 nach Gln. (8.12) und (8.17) mit fortlaufender Schätzung der Varianz σ_{ν}^2 der Störung über Gl. (8.16) oder
  - Addition einer (variablen) Diagonalmatrix auf $P(k)$, Gl. (8.19)

- <u>langsame Parameteränderungen</u> mit
  - modifiziertem variablen Gedächtnisfaktor $\lambda(k)$ bei fester Bezugsvarianz Σ_0 oder
  - datenabhängiger Veränderung nur des Rückführvektors $\underline{\gamma}(k)$ gemäß Gl. (8.21).

Verfahren zur Veränderung des Gedächtnisses müssen in jedem Fall die Langzeitstabilität gewährleisten, d.h. es muß $\lambda \rightarrow 1$ bei fehlender Anregung erzeugt werden.

Eingriffe direkt in die Kovarianzmatrix $P(k)$ (bzw. deren Inverse) können dagegen Stabilitätsprobleme über zu große Rückführverstärkungen $\underline{\gamma}$ im Parameterschätzer bewirken. Dies kann jedoch über Berechnung der Stabilitätsgrenzen, Kapitel 6, vermieden werden.

Entscheidend für das Erreichen der tatsächlichen Parameterwerte ist aber in jedem Fall eine *genügende äußere Anregung* der Strecke, die in der Regel durch Änderungen des Eingangssignales gewährleistet wird, vgl. Kapitel 7. Dies ist bei Identifikationen mit extern vorzugebenden Testsignalen im offenen und geschlossenen Regelkreis immer möglich. Während des Regelbetriebes können jedoch Probleme durch die gleichzeitige Forderung nach möglichst geringen Abweichungen vom Beharrungswert entstehen. Die Anregung reicht dann meist nicht aus, um eine ausreichende Adaption aller Parameter durchzuführen; oft können Streckenänderungen nicht einmal detektiert werden. Da hier die adaptive Regelung im Vordergrund steht, muß ein Verfahren zur Anwendung an zeitvarianten Strecken möglichst alle Fälle (1)-(3), Abschnitt 8.1, abdecken und gleichzeitig die Langzeitstabilität gewährleisten. Ein solches Verfahren wird im folgenden Abschnitt entwickelt.

8.3 Identifikation mit vorgebbarer Robustheit

Die in Kapitel 6 abgeleiteten Robustheitsmaße des Parameterschätzers sind zeitvariant und datenabhängig; sie repräsentieren den aktuellen Zustand der Parameterschätzung, vgl. Kapitel 7. Es bietet sich daher an, die Optimalitätsreserven und Eigenwertüberlegungen über die reine Robustheitsanalyse hinaus zur Synthese eines modifizierten LS-Schätzverfahrens für zeitvariante und nichtlineare Strecken zu nutzen. Die Stabilitätssicherheit der resultierenden Maßnahmen folgt dann aus den dort angegebenen Sätzen.

Der in Kapitel 6 eingeführte Perturbationsfaktor $\mu(k)$ kann als verfügbarer zeitvarianter Verstärkungs-/Dämpfungsparameter angesehen und über

$$\underline{\gamma}_{\mu}(k) = \mu(k)\underline{\gamma}(k) \qquad (6.9)$$

eine Veränderung der Parameterfehlerdynamik im Parameterschätzer bewirken.

Die Stabilität der Parameterschätzung bleibt erhalten, solange $\mu(k)$ in den von Gl. (6.22) gegebenen Schranken bleibt *und* ideale Verhältnisse herrschen, also z.B. keinerlei Abweichungen zwischen Prozeßmodell und Strecke auftreten. Dies ist praktisch nie erreichbar. Außerdem bewirkt ein Ausnutzen der Stabilitätsreserven im oberen Bereich schaltendes, im unteren Bereich schleichendes Einlaufen des Parameterfehlers in den neuen Beharrungswert, was im adaptiven Kreis zu nicht akzeptablen Transienten führen würde.

Man wird den Variationsfaktor $\mu(k)$ also auf den Bereich einschränken, der Optimalität der Schätzwerte nach Gl. (6.12) gewährleistet. Die untere Optimalitätsschranke entspricht ohnehin dem nominalen Fall $\mu=1$, während die obere Schranke nach Gl. (6.15) zu einer zeitoptimalen Konvergenz des Parameterfehlers führt, vgl. Gl. (6.27) und Bild 6.3. Erscheint die Wahl von $\mu(k)=\mu_{optmax}(k)$ deshalb auf den ersten Blick als bestmöglich, so stellt man bei Anwendungen jedoch fest, daß bei Schätzfehlern und äußerer Anregung durch deterministische oder stochastische Störungen erhebliche Verstärkungen $\underline{\gamma}(k)$ und dadurch große Varianzen σ_Θ^2 auftreten, die auf eine zu hohe Empfindlichkeit des Parameterschätzers mit $\mu=\mu_{opt}$ für praktische Anwendungen hinweisen. Dies kann auch formal aus Gln. (6.14), (6.15) und (6.17) erklärt werden: $\mu=\mu_{opt}$ entspricht $\lambda_\mu=0$, also der Bewertung nur der aktuellen Daten. Nach Satz 6.5 sind keine Optimalitätsreserven mehr vorhanden; die Eigenschaft minimale Einschwingzeit ist unendlich empfindlich bezüglich nie vermeidbarer Modellfehler.

Im eingeschwungenen Zustand ($\underline{\psi}$=const) geht $\mu_{opt} \rightarrow (1-\lambda)^{-1}$, für $\lambda=0{,}95$ also gegen 20-fache Nominalverstärkung. Der Vorhersagefehler e(k) wird fast ausschließlich von Störungen und Modellrestfehlern bestimmt. Dies kann sehr anschaulich aus Gl. (6.3) entnommen werden. (Man beachte, daß $e(k)=\underline{\psi}^T(k)\underline{e}_\Theta(k)$ gilt). Eine Korrektur $\underline{\gamma}_{\mu opt}(k)$ führt damit zu einer unerwünschten Adaption an die Stördynamik $\nu(k)$. Auch eine Abschaltung der Identifikation im Beharrungszustand des Regelkreises bringt nur begrenzte Verbesserungen, da eine irrtümliche Wiederanschaltung (z.B. wegen Störungen) bei fehlender Anregung zu einer weiteren Vergrößerung des Parameterfehlers $\underline{e}_\Theta(k)$ führen kann.

Wünschenswert ist nach den Überlegungen im vorangegangenen Abschnitt eine direkte Variation des Vergessensfaktors λ in Abhängigkeit des aktuellen Schätzzustandes.

Betrachtet man den Eigenwertverlauf $z_n(k)$, Bilder 6.6 und 6.7, so erfüllt dieser gerade die Forderung an das Gedächtnisverhalten des Parameterschätzers: Er verläuft nahe λ für mangelnde Anregung und wird sehr klein ($\rightarrow 0$) für genügende Anregung. Er hängt dabei insbesondere nicht vom Vorhersagefehler $e(k)$, sondern nur von den Parameterfehlerkovarianzen $P(k)$ und den Daten $\underline{\psi}(k)$ ab, die ein Maß für die jeweilige Systemanregung darstellen. Ersetzt man daher λ in Gl. (2.36) für den Korrekturvektor durch den Eigenwert $z_n(k)$, fordert also

$$\underline{\gamma}_{\mu}(k) \stackrel{!}{=} \frac{P(k-1)\underline{\psi}(k)}{z_n(k) + \underline{\psi}^T(k)P(k-1)\underline{\psi}(k)} , \tag{8.24}$$

so bedeutet dies für die Perturbationsdarstellung $\underline{\gamma}_{\mu}(k)=\mu_0 \cdot \underline{\gamma}(k)$ nach Gln. (6.9), (6.14b) ein

$$\mu_0(k) = \frac{\lambda + \underline{\psi}^T(k)P(k-1)\underline{\psi}(k)}{z_n(k) + \underline{\psi}^T(k)P(k-1)\underline{\psi}(k)} =$$

$$= \lambda\left(z_n^2(k) - \lambda[z_n(k) - 1]\right)^{-1} \tag{8.25}$$

unter Verwendung von Gl. (6.20). Die Aktualisierung der Kovarianzmatrix $P(k)$ erfolgt über Gl. (2.37) mit $\underline{\gamma} \rightarrow \underline{\gamma}_{\mu}$.

Die Verstärkung $\mu_0(k)$ ist neben λ nur vom Eigenwert $z_n(k)$ abhängig und es gilt

$$\mu_0 \text{ (starker Anregung, d.h. } z_n \rightarrow 0) \rightarrow 1 ; \tag{8.26}$$

$$\mu_0 \text{ (fehlender Anregung, d.h. } z_n=\lambda) = 1 , \tag{8.27}$$

während dazwischen $\mu_0>1$ ist.

Bild 8.6 zeigt den Verlauf von $\mu_0(k)$, Gl. (8.25), über $z_n(k)$ für $\lambda=1$. Die erwünschte Verstärkung des Fehlers zur Beschleunigung der Adaption beträgt etwa 30 % und wird nur im transienten Zustand $[\mu_{max}=4/(4-\lambda)\simeq 1,3$ bei $z_n=\lambda/2\simeq 0,5]$ bei genügender äußerer Anregung erzeugt, ohne die nach einer Änderung ($z_n \to 0$) im ersten Moment großen Fehler zusätzlich zu verstärken.

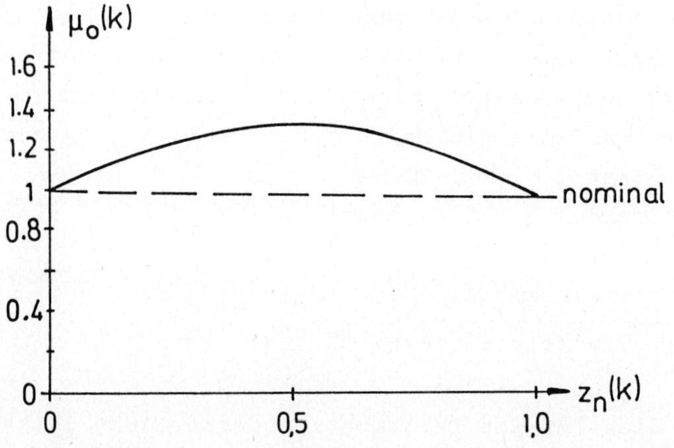

Bild 8.6: Verstärkung $\mu_0(k)$ des Korrekturvektors $\underline{\gamma}(k)$ als Funktion des datenabhängig variierenden Eigenwertes $z_n(k)$

Der modifizierte Parameterschätzer ist nach wie vor optimal im Sinne des Gütekriteriums, Gl. (6.12), wie man aus der Beziehung

$$1 < \mu_0(k) = \lambda\left[[1-z_n]\lambda + z_n^2\right]^{-1} < [1-z_n]^{-1} = \mu_{opt}(k) \qquad (8.28)$$

sieht. Eine Verstärkungserhöhung mit $\mu_0(k)$, Gl. (8.25), entspricht wegen Gl. (6.14b) einem variablen

$$\lambda_\mu(k) = z_n(k)\mu_0(k) \quad ; \quad z_n(k) > 0. \qquad (8.29)$$

Für den eingeschwungenen Zustand $z_n(k)=\lambda$ hat man $\lambda_\mu(k)=\lambda$. Während starker Anregung gilt im ersten Moment in Verbindung mit $z_n(k) \to 0$ noch $\mu_0 \to 1$, also aus Gl. (6.14) $\lambda_\mu \to \lambda$. Danach fällt $\lambda_\mu(k)$ in Abhängigkeit von $z_n(k)$ nach Gl. (8.29) gegen sehr kleine Werte; für $z_n(k)=\lambda/2$ gilt z.B. $\lambda_\mu=2\lambda/(4-\lambda)$.

In Anwendungen hat sich die Wahl von $\lambda=0,95$ in Verbindung mit $\mu_0(k)$ als günstig erwiesen. Es muß jedoch betont werden, daß dieses Verfahren nicht empfindlich auf die Wahl von λ ist, da $\mu_0(k)>1$ nur für den transienten Zustand gilt. Bild 8.7 zeigt den Verlauf von $\mu_0(k)$ und $\lambda_\mu(k)$ für den Identifikationslauf Bilder 6.4 - 6.7. Im übrigen kann eine weitere Verstärkung des Eingriffes über Quadrieren von Gl. (8.25), also $\mu(k)=\mu_0^2(k)$ erreicht werden. Die Grenzwerte für $\mu_0(k)$ bleiben dann erhalten, während für das Maximum $\mu_{max}\simeq 1,3^2\simeq 1,7$ gilt, also eine weitere Verstärkung des Eingriffes um 30 %. Aus Gl. (8.28) folgt, daß auch dieser Eingriff innerhalb des Optimalitätsbereiches bleibt. $\mu_0(k)$ paßt sich also nicht nur selbsttätig an den Datenverlauf an, sondern kann zusätzlich vom Anwender in gewissen Grenzen beeinflußt werden. Da eine Verstärkung des Rückführvektors mit $\mu_0(k)$ eine Reduktion der Robustheit bewirkt, kann dieses Verfahren als Identifikation mit vorgebbarer Robustheit des Parameterschätzers bezeichnet werden, vgl. hierzu die Diskussion in Kapitel 7.3.2.

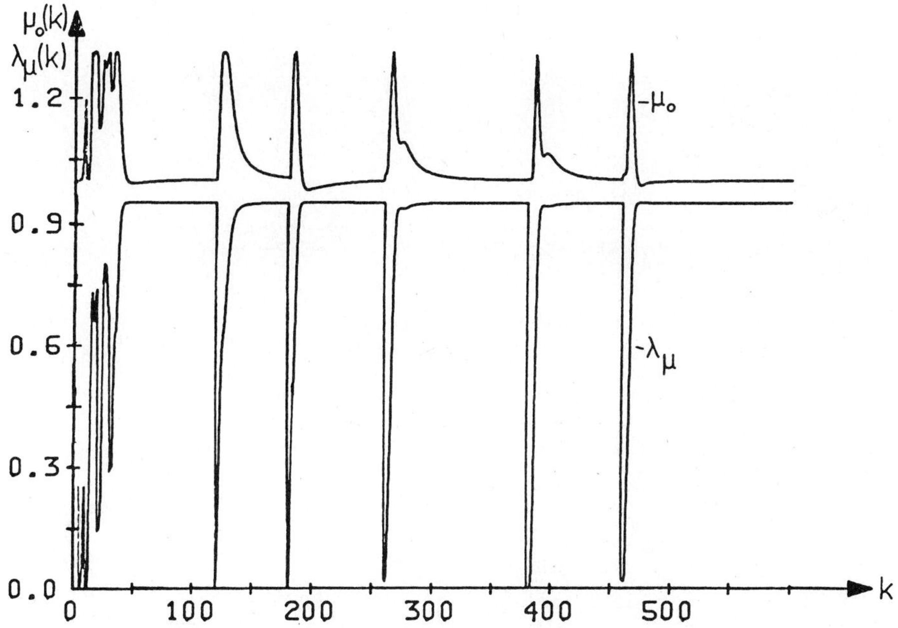

Bild 8.7: Verstärkungsfaktor $\mu_0(k)$ und variables $\lambda_\mu(k)$ für Identifikation Prozeß III, $\lambda=0,95$; Anregung und Prozeßänderung wie in Bild 6.4.

Bilder 8.8 und 8.9 zeigen das Regelverhalten eines adaptiven PID-Reglers bei Identifikation mit $\mu=1$ und $\mu(k)=\mu_0(k)$ nach Gl. (8.25) und verzögerter Regleranpassung nach Kapitel 9.5 bei einem nichtlinearen Prozeß mit Gleichwertstörung in k=65, Verstärkungsänderung in festem Arbeitspunkt in k=260 und durch Arbeitspunktänderung bedingte Verstärkungsänderung von 100 % in k=300.

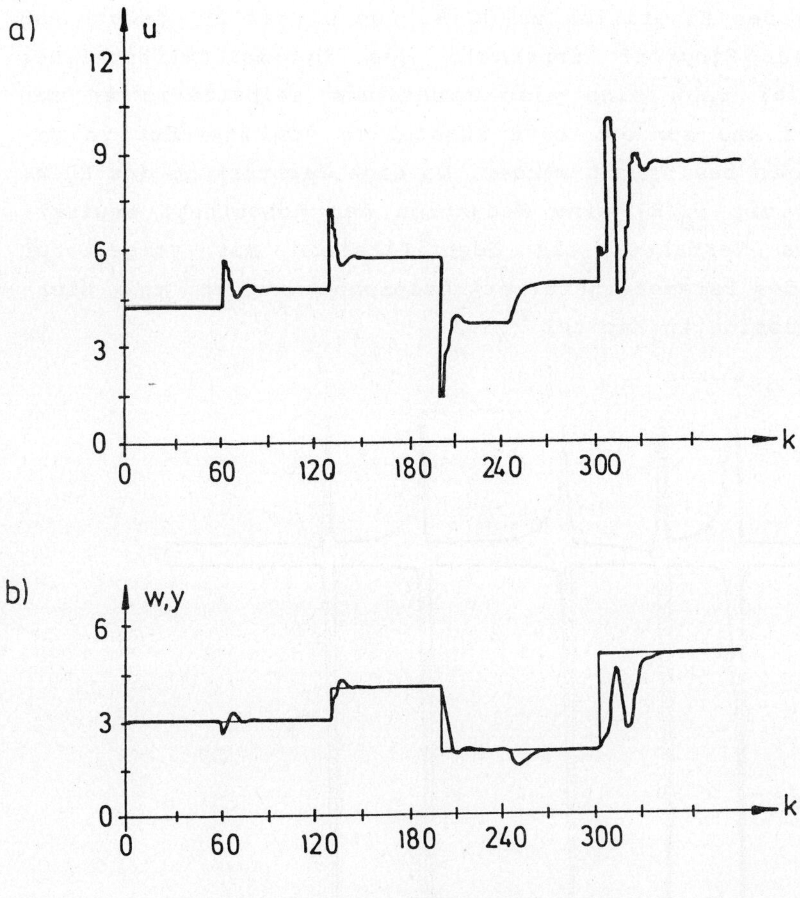

Bild 8.8: Adaptive PID-Regelung des nichtlinearen Prozesses VI mit unverändertem Parameterschätzer ($\lambda=0,95$).
(a) Stellgröße; (b) Führungs- und Regelgröße

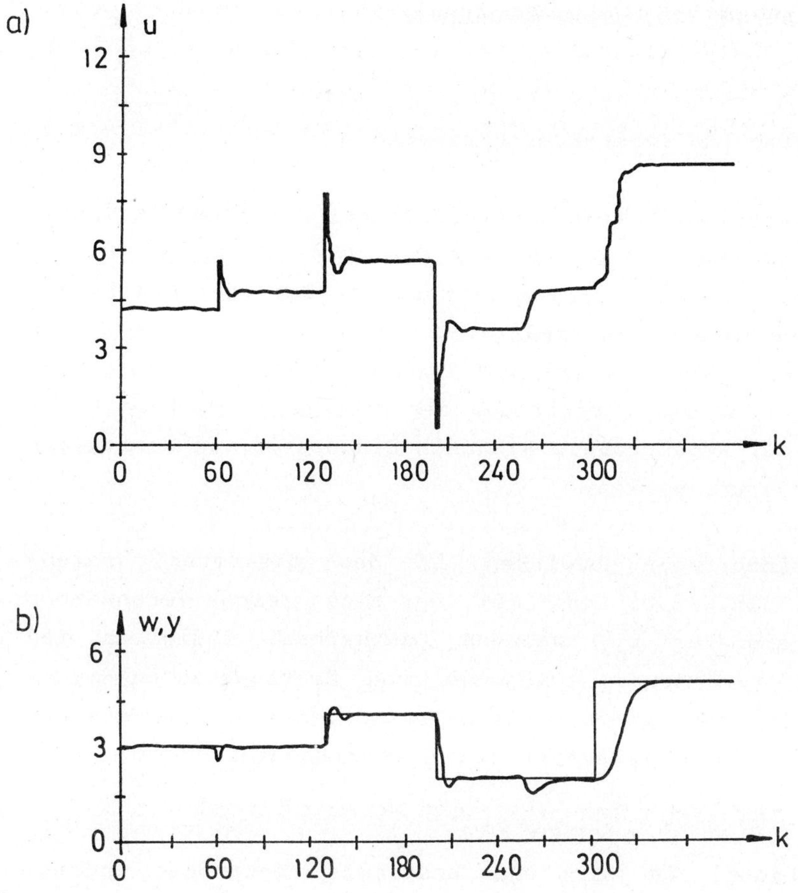

Bild 8.9: Adaptive PID-Regelung des nichtlinearen Prozesses VI mit erhöhter Adaptionsfähigkeit $\gamma_{\mu}(k)=\mu_0(k)\gamma(k)$, Gl. (8.25) und verzögerter Regleranpassung, vgl. Kapitel 9.5; $\lambda=0{,}95$; (a) Stellgröße; (b) Führungs- und Regelgröße.

8.4 Berücksichtigung von a-priori-Kenntnissen

8.4.1 Schätzung von Teilparametersätzen

In einigen technischen Anwendungsfällen ist durch physikalische Überlegungen bekannt, daß sich nur bestimmte Parameter in der Differenzengleichung des Prozesses ändern. Bei statisch nichtlinearen Kennlinien in Stellgliedern oder in mechanischen Systemen z.B. bei Federbruch ändert sich - zumindest dominierend - nur die Verstärkung des Prozesses, während Lastwechsel auf der Regelgröße z.B. durch Einkuppeln von Massen als Gleichwertänderung wirken.

Verstärkungsänderungen bewirken in der diskreten Prozeßdarstellung, Gln. (2.2) und (2.5), nur eine gleiche Veränderung der Zählerparameter b_i, während Lastwechsel lediglich den Parameter c verändern. Änderungen von Zeitkonstanten/Eigenwerten bewirken dagegen über die z-Transformation eine Veränderung aller a- und b-Parameter der z-Übertragungsfunktion, Gl. (2.8).

Ist nun bekannt, daß sich nur bestimmte Kenngrößen ändern, andere dagegen konstant bleiben, ist es sinnvoll, die Schätzung auf die jeweils variablen Größen zu beschränken. Dies führt wegen der reduzierten Anzahl der Parameter zu schnellerer Konvergenz, da nach Ljung (1985) gilt

$$E\left\{e^2[k,\hat{\underline{\Theta}}_N]\right\} \sim E\left\{e^2[k,\underline{\Theta}_0]\right\} + \sigma_\nu^2 \frac{\dim \underline{\Theta}}{N} \tag{8.30}$$

(~ bedeutet: asymptotisch gleich). Hierin sind N die Anzahl der betrachteten Fehlerwerte e(k) (Meßdauer) $\hat{\underline{\Theta}}_N$ die daraus berechneten Parameterschätzwerte; $\underline{\Theta}_0$ der "wahre" Parametersatz und $\underline{\Theta}$ der tatsächlich verwendete Parametervektor, σ_ν^2 die Varianz der Störung: Die Varianz des a-priori-Fehlers e(k) erhöht sich mit der Anzahl der unabhängigen Parameter im Modell.

Eine Beschränkung der Schätzung auf die tatsächlich variablen Parameter hat neben der beschleunigten Konvergenz und verkleinerten Varianz den weiteren Vorteil, daß die nicht geschätzten Parameter des Modells konstant bleiben. Ohne die Beschränkung der Schätzung auf einen Unterraum verändern sich bei Variation auch nur eines Parameters der Strecke im Modell wegen der Betragsbildung in der Fehlerfunktion

$$V = \|\underline{e}(k)\| \rightarrow \min \tag{8.31}$$

zunächst auch alle anderen Parameter. Das Schätzverfahren bewirkt in jedem Abtastschritt eine (relative) Minimierung von $\|\underline{e}\|$. Da z.B.

$$\|\underline{e}_{\Theta}(k)\| = \|\underline{\Theta} - \hat{\underline{\Theta}}\| = \left\|\begin{pmatrix}1\\3\end{pmatrix} - \begin{pmatrix}1.1\\2.9\end{pmatrix}\right\| = \left\|\begin{pmatrix}1\\3\end{pmatrix} - \begin{pmatrix}0.9\\3.1\end{pmatrix}\right\| \tag{8.32}$$

gilt, werden wegen $e(k)=\underline{\psi}^T(k)\underline{e}_{\Theta}(k)$ solche Fehler zwar für genügende Anregung $\underline{\psi}(k)$ asymptotisch eliminiert, in den für die adaptive Regelung entscheidenden Transienten treten sie jedoch typischerweise auf. Wegen des zugrundeliegenden Gewißheitsprinzipes führt ein solches falsches, von den physikalischen Realitäten entferntes Prozeßmodell zu einem vorübergehend schlecht angepaßten Regler. Meist ändern sich dessen Parameter dann auch häufig, was zu unerwünschten zusätzlichen Anregungen im Regelkreis führt. Eine detaillierte Diskussion dieser Problematik wird in Kapitel 9 im Rahmen von Überwachungskonzepten geführt.

Bei Realisierung der Schätzung von Teilparametersätzen ist zu beachten, daß mit der Reduktion der Dimension des Parameterschätzvektors $\hat{\underline{\Theta}}$ auch die Dimensionen der P-Matrix und des Korrekturvektors $\underline{\gamma}$ angepaßt werden und der Gleichungsfehler e(k) über

$$e(k) = [y(k) - \underline{\psi}_0^T(k)\underline{\Theta}_0(k)] - \tilde{\underline{\psi}}^T(k)\tilde{\underline{\Theta}}(k) \tag{8.33}$$

berechnet wird. $\underline{\Theta}_0$ seien hierin die $n-n_1$ konstant gehaltenen (als wahr angenommenen) Parameterwerte mit den zugehörigen $n-n_1$ Daten $\underline{\Psi}_0(k)$; $\underline{\tilde{\Theta}}$ die n_1 tatsächlich zu schätzenden Parameter mit den Daten $\underline{\tilde{\Psi}}(k)$, also

$$\hat{\underline{\Theta}}^T = \underbrace{[\underline{\Theta}_0 \quad \underline{\tilde{\Theta}}]^T}_{n} \; ; \qquad \underline{\Psi}^T(k) = \underbrace{[\underline{\Psi}_0^T \; \underline{\tilde{\Psi}}^T]_k}_{n} \; ;$$

$$P(k) = \underbrace{\begin{bmatrix} P_0(k) & \\ & \underbrace{\tilde{P}(k)}_{n_1} \end{bmatrix}}_{n} \begin{matrix} \Big\} n \\ \} n_1 \end{matrix} \tag{8.34}$$

mit der Ordnung n des vollständigen Prozeßmodelles, Gl. (2.2).

Wird zwischen den Dimensionen n und n_1 umgeschaltet, sind die Elemente der Untermatrix $P_0(k)$ bis zur Zurückschaltung konstant zu halten, um sie für die Fortführung der n-dimensionalen Schätzung verfügbar zu haben.

Es wird vorgeschlagen,

- im Falle reiner Laständerungen nur $\hat{c}$ zu schätzen; also $n_1=1$
- Bei Verstärkungsänderungen alle $n_1=m$ Zählerparameter $\hat{b}_i$ der Übertragungsfunktion zu schätzen oder (Bergmann, 1982) über die Normierung

$$\hat{b}_i^* = \frac{\hat{b}_i(k_1)}{\hat{K}_p(k_1)} \tag{8.35}$$

und

$$\underline{\theta}_0^T = [\hat{a}_1 \; \dots \; \hat{a}_m] \; ;$$
$$\underline{\tilde{\theta}}^T = \hat{K}_p \; ;$$
$$\underline{\psi}_0^T = [-y(k-1) \; \dots \; -y(k-m)] \; ;$$
$$\underline{\tilde{\psi}}^T(k) = [\hat{b}_1^* u(k-d-1) \; \dots \; \hat{b}_m^* u(k-d-m)] \; , \qquad (8.36)$$

also $n_1=1$, den a-priori-Fehler, Gl. (8.33), zu berechnen. k_1 ist der Umschaltzeitpunkt $n \rightarrow n_1$.

- Bei Zeitkonstantenänderungen alle Parameter $\hat{a}_i$ und $\hat{b}_i$, also $n_1=n-1$, zu schätzen und $\hat{c}$ konstant zu halten.

Die Klassifikation der einzelnen Fälle ist nichttrivial und nur durch Analyse der Ein- und Ausgangssignale alleine kaum möglich. Im Rahmen der Überwachungsebene wurde eine Trennung von Verstärkungs- und Gleichwertänderung über die Analyse des Verlaufes des Eigenwertes $z_n(k)$ realisiert; sie wird in Kapitel 9 dargestellt.

Sind nicht einzelne Parameter innerhalb *eines* Modelles bekannt, sondern weiß man, daß unterschiedliche Sätze von Parametern existieren, so kann eine Trennung der Aktualisierung der einzelnen Modelle durch statistische Tests erfolgen, vgl. Wittenmark (1979).

8.4.2 Modellierung der Zeitvarianz im Parameterzustandsmodell

Dem Parameterschätzverfahren nach der Methode der kleinsten Quadrate liegt ein zeitinvariantes Parametermodell

$$\underline{\theta}(k+1) = I \, \underline{\theta}(k) \qquad (6.1)$$

zugrunde, vgl. Kapitel 6. Diese Tatsache erforderte die Einführung von in Kapitel 8.2-8.4 beschriebenen Hilfsmaßnahmen zur Verbesserung der Folgefähigkeit des Parameterschätzers, der als

Parameterbeobachter angesehen werden kann, bei (zeitweisen) Parameteränderungen, d.h. Abweichungen von Gl. (6.1). Ersetzt man I durch eine allgemeine Systemmatrix Φ und ergänzt Gl. (6.1) um eine stochastische Parameterstörung $\underline{\beta}\,\xi(k)$, so können kontinuierlich veränderliche Parameterwerte modelliert werden, sofern ihre Dynamik durch ein Differenzengleichungssystem der Form

$$\underline{\Theta}(k+1) = \Phi\,\underline{\Theta}(k) + \underline{\beta}\,\xi(k) \tag{8.37}$$

genügend gut approximiert werden kann.

<u>Beispiel 8.1</u>: Ein Prozeß habe aus physikalischen Gründen einen linear über der Zeit ansteigenden Verstärkungsfaktor. Die Steigung sei $\Delta K_p/T_0$. Dies kann durch eine Parametersystemmatrix

$$\Phi = \underbrace{\begin{bmatrix} 1 & & & & & & \\ & \cdot & & & & 0 & \\ & & \cdot & & & & \\ & & & 1 & & & \\ & & & & \Delta K_p & & \\ & 0 & & & & \cdot & \\ & & & & & & \cdot \\ & & & & & & \Delta K_p \\ & & & & & & & 1 \end{bmatrix}}_{m \quad\quad m} \quad \text{mit } \underline{\Theta} = \begin{bmatrix} a_1 \\ \vdots \\ a_m \\ b_1 \\ \vdots \\ b_m \\ c \end{bmatrix} \; ; \; \underline{\beta} = \underline{0} \tag{8.38}$$

modelliert werden. ($\Delta K_p \overset{!}{\leq} 1$ für (Grenz)stabilität von Φ). Φ und $\underline{\beta}$ in Gl. (8.37) können auch zeitvariant gewählt werden. Mit der Meßgl. (2.2) hat man dann die gegenüber Gl. (6.1) erweiterten *allgemeinen Parameterzustandsgleichungen*

$$\begin{aligned} \underline{\Theta}(k+1) &= \Phi(k)\underline{\Theta}(k) + \underline{\beta}(k)\xi(k) \\ y(k) &= \underline{\Psi}^T(k)\underline{\Theta}(k) + \nu(k), \end{aligned} \tag{8.39}$$

die eine in Gl. (2.60) bereits angegebene Form haben. Der LS-Schätzalgorithmus ist um die Zeitvorhersage von $\hat{\underline{\Theta}}(k)$ zu ergänzen. Insgesamt hat man zu berechnen:

Zeitvorhersage (entfällt für Φ=I ; $\underline{\beta}=\underline{0}$; λ=1):

$$\underline{\hat{\Theta}}(k+1|k) = \Phi(k)\underline{\hat{\Theta}}^{+}(k) \; ; \tag{8.40}$$

$$P(k+1|k) = \lambda^{-1}[\Phi(k)P^{+}(k)\Phi^{T}(k) + \underline{\beta}(k)Z\,\underline{\beta}^{T}(k)] \tag{8.41}$$

mit $Z=\mathrm{var}\{\xi(k)\}$.

Meßvorhersage ($\hat{=}$ RLS):

$$\begin{aligned}\underline{\hat{\Theta}}^{+}(k) &= \underline{\hat{\Theta}}(k|k-1) + \underline{\gamma}(k)[y(k) - \underline{\psi}^{T}(k)\underline{\hat{\Theta}}(k|k-1)] \; ;\\ \underline{\gamma}(k) &= P(k|k-1)\underline{\psi}(k)[N + \underline{\psi}^{T}(k)P(k|k-1)\underline{\psi}(k)]^{-1};\\ P^{+}(k) &= [I - \underline{\gamma}(k)\underline{\psi}^{T}(k)]P(k|k-1)\end{aligned} \tag{8.42}$$

mit $N=\mathrm{var}\{\nu(k)\}$($\hat{=}\lambda$ für RLS).

Gln. (8.40)-(8.42) stellen ein *Kalman-Filter* für die mit Φ(k) zeitvarianten Parameter $\underline{\Theta}$ dar. Voraussetzung für seinen Einsatz ist die Kenntnis von Φ. Das Kalman-Filter besitzt nach Kapitel 5.6 durch seine vollständige Zustandsrückführung die diesen inhärente Robustheit bezüglich Stabilität und Erhalt der Optimalitätseigenschaft.

Verändern sich die Parameter $\underline{\Theta}(k)$ nur zeitweise nach Gl. (8.37), kann dies im Filter durch An/Abschaltung der Zeitvorhersagen, Gln. (8.40) und (8.41), berücksichtigt werden.

Sprungförmige oder anderweitig nichtstetige Parameteränderungen sind mit einem Differenzengleichungsmodell nach Gl. (8.37) nicht darstellbar. Hier müssen entweder die in Kapitel 8.2 und 8.3 beschriebenen Methoden für schnelle Parameteränderungen eingesetzt oder bei näherungsweise bekanntem neuen Parameterbereich die Parameterschätzwerte auf die zu erwartenden neuen Werte umgesetzt werden. Die Schätzung arbeitet dann sofort mit kleinerem a-priori-Fehler um den neuen Beharrungswert der Parameter.

8.5 Bewertung der Verfahren

Ein Vergleich der Methoden ergibt folgende Gesichtspunkte:

- Die beste Folgefähigkeit der Parameterschätzwerte bei Identifikation zeitvarianter Systeme ist zu erwarten, wenn die *Veränderung modellierbar* ist. Dann können entweder direkt Kalman-Filter, Kapitel 8.4.2, eingesetzt werden oder aber die Identifikation in Abhängigkeit der verändernden Einflußgrößen aktiviert werden. Als besonders wirkungsvoll in Hinblick auf ein gutes Folgen der Parameterschätzwerte hat sich die Beschränkung der Schätzung auf Teilparametersätze, z.B. die Verstärkung, erwiesen.

- Sind Struktur oder der Zeitpunkt der *Streckenänderung nicht a-priori bekannt*, empfiehlt sich der Einsatz von Detektionsmethoden zur Erkennung der Veränderungen. Wichtig ist, daß die Detektionsschranken dem Störpegel der Signale nachgeführt werden und nicht prozeßspezifisch sind. Feste Schwellenwerte sind allgemein nicht brauchbar, sondern meist nur für ein spezifisches System bei definiertem Störpegel günstig. Viele Detektionsmethoden benötigen Filter und verzögern so die Anpassung. Verfahren, die nur den Gedächtnisfaktor als Funktion des Verhältnisses von a-priori-Fehler zu einer festen Bezugsgröße variieren, sind wegen der Störpegelabhängigkeit allgemein nicht zu verwenden. Recht gute Erbebnisse werden mit dem modifizierten variablen Gedächtnisfaktor nach Kapitel 8.1 erzielt. Veränderungen der P-Matrix sind problematisch, da sie die Historie der Schätzung zerstören. Sie sollten nur als letzte Möglichkeit bei Verlust eines vernünftigen Modells in Betracht kommen.

- Für *adaptive Regelungen* sind wohl jene Verfahren am aussichtsreichsten, die eine verstärkte Anpassung der Parameter nach Detektion einer Änderung unter Ausnutzung der durch die Änderung verursachten Anregung der Strecke durchführen. Treten keine Streckenänderungen auf, wird das alte Modell beibehalten, sofern keine ausreichende Anregung, z.B. durch Änderungen der Führungsgröße, vorhanden ist. Hier konnte über die Analyse des Parameterschätzers ein Verfahren angegeben werden, vgl. auch Kapitel 9, das eine fast verzögerungsfreie, störpegelunabhängie Detektion von stärkeren Änderungen der Strecke ebenso wie eine beschleunigte Nachführung der Parameterschätzwerte ermöglicht. Die entscheidende Größe, die dabei auszuwerten ist, folgt direkt aus der Parameterschätzung und ist deren Eigenwert. Dies garantiert ein prozeßunspezifisches Verhalten. Durch die informationsabhängige Abschaltung der Identifikation im Beharrungszustand wird auch für $\lambda<1$ die Stabilität der Identifikation sichergestellt.

- Treten Parameteränderungen im adaptiven Kreis über einen längeren Zeitraum "schleichend" auf, so kann diese Prozeßänderung in der Regel nicht aus den Signalen oder dem Eigenwertverlauf detektiert werden; eine Anpassung ist wegen fehlender Anregung im Beharrungszustand nicht möglich. Hier kann ein Neustart der Schätzung bei der nächsten Führungsgrößenänderung mit verzögerter Anpassung des Reglers (Einschwingen der Schätzung!) günstig sein.

Um die Beobachtbarkeit der Parameter zu gewährleisten, ist äußere Anregung des zu identifizierenden Prozesses erforderlich. Bei Identifikation im adaptiven Regelkreis steht diese Forderung immer in Konflikt mit der gewünschten Regelgüte. Dies ist sicher der wichtigste Grund, warum die adaptive Regelung zeitvarianter Systeme ein schwieriges Problem darstellt.

9 Überwachungssysteme

9.1 Anforderungen

Die ersten Jahre der Entwicklung parameteradaptiver Regelungen waren durch die Erforschung grundsätzlicher Funktionen der beiden Hauptelemente des adaptiven Systems - Parameterschätzung und Reglerentwurfsverfahren - gekennzeichnet. Unterschiedliche Identifikationsverfahren für deterministische und stochastische Signale wurden vor allem in ihrem Zusammenwirken mit mehreren digitalen Reglertypen im geschlossenen Regelkreis analysiert, vgl. Kurz et.al. (1979, 1980) und Kurz (1980). Nachfolgende Arbeiten erweiterten die geeigneten Kombinationen auf nichtlineare Prozesse mit stetig differenzierbaren Nichtlinearitäten (Volterra-Struktur), Lachmann (1983) und auf Mehrgrößenprozesse, Schumann (1982). Parallel wurden handliche Mikrorechnersysteme (DMR 4, DMR 16) zur Erprobung parameteradaptiver Algorithmen an realen Prozessen entwickelt (Bergmann, 1983; Radke, 1984). Erfahrungen mit solchen Piloterprobungen zeigten, daß bei voraussetzungstreuer Anwendung der Algorithmen im allgemeinen Verbesserungen der Regelgüte zu erzielen waren. Waren jedoch bestimmte Startparameter ungünstig gewählt oder traten nichtstationäre Signale auf - eine in realen Systemen häufig vorkommende Abweichung von den Voraussetzungen - so wurden zumindest vorübergehende Verschlechterungen der Regelgüte beobachtet, mitunter auch Instabilitäten. Dies führte zur Konzeption einer Überwachungsebene (auch Koordinationsebene) in parameteradaptiven Kreisen (Schumann et. al., 1981; Isermann, Lachmann, 1982, 1987; Lachmann, 1983, 1986).

Wesentliche Elemente dieser ersten Überwachungen sind:

A) *Voreinstellung*

- Voridentifikation der Regelstrecke im offenen Kreis mit dauernder Anregung (z.B. Sprungfolgen, PRBS)

- Verifikation des geschätzten Prozeßmodelles durch Vergleich der vorhergesagten und der gemessenen Ausgangssignale
- Berechnung einer geeigneten Reglereinstellung vor Schließen des Kreises
- Einstellung eines festen Notreglers ("backup-Regler")

B) *Laufende Überwachung im adaptiven Betrieb*

- Analyse der Regelgröße y(k) auf Plausibilität (Mittelwert, Varianz)
- Analyse des Vorhersagefehlers e(k), Gl. (2.34), zur Beurteilung der Prozeßmodellgüte
- Analyse des Parameterfehlers $\underline{e}_{\Theta}(k)=\underline{\psi}^T(k)e(k)$ zur Detektion von Parameteränderungen und zur Steuerung des Reglerentwurfes
- Filterung der Parameterschätzwerte $\hat{\underline{\Theta}}(k)$ zur Beruhigung der Stellgrößen
- Steuerung der Identifikation durch Abschaltung bei ungenügender Anregung oder nichtstationären Störsignalen mit einfachen signalabhängigen Entscheidungskriterien
- Stabilitätsprüfung des Regelkreises anhand des geschätzten Prozeßmodelles

Die Überwachung des adaptiven Betriebes basiert bei diesen ersten Konzepten im wesentlichen auf der laufenden Registrierung von Veränderungen des Regelgrößensignales, der skalaren Vorhersage- und Parameterfehler sowie bestimmter Teilmatrizen der Parameterfehlerkovarianzmatrix P(k). Aus Veränderungen dieser Größen werden Schlüsse auf den Zustand des parameteradaptiven Kreises gezogen. Dazu müssen zahlreiche Schranken und Grenzwerte festgelegt werden, die auf Erfahrungen beruhen und an veränderte Prozeßbedingungen oder Regler/ Streckenkombinationen anzupassen sind. Daher mußte die Ausgestaltung konkreter Überwachungsebenen prozeß(klassen)spezifisch erfolgen (Lachmann, 1983).

Das in dieser Arbeit entwickelte Konzept für robuste parameteradaptive Regelungen erreicht Robustheit zunächst durch die Verwendung von PID- oder Zustandsreglern und die Implementierung numerisch hochstabiler Parameter-Schätzverfahren. Eine detaillierte Robustheitsanalyse wurde für Zustandsregler und Parameterschätzer durchgeführt und die Ausnutzung der Ergebnisse zur Synthese von Parameterschätzern mit einstellbarer Robustheit dargestellt, vgl. Kapitel 4 und 6-8.

Gleichwohl befreit dieses Konzept nicht von der Sicherstellung mathematisch notwendiger Voraussetzungen, wie etwa der Festlegung einer geeigneten *Ordnung* und *Totzeit* für das Prozeßmodell. Diese Festlegung ist eng mit der Wahl einer *Abtastzeit* für den Grundregelkreis verknüpft, die möglichst nur von den Regelgüteanforderungen bestimmt sein sollte. Gesichtspunkte und ein Verfahren zur Wahl einer geeigneten Ordnung/Totzeitkombination, das die Dreiecksstruktur der Matrizen datenrekursiver numerisch stabiler Schätzverfahren vorteilhaft nutzt und auch im laufenden adaptiven Betrieb an strukturvariablen Strecken eingesetzt werden kann, ist in Kapitel 9.2 dargestellt und kann als Teil einer Überwachungsebene aufgefaßt werden.

Nichtstationäre Störsignale, wie sie in industriellen Anwendungen auftreten können, beeinflussen den Schätzprozeß erheblich, auch wenn sie dessen Stabilität nicht gefährden. Da in jedem Abtastschritt eine Minimierung des quadratischen Fehlers angestrebt wird, führen plötzliche Änderungen der abgetasteten Regelgröße zu einem großen skalaren Vorhersagefehler und damit zu einer unmittelbaren Veränderung der Parameterschätzwerte; die Ursache der Fehlererhöhung wird nicht berücksichtigt. Bei genügender Anregung kommen die Schätzwerte $\underline{\hat{\Theta}}$ nach längerer Zeit zwar wieder in die Umgebung der alten Werte zurück. Der viele Abtastschritte dauernde Konvergenzprozeß führt jedoch zu schlechten Regelgüten.

Die Verwendung eigenrobuster Elemente alleine garantiert wegen möglichen zusätzlichen, durch die mathematische Analyse nicht vollständig erfaßbaren Einflüssen, nicht ein robustes oder gar "schönes" Verhalten einer parameteradaptiven Regelung, ist aber eine notwendige Voraussetzung.

Die Hauptziele einer Überwachungsebene für den laufenden adaptiven Betrieb sind daher:

- Gewährleistung eines *stabilen Systems* und zulässiger Regelkreissignale; dazu gehören Sicherstellung geeigneter Ordnungen und Totzeiten des Prozeßmodelles auch nach Änderungen; kontrolliertes Anfahren, Modellverifikationen, Plausibilitätsprüfung von Reglerparametern und Meßwerten

- Steuerung der Identifikation/Adaption abhängig von äußeren und inneren Ereignissen im Hinblick auf maximale *Regelgüte*

Alle Funktionen sollten idealerweise unabhängig von weiteren Randbedingungen (Prozeßtyp, Störsignalklasse) sein; zusätzliche nichtlineare Maßnahmen sind auf ihren Stabilitätseinfluß hin zu überprüfen.

In Kapitel 9.3 wird daher ein organisch in die Robustheitsanalyse der rekursiven Parameterschätzung eingebettetes Konzept zur Führung der Adaption entwickelt, das insbesondere direkt aus der Schätzung abgeleitete Entscheidungsgrenzen für die Aktivierung des Adaptionsvorganges bereitstellt.

Die Berücksichtigung weiterer Forderungen an das Regelverhalten des adaptiven Kreises und die Integration einfacher Signalanalyseverfahren werden in Kapitel 9.4 dargestellt. Eine Kombination der Verfahren ergibt schließlich das Zustandsdiagramm einer strukturierten prozeßunspezifischen Führungsebene für parameteradaptive Regelungen, Kapitel 9.5.

9.2 Wahl und Bestimmung der Strukturparameter

Bei der Konfiguration eines parameteradaptiven Regelsystems sind wegen der Komplexität der Algorithmen eine Anzahl von Parametern zu setzen. Liegen der Reglertyp und das Identifikationsverfahren fest, sind Reglerentwurfsparameter (Bewertungsfaktor r, Überschwingweite), Abtastzeit T_0, diskrete Totzeit d und Prozeßmodellordnung m zu spezifizieren. Bei Einsatz von Überwachungssystemen können weitere Parameter (Schranken) hinzukommen. Die Wahl des Gedächtnisfaktors λ ist nur bei Verzicht auf die in den Kapiteln 8 und 9.3 ausführlich erläuterte eigenwertabhängige Identifikation und Überwachung kritisch. Während die Verfügbarkeit eines Reglerentwurfsparameters die Einsatzbreite eines adaptiven Systems grundsätzlich erweitert und von vielen Anwendern gewünscht wird, ist die Wahl der verbleibenden Parameter

- Abtastzeit
- Totzeit
- Ordnung

nicht trivial und in gewissem Maß wechselseitig abhängig. In diesem Kapitel werden daher Richtlinien und Erfahrungen für Vorgaben dieser drei Parameter diskutiert und Verfahren zu ihrer automatischen Bestimmung angegeben.

9.2.1 Abtastzeit

Die ersten parameteradaptiven Regelungen wurden mit relativ großen Abtastintervallen betrieben. Typische Werte lagen bei

$$T_0 \approx 0{,}1 \ldots 0{,}2 \cdot T_{95} \simeq 0{,}2 \ldots 0{,}5 \cdot T_\Sigma \; . \qquad (9.1)$$

Sie stellten im Grunde einen Kompromiß zwischen mehreren zum Teil widersprüchlichen Anforderungen dar. Für den Grundregelkreis wird eine möglichst kleine Abtastzeit angestrebt, um die

Ausregelzeiten für Störungen klein zu halten. Häufig wird hier ein Vergleich mit zeitkontinuierlichen Reglern angestellt, die "sofort" auf Störungen reagieren.

Andererseits sind die Stellgrößen bestimmter digitaler Regler, insbesondere des früher häufig eingesetzten Deadbeat-Reglers, vgl. Kapitel 3.1.1, in ihrem Betrag etwa umgekehrt von der Abtastzeit abhängig. Für kleine T_0 werden sehr große Stellsignale berechnet, die häufig gar nicht realisierbar sind oder zumindest das Stellglied extrem belasten. Dies kann über die Stelleistung auch anschaulich erklärt werden: Die Anzahl der Abtastschritte zur Ausregelung sprungförmiger Störungen liegt fest, die zur Änderung des Arbeitspunktes erforderliche minimale Stelleistung ebenfalls. Wird nun durch Verkürzen der Abtastintervalle T_0 auch die absolut zur Verfügung stehende Stellzeit verkleinert, so muß dies naturgemäß durch Vergrößerung der Stellamplituden ausgeglichen werden. Eine analoge Argumentation gilt auch für die erste Stellgröße (D-Anteil) des PID-Reglers, die einen großen Anteil an der gesamten für einen Übergang verfügbaren Stelleistung ausmacht. Hier kann allerdings durch Vergrößerung der Verzögerungszeitkonstanten T_1 in der Entwurfs-Gl. (3.58) eine gewisse Anpassung an T_0 erfolgen. Ein weiterer Grund für die Wahl nicht zu kleiner Abtastzeiten - relativ zur Prozeßdynamik - war die früher übliche Programmierung des LS-Parameterschätzalgorithmus in der Form, Gln. (2.36) und (2.37): Bei kleineren Abtastzeiten unterscheiden sich die in aufeinanderfolgenden Zeitpunkten bei kleinen Anregungen abgetasteten Regelgrößenwerte immer geringfügiger, was zu numerischer Instabilität des Schätzverfahrens führen kann.

Setzt man numerisch stabile Algorithmen zur Parameterschätzung ein, deren Güte typischerweise einer Verdoppelung der numerischen Genauigkeit entspricht und verwendet man Reglertypen, deren Stellgrößen nicht sehr stark von der Abtastzeit abhängen (Zustandsregler, PI-Regler), so kann - zumindest bei totzeitfreien Strecken - die Abtastzeit gegenüber Gl. (9.1) verkleinert werden. Erfahrungsgemäß liefert der Bereich

$$T_0 \simeq 0{,}025 \ldots 0{,}05 \cdot T_{95} \simeq 0{,}05 \ldots 0{,}1 \cdot T_\Sigma \tag{9.2}$$

für Identifikation im geschlossenen Regelkreis sehr gutes Regelverhalten bei schneller Parameterkonvergenz, da diese von der *Anzahl* der Abtastschritte abhängt. Kann ein künstliches Testsignal ausreichender Amplitude aufgeschaltet werden, so verkleinert sich die minimal zulässige Abtastzeit auf

$$T_{0min} \approx 0{,}02 \cdot T_{95} \, . \tag{9.3}$$

Soll T_0 zur Regelung noch weiter verkleinert werden, so ist zur Sicherstellung einer richtigen Parameterschätzung für die Identifikation eine andere, größere Abtastzeit

$$T_{0I} = \nu \, T_0 \quad ; \; \nu = 2,3,\ldots \tag{9.4}$$

vorzusehen. Es erfolgen also ν-fache Reglereingriffe pro Identifikationsintervall. Dies führt zu zwei zusätzlichen Problemen: Die abtastzeitabhängigen diskreten Prozeßparameter a_i, b_i, Gl. (2.4), müsssen zum Reglerentwurf von T_{0I} auf die kleinere Abtastzeit T_0 des Grundregelkreises umgerechnet werden. Außerdem sind die möglichen Stellgrößenänderungen innerhalb eines Identifikationsintervalles bei der Aufstellung des Meßvektors $\underline{\psi}(k)$, Gl. (2.3), zu berücksichtigen.

Die Umrechnung einer diskreten Prozeßdarstellung auf eine andere Abtastzeit kann für die Koeffizienten a_i der charakteristischen Gleichung (Nenner der z-Übertragungsfunktion) über die Umrechnung der Eigenwerte wegen Gl. (3.40) entsprechend

$$z_i(T_0) = z_i(\nu^{-1} T_{0I}) = e^{\nu^{-1} T_{0I} s} = \left[e^{T_{0I} s}\right]^{\nu^{-1}} = z_i(T_{0I})^{\nu^{-1}}$$

$$\nu = 2,3\ldots \tag{9.5}$$

erfolgen. Zunächst sind die Nullstellen des für die Abtastzeit T_{0I} geschätzten Nennerpolynoms zu berechnen, dann Gl. (9.5) mit

$\nu=2,3,\ldots$ auszuwerten, um schließlich das zur Abtastzeit T_0 gehörende und dem Reglerentwurf zugrunde liegende Nennerpolynom zu erhalten.

Die Umrechnung der Zählerparameter b_i der z-Übertragungsfunktion kann über die einfache Berechnung der Übergangsfolge geschehen. Mit den zuvor berechneten, auf die Abtastzeit $\nu^{-1}T_{0I}$ transformierten Parametern a_i', gilt z.B. für die Werte der zur Abtastzeit $T_0=0{,}5\ T_{0I}$ gehörenden Übergangsfolge $h'(k)$, also $\nu=2$ in Gl. (9.4),

$$
\begin{aligned}
h'(0) &= h(0) = 0 \\
h'(2) &= h(1) = b_1'\,R(2) + b_2'\,R(1) \\
&\vdots \\
h'(2m) &= h(m) = b_1'\,R(2m) + b_2'\,R(2m-1) + \ldots + b_m'\,R(m+1) \qquad (9.6)
\end{aligned}
$$

mit den Werten $h(k)$ der zur Abtastzeit T_{0I} gehörenden Übergangsfolge und den rekursiv bestimmten Polynomen

$$
R(i) = 1 - \sum_{k=2}^{i} a_{k-1} R(i-k+1) \quad ; \quad i = 2,\ldots 2m \qquad (9.7)
$$

mit $R(1) = 1$.

Verallgemeinerung dieser Überlegung führt auf ein Gleichungssystem zur Bestimmung der Parameter b_i' eines Prozesses der Ordnung m bei Verkleinerung der Abtastzeit um den Faktor ν^{-1} mit $\nu=2,3,\ldots$

$$
\begin{bmatrix}
R(\nu) & R(\nu-1) & R(\nu-m+1) \\
R(2\nu) & R(2\nu-1) & \\
\cdot & & \cdot \\
\cdot & & \cdot \\
\cdot & & \cdot \\
R(m\nu) & R(m\nu-1) & R(m\nu-m+1)
\end{bmatrix}
\begin{bmatrix}
b_1' \\ b_2' \\ \cdot \\ \cdot \\ \cdot \\ b_m'
\end{bmatrix}
=
\begin{bmatrix}
h(1) \\ h(2) \\ \cdot \\ \cdot \\ \cdot \\ h(m)
\end{bmatrix}
\qquad (9.8)
$$

mit R(i)=0 falls $i \le 0$ und $b_0=0$, wie hier durchgehend angenommen. Gl. (9.8) kann über bekannte Algorithmen (z.B. Transformation auf Dreieckform, Kapitel 2) nach den b_i aufgelöst werden.

Enthält der Prozeß eine auf die Abtastzeit des Grundregelkreises bezogene Totzeit $d=T_t/T_0$, so ist für die Identifikation mit $T_{0I}=\nu\, T_0$ der Meßvektor

$$\underline{\psi}'(k) = [-y(k-\nu)\ -y(k-2\nu)\ldots -y(k-m\nu)\ \bar{u}(k-\nu-d)\ldots\bar{u}(k-m\nu-d)]^T \tag{9.9}$$

zu verwenden, falls y(k) und u(k) mit der Abtastzeit T_0 des Grundregelkreises abgetastet werden, also $k \hat{=} kT_0$ gilt. $\bar{u}$ in Gl. (9.9) bezeichnet den über ν Abtastschritte gemittelten Stellgrößenwert

$$\bar{u}(k) = \frac{1}{\nu} \sum_{i=0}^{\nu-1} u(k-i)\ . \tag{9.10}$$

Diese Korrektur ist erforderlich, da - wie oben bereits angesprochen - bei Anwendung der diskreten Identifikationsverfahren ungestörte, konstante u(k) für ein Identifikationsintervall T_{0I} vorausgesetzt sind. Bei Identifikation im geschlossenen Regelkreis wird für $T_0<T_{0I}$ diese Bedingung bei wesentlichen Stellbewegungen verletzt. Man denke z.B. an die Stellverläufe bei Sollwertänderungen oder äußeren Störungen. Werden hier bei Identifikation mit größerer Abtastzeit als zur Regelung verwendet zufällig Stellgrößen abgetastet, die von den im Intervall nachfolgenden stark abweichen, entsteht ein falsches Prozeßmodell; die tatsächliche Anregung des Systems entspricht der abgetasteten auch nicht näherungsweise. Erprobungen zeigten, daß bei Beachtung von Gln. (9.9) und (9.10) und $2 \le \nu \le 4$ im Regelkreis die Parameterschätzfehler kleiner als 10% bleiben. Vor allem bei Einsatz von Reglertypen, die nicht kompensierend wirken (ZR,PID), folgt damit ein gutes Regelverhalten, das mit abnehmendem T_0 tendenziell besser wird. Es hat sich allerdings auch ergeben, daß eine Verkleinerung von

T_0 unter die mit Gl. (9.2) gegebenen Grenzen praktisch keine weitere Verbesserung der Regelgüte bewirkt. Vielmehr steigt der Stellaufwand stark an, da höherfrequente Rauschanteile im Regelsignal (z.B. Quantisierungsrauschen der A/D-Wandler) vom Regler verstärkt werden. Sehr kleine Abtastzeiten in digitalen Regelkreisen belasten demnach lediglich das Stellglied zusätzlich; eine Verbesserung der Regelgüte findet wegen der dann dominierenden Prozeßzeitkonstanten nicht statt.

Der Einsatz fortgeschrittener Parameterschätzalgorithmen ermöglicht in Verbindung mit robusten digitalen Reglertypen (PID,ZR) demnach heute Regelgüten, die analogen Reglern vergleichbar oder überlegen sind, falls der Prozeß sich verändert. Eine quasikontinuierliche Abtastung des Prozesses ist dazu nicht erforderlich.

9.2.2 Totzeit

Im diskreten Prozeßmodell, Gl. (2.2), wird eine Totzeit als Signalverschiebung um ganzzahlige Vielfache d der Abtastzeit T_0 berücksichtigt.

Das Prozeßmodell der Ordnung m und Totzeit d

$$G(z) = \frac{b_1 z^{-1} + \ldots + b_m z^{-m}}{1 + a_1 z^{-1} + \ldots + a_m z^{-m}} z^{-d} = \frac{y(z)}{u(z)} \tag{9.11}$$

kann durch Multiplikation von z^{-d} in den Zähler und Ergänzung von d Koeffizienten in ein *überparametriertes* Prozeßmodell

$$G'(z) = \frac{b_1' z^{-1} + \ldots + b_d' z^{-d} + b_{d+1}' z^{-(d+1)} + \ldots + b_{d+m}' z^{-(d+m)}}{1 + a_1' z^{-1} + \ldots + a_m' z^{-m}} \tag{9.12}$$

erweitert werden. Ein Vergleich von Gl. (9.12) mit Gl. (9.11) liefert formal

$$
\begin{aligned}
b_1' \ldots b_d' &\overset{!}{=} 0 \; ; \\
b_{d+i}' &= b_i \quad ; \; i = 1 \ldots m \; ; \\
a_i' &= a_i \; .
\end{aligned}
\tag{9.13}
$$

Ist nun die Totzeit d unbekannt, kann durch Vorgabe eines überparametrierten Modelles, Gl. (9.12), mit Zählerordnung $(m+d_{max})$ für die Schätzung und anschließende Auswertung von Gl. (9.13) die Totzeit $\hat{d}$ bestimmt werden. In Anwendungen treten jedoch am Ausgang wegen vorhandener Störungen möglicherweise bereits für $k \leq d$ Änderungen auf, obwohl die eingangsseitige Änderung in $k=0$ stattfand. Daher sind die b_i' in Gl. (9.12) nur auf relative Kleinheit prüfbar. Dies kann über

$$
|b_j'| << \beta \left| \sum_{i=1}^{m+d_{max}} b_i' \right| \quad ; \quad j = 1 , \ldots , \hat{d}
\tag{9.14}
$$

(Isermann, 1974) mit z.B. $\beta=0{,}02$ geschehen. $\hat{d}$ ist dann die geschätzte Totzeit.

Kurz und Goedecke (1980) schätzen die Totzeit $\hat{d}$ über Gewichtsfolgen-Fehlerfunktionen

$$
V(\bar{d}) = \sum_{k=1}^{N} \Delta g_{\bar{d}}^2(k) \quad ; \quad \bar{d} = 0 , \ldots , d_{max}-1 ,
\tag{9.15}
$$

wobei $\Delta g_{\bar{d}}(k)$ den Fehler zum Zeitpunkt k zwischen dem Gewichtsfolgenwert aus Gl. (9.12) mit $d=d_{max}$ und einer zur Totzeit $\bar{d}$ gehörenden Gewichtsfolge darstellt. $\hat{d}$ folgt schließlich aus

$$
V(\hat{d}) = \min \left\{ V(\bar{d}) \; ; \; \bar{d} = 0 , \ldots , d_{max}-1 \right\} .
\tag{9.16}
$$

Die Berechnung von Gl. (9.15) ist relativ einfach, da für die Übertragungsfunktionen gleiche Nenner (a-Parameter) angenommen werden und die zur Berechnung von $g_{\bar{d}}(k)$ benötigten Zählerparameter jeweils über die Forderung nach Identität beider Gewichtsfolgen im Bereich $\bar{d}<k\leq m+\bar{d}$ zu berechnen sind. Das Verfahren ist jedoch aufwendiger; mit Gl. (9.14) werden zumindest für nicht zu stark gestörte Prozesse gute Ergebnisse erzielt.

Aus Gl. (9.13) folgt implizit, daß bei Vorgabe einer Modelltotzeit $\hat{d}$ diese nie größer als die tatsächliche Streckentotzeit d, also immer

$$\hat{d} \leq d \qquad (9.17)$$

sein sollte. In diesem Fall werden größere Signalverschiebungen als erwartet (und über $\hat{d}$ vorgegeben) zumindest teilweise selbsttätig durch Schätzung kleiner Parameter $b_1, \ldots, b_{d-\hat{d}}$ ausgeglichen. Dies geht natürlich auf Kosten einer guten Nachbildung des dynamischen Verhaltens, da hierfür dann eigentlich zu wenige b-Parameter zur Verfügung bleiben. Dies bedeutet auch, daß grundsätzlich $(d-\hat{d})<\hat{m}$ (vorgegebene Modellordnung) sein muß. Wird Gl. (9.17) verletzt, kann das Übertragungsverhalten auch nicht näherungsweise modelliert werden, da die Signale dann aus Sicht des Prozeßmodells nicht kausal sind.

Hat man $\hat{d}$ durch Auswertung von Gl. (9.14) oder (9.15) und (9.16) geschätzt, müssen die Parameter der zu $\hat{d}$ gehörenden Übertragungsfunktion neu berechnet werden, da einfaches Nullsetzen der ersten $\hat{d}$ b'-Parameter zu sehr schlechten Modellen führt. Das überparametrierte Prozeßmodell besitzt nämlich nicht dieselben Parameter wie das resultierende Modell mit abgespaltener Totzeit, da $b_j^{'}\neq 0\,(j=1,\ldots,\hat{d})$ und das Nennerpolynom $A'(z^{-1})$, das zusammen mit $B'(z^{-1})$ geschätzt wird, auch einen Teil der Fehler enthält. Auch nach Reduktion um $\hat{d}$ Parameter im Zähler hat dieser im allgemeinen höheren Grad $m+d_{max}-\hat{d}$ als der Nenner. Gleicher Zähler- und Nennergrad m der Übertragungs funktion folgt jedoch immer bei Abtastung realer Systeme und Berücksichtigung eines Haltegliedes. Lee und Hang (1985) weisen darauf hin, daß eine Überparametrierung des Prozeßmodells eine erhöhte Empfindlichkeit gegenüber stochastischen und deterministischen Störungen erzeugt. Das Zählerpolynom sollte daher auf Ordnung m reduziert werden.

Im Unterschied zu dem von Kurz und Goedecke angegebenen Verfahren, das die - wegen der Annahme $b_j'=0(j=1,...,\hat{d}$ und $m+\hat{d}+1,...,m+d_{max})$ - formale Gleichheit der charakteristischen Polynome für Übertragungsfunktionen verschiedener Totzeiten auch auf das reale Schätzergebnis überträgt, wird hier eine Neubestimmung sämtlicher Prozeßparameter empfohlen.

Dies kann einmmal durch erneute Verwendung der bisher aufgenommenen Meßdaten geschehen; z.B. über die Aufstellung eines zu $\hat{d}$ passenden Gleichungssystems (2.16). Es kann durch mehrmalige Householder-Transformation auf Dreieckform gebracht und aufgelöst werden, vgl. Kapitel 2. Sollen zur Güteverbesserung der Parameterschätzwerte Daten aus vielen Abtastschritten verarbeitet werden, so ist diese Prozedur recht aufwendig. Wird die Parameterschätzung der Übertragungsfunktion, Gl. (9.12), vor Bestimmung der Totzeit $\hat{d}$ mit dem numerisch stabilen meßdatenrekursiven Schätzalgorithmus SRIF, Kapitel 2.2.2, durchgeführt, erlaubt die Dreiecksstruktur der Matrix R in Verbindung mit der Berechnung der Parameter über die Auflösung eines Gleichungssystems eine sehr effiziente Neuberechnung direkt aus der vorliegenden Matrix.

Wurde zunächst ein Parametervektor $\hat{\underline{\theta}}^*_{max}$ der Ordnung $2m+d_{max}$ bestimmt und anschließend die Totzeit $\hat{d}$ nach Gl. (9.14) ermittelt, kann das vorliegende Gleichungssystem, Gl. (2.23), vorteilhaft zu

$$
\begin{bmatrix} \overbrace{R_{11}}^{m} & \overbrace{R_{12}}^{m+d_{max}-\hat{d}} & \overbrace{R_{13}}^{\hat{d}} \\ & R_{22} & R_{23} \\ 0 & & R_{33} \end{bmatrix} \cdot \begin{bmatrix} \hat{\underline{\theta}}_1^* \\ \hat{\underline{\theta}}_2^* \\ \hat{\underline{\theta}}_3^* \end{bmatrix} = \begin{bmatrix} \tilde{\underline{y}}_1 \\ \tilde{\underline{y}}_2 \\ \tilde{\underline{y}}_3 \end{bmatrix} \begin{matrix} \}m \\ \}m+d_{max}-\hat{d} \\ \}\hat{d} \end{matrix} \tag{9.18}
$$

mit R_{ii} quadratische obere Dreiecksmatrix $(i=1,\ldots,3)$ aufgeteilt werden. Hierin sind die Vektoren

$$
\hat{\underline{\theta}}_1^* = [\hat{a}_1^* \ \ldots \ \hat{a}_m^*]^T ;
$$

$$
\hat{\underline{\theta}}_2^* = [\hat{b}_{d_{max}+m}^* \ \ldots \ \hat{b}_{\hat{d}+1}^*]^T ;
$$

$$
\hat{\underline{\theta}}_3^* = [\hat{b}_{\hat{d}}^* \ \ldots \ \hat{b}_1^*]^T \tag{9.19}
$$

und zur Schätzung

$$
\underline{\psi}^*(k) = [-y(k-1) \ \ldots \ -y(k-m) \ u(k-m-d_{max}) \ \ldots \ u(k-1)]^T
$$

abweichend von der Standarddarstellung, Gl. (2.4), definiert.

Das neu zu bestimmende Prozeßmodell $\hat{\underline{\theta}}'_{max-\hat{d}}$ soll nun keine Totzeit in den b-Parametern mehr enthalten ($z^{-\hat{d}}$ herausgezogen), d.h. die ersten $\hat{d}$ b^*-Parameter verschwinden. Dies entspricht $\hat{\underline{\theta}}_3^*=\underline{0}$ in Gln. (9.18), (9.19). Wegen der Dreieckstruktur der Matrix können die letzte Spalte (und damit auch die letzte Zeile) der Matrix in Gl. (9.18) gestrichen und die zu dem neuen Modell gehörenden Parameter a_i', b_j' durch Rückwärtsauflösen des reduzierten Systems berechnet werden. Man erhält dann $\hat{\underline{\theta}}_1'=[\hat{a}_1'\ldots\hat{a}_m']^T$ und $\hat{\underline{\theta}}_2'=[b'_{m+d_{max}-\hat{d}}\ldots\hat{b}_1']^T$ als neues Prozeßmodell. Dies entspricht einer Ordnungsreduktion des Zählerpolynoms um $\hat{d}$ mit Neuberechnung aller Parameter, vgl. Abschnitt 9.2.3. Da im allgemeinen $\hat{d}<d_{max}$ sein wird, enthält der Zähler der Übertragungsfunktion nun noch $d_{max}-\hat{d}$ Parameter mehr als der Nenner. Um die gewünschte Gleichheit von Zähler- und Nennergrad zu erhalten, sind diese überzähligen Parameter durch eine weitere Ordnungsreduktion zu eliminieren.

Hierzu wird die Informationsmatrix nun verändert so aufgeteilt, daß die $d_{max}-\hat{d}$ überzähligen Parameter zu einem Vektor $\underline{\hat{\theta}}_2^{\#}$ zusammengefaßt werden können

$$\begin{bmatrix} \overbrace{\tilde{R}_{11}}^{m} & \overbrace{\tilde{R}_{12}}^{d_{max}-\hat{d}} & \overbrace{\tilde{R}_{13}}^{m} \\ 0 & \tilde{R}_{22} & \tilde{R}_{23} \\ 0 & 0 & \tilde{R}_{33} \end{bmatrix} \cdot \begin{bmatrix} \underline{\hat{\theta}}_1^{\#} \\ \underline{\hat{\theta}}_2^{\#} \\ \underline{\hat{\theta}}_3^{\#} \end{bmatrix} = \begin{bmatrix} \underline{y}_1^{\#} \\ \underline{y}_2^{\#} \\ \underline{y}_3^{\#} \end{bmatrix} \begin{matrix} \}m \\ \}d_{max}-\hat{d} \\ \}m \end{matrix} \tag{9.20}$$

mit

$$\underline{\hat{\theta}}_1^{\#} = [\hat{a}_1^{\#} \dots \hat{a}_m^{\#}]^T ;$$
$$\underline{\hat{\theta}}_2^{\#} = [\hat{b}_{m+d_{max}-\hat{d}}^{\#} \dots \hat{b}_{m+1}^{\#}]^T ;$$
$$\underline{\hat{\theta}}_3^{\#} = [\hat{b}_m^{\#} \dots \hat{b}_1^{\#}]^T .$$

Nullsetzen der $d_{max}-\hat{d}$ $b^{\#}$-Parameter, also $\underline{\hat{\theta}}_2^{\#}=\underline{0}$ in Gl. (9.20), führt über das daraus resultierende Verschwinden der 2.Spalte der Matrix auf das überbestimmte Gleichungssystem

$$\begin{bmatrix} \overbrace{\tilde{R}_{11}}^{m} & \overbrace{\tilde{R}_{13}}^{m} \\ 0 & \tilde{R}_{23} \\ 0 & \tilde{R}_{33} \end{bmatrix} \begin{bmatrix} \underline{\hat{\theta}}_1 \\ \underline{\hat{\theta}}_2 \end{bmatrix} \begin{matrix} \}m \\ \}m \end{matrix} = \begin{bmatrix} \underline{y}_1^{\#} \\ \underline{y}_2^{\#} \\ \underline{y}_3^{\#} \end{bmatrix} \begin{matrix} \}m \\ \}d_{max}-\hat{d} \\ \}m \end{matrix} \tag{9.21}$$

zur Berechnung des endgültigen Prozeßmodelles $\underline{\hat{\Theta}}=[\underline{\hat{\Theta}}_1 \ \underline{\hat{\Theta}}_2]^T$ der Ordnung m. Gl. (9.21) kann durch 2m Orthogonaltransformationen T_i, Gl. (2.30), auf Dreieckform gebracht werden. Man erhält danach die a- und b-Parameter der zur Totzeit $\hat{d}=d$ gehörenden Übertragungsfunktion, Gl. (9.11),

$$\underline{\hat{\Theta}}_1 = [\hat{a}_1 \ldots \hat{a}_m]^T ;$$
$$\underline{\hat{\Theta}}_2 = [\hat{b}_m \ldots \hat{b}_1]^T$$

direkt durch Rückwärtsauflösen der reduzierten Gl. (9.21). Das Ergebnis ist identisch mit der Lösung, die man durch Schätzung mit Vorgabe von Ordnung m und Totzeit $\hat{d}$ von Anfang an erhalten hätte, da jede der Operationen ein im Sinne kleinster Fehlerquadrate optimales reduziertes Modell liefert.

9.2.3 Ordnung

Für die Bestimmung einer "geeigneten" Ordnung m des verwendeten Prozeßmodells wurden in der Literatur zahlreiche Verfahren angegeben (Woodside, 1971; van den Boom und van den Enden, 1974; Unbehauen und Göring, 1974; Isermann, 1974 und andere). Sie bestimmen einen Schätzwert $\hat{m}$ für die Ordnung entweder aus der Inspektion statistischer Kenngrößen (z.B. der Determinantenverhältnisse) der Meßmatrizen *vor* einer Parameterberechnung oder über den Vergleich der tatsächlichen erzielbaren Modellgüten für verschiedene Ordnungen *nach* einer Parameterschätzung, vgl. Hensel (1987).

Für den Einsatz in parameteradaptiven Systemen werden allerdings spezielle Anforderungen an ein Verfahren zur selbsttätigen Struktursuche gestellt; vor allem im Hinblick auf

- Rechenzeiteffizienz
- Entscheidungsgeschwindigkeit
- Stichprobenumfang

Das Verfahren muß innerhalb weniger Abtastschritte aus den eingehenden Daten eine treffsichere Entscheidung über die adäquate Ordnung fällen können; auch in Verbindung mit einer Totzeitbestimmung. Werden die Strukturparameter einmalig nach der Voridentifikation geschätzt, können diese Anforderungen etwas entspannt werden. Für eine adaptive Regelung strukturvariabler Prozesse ist jedoch eine rasche, auf einem kleinen Datensatz basierende Entscheidung erforderlich. Es wird daher ein Verfahren vorgeschlagen, das auf einer in vielen Erprobungen bewährten Auswertung der Verlustfunktionen

$$V(m) = \sum_{k=1}^{N} [y(k) - \underline{\psi}_m^T(k)\hat{\underline{\Theta}}_m]^2 \tag{9.22}$$

für verschiedene Parametervektoren $\hat{\underline{\Theta}}_m$ mit $m_{min} < \dim\{\hat{\underline{\Theta}}_m\} < m_{max}$ beruht: V(m) nimmt typischerweise stark ab für $\hat{m}-1 \rightarrow \hat{m}$ und ändert sich danach nur noch wenig. Dieser Sprung im ordnungsabhängigen Verlauf der Verlustfunktion kann als Indikator für erheblich bessere Näherung des Prozeßverhaltens bei Ansatz eines Modells der Ordnung $\hat{m}$ angesehen werden. Modelle noch höherer Ordnung $\hat{m}+1, \ldots, m_{max}$ bewirken durch die zusätzlichen Freiheitsgrade oftmals eine weitere geringfügige Verminderung der Werte der Verlustfunktion. Aus Gründen einer möglichst kleinen Parametervarianz und hohen Konvergenzrate sollte die Modellordnung aber so klein wie zulässig gewählt werden, vgl. Gl. (8.30). $\hat{m}$ wird daher als "wahre" Ordnung der diskreten Streckendarstellung angenommen und im Schätzverfahren verwendet.

Hier sollte angemerkt werden, daß eine im Sinne des Kriteriums, Gl. (9.22), vernünftige Näherung des Prozeß-Ein/Ausgangsverhaltens in der diskreten Darstellung oft mit einer niedrigeren Ordnung als der tatsächlichen, z.B. über eine theoretische Modellbildung bestimmten, möglich ist. Die Frequenz des Abtastvorganges legt das Frequenzspektrum der diskreten Darstellung des kontinuierlichen Systems über die Shannonfrequenz fest. In der Regel ist man auch nur an der Modellierung des Prozesses in dem zur Regelung geeigneten Frequenzbereich interessiert. Höherfrequente Dynamik-Anteile, sind durch Filterung oder niedrige Abtastraten zu dämpfen, da sie die Stabilität des Adaptionsvorganges gefährden können (Rohrs, 1984).

Unter der "richtigen" Ordnung eines diskreten Prozeßmodelles soll daher eine gute Näherung des Übertragungs- und Übergangsverhaltens für niedere und mittlere Frequenzen verstanden werden. Ein Vergleich der Übergangsfolge eines mit Ordnung $\hat{m}$ geschätzten Prozeßmodelles und einer an der realen Strecke aufgenommenen Sprungantwort hat sich als brauchbares Mittel zur Verifikation einer Ordnungswahl erwiesen (vgl. das Verfahren von Kurz/Goedecke in Kapitel 9.2.2).

Die automatische Detektion des Sprunges im Verlauf der Verlustfunktion über m ist speziell bei gestörten Systemen nicht einfach. Zur Erhöhung der Selektionssicherheit wird daher die Funktion

$$F(m) = N \ln[V(m)N^{-1}] + 2{,}5\, m\, f(N) \qquad (9.23)$$

berechnet mit der Anzahl N der Messungen (z.B. N=40), der Ordnung m, V(m) aus Gl. (9.22) und

$$f(N) = \ln N + \ln \ln N + \ldots + \underbrace{\ln \ldots \ln}_{n} N \qquad (9.24)$$

mit $n = \left\{ n \,\middle|\, \underbrace{\ln \ldots \ln}_{n+1} N < 0 \right\}$.

Die Ordnung $\hat{m}$ folgt dann aus

$$F(\hat{m}) = \min\,[F(m)] \quad ; \quad m = m_{min}, \ldots, m_{max} \,. \tag{9.25}$$

Das Verfahren geht auf einen Vorschlag von Kashyap (1980) zurück. Dort wird gezeigt, daß Gl. (9.23) für konsistente Schätzung eines autoregressiven Prozesses gelten muß. Der Faktor 2,5 wurde nachträglich eingefügt, da Erprobungen an ARMA-Prozessen sonst eine zu hohe Ordnung ergaben.

Zur Anwendung von Gl. (9.23) ist die Berechnung von Prozeßmodellen aller in Betracht gezogener Ordnungen $m_{min} \ldots m_{max}$ (häufig: 1 ... 5) notwendig. Dies kann sehr effizient durch Ausnutzung der Dreiecksstruktur der Matrizen der eingesetzten numerisch stabilen Schätzverfahren geschehen. Sowohl für das meßdatenrekursive Verfahren in Informationsform (SRIF) als auch für das parameterrekursive Verfahren der Kovarianzform (UD) wird die Vorgehensweise dargestellt.

Ausgangspunkt ist ein geschätztes Modell der Ordnung m_{max} mit

$$\begin{aligned} \underline{\hat{\Theta}}^*_{max} &= [\hat{a}^*_1\ \hat{b}^*_1\ \hat{a}^*_2\ \hat{b}^*_2 \ldots \hat{a}^*_{\hat{m}}\ \hat{b}^*_{\hat{m}} \ldots \hat{a}^*_{m_{max}}\ \hat{b}^*_{m_{max}}]^T \,; \\ \underline{\Psi}^*_{max} &= [-y(k-1)\ u(k-d-1)\ -y(k-2)\ u(k-d-2)\ - \ldots \\ &\quad \ldots -y(k-m_{max})\ u(k-d-m_{max})]^T \,. \end{aligned} \tag{9.26}$$

Man beachte die Anordnung der a- und b-Parameter in ordnungsweisen Paaren im Unterschied zu Gl. (2.4). Die Aufgabe lautet, das Prozeßmodell, Gl. (9.26), in ein Modell der Ordnung $\hat{m}<m_{max}$ umzurechnen. In Informationsform kann das zu Gl. (9.26) gehörende vollständige Gleichungssystem nach Gl. (2.23) geschrieben werden als

$$\begin{bmatrix} \overbrace{R_{11}}^{2\hat{m}} & \overbrace{R_{12}}^{2(m_{max}-\hat{m})} \\ 0 & R_{22} \end{bmatrix} \begin{bmatrix} \hat{\underline{\Theta}}_1^* \\ \hat{\underline{\Theta}}_2^* \end{bmatrix} = \begin{bmatrix} \tilde{\underline{y}}_1 \\ \tilde{\underline{y}}_2 \end{bmatrix} \begin{matrix} \}2\hat{m} \\ \}2(m_{max}-\hat{m}) \end{matrix} \tag{9.27}$$

mit

$$\hat{\underline{\Theta}}_1^* = [\hat{a}_1^* \; \hat{b}_1^* \; \ldots \; \hat{a}_{\hat{m}}^* \; \hat{b}_{\hat{m}}^*]^T \; ;$$
$$\hat{\underline{\Theta}}_2^* = [\hat{a}_{\hat{m}+1}^* \; \hat{b}_{\hat{m}+1}^* \; \ldots \; \hat{a}_{m_{max}}^* \; \hat{b}_{m_{max}}^*]^T \; ;$$
$$\hat{\underline{\Theta}}_{max}^* = [\hat{\underline{\Theta}}_1^* \; \hat{\underline{\Theta}}_2^*]^T \; .$$

Das Modell reduzierter Ordnung $\hat{m}$ folgt durch Streichen der überzähligen Parameter $\hat{\underline{\Theta}}_2^*$, d.h. der letzten Zeile und Spalte der Matrix in Gl. (9.27) und damit aus

$$\hat{\underline{\Theta}}_1 = R_{11}^{-1}\tilde{\underline{y}}_1 \tag{9.28}$$

durch einfaches Rückwärtsauflösen ohne explizite Inversion, da R_{11} Dreieckform hat.

Alternativ kann $\hat{\underline{\Theta}}_1$ direkt zu

$$\hat{\underline{\Theta}}_1 = \hat{\underline{\Theta}}_1^* + R_{11}^{-1} R_{12} \hat{\underline{\Theta}}_2^* \tag{9.29}$$

unter ausschließlicher Verwendung von Elementen der linken Seite von Gl. (9.27) berechnet werden (Biermann, 1977).

Das durch Streichung des südöstlichen Randes der Matrix in Gl. (9.27) entstehende neue Gleichungssystem der Ordnung $2\hat{m}$ kann unmittelbar zur weiteren Schätzung beibehalten werden. Die in dem Verfahren von Mendel (1975) notwendigen Transformationen der nicht dreieckförmigen Schätzmatrizen des konventionellen RLS-Verfahrens bei Ordnungsänderungen entfallen vollständig. Hier ist lediglich die a-priori-Berechnung eines Modells der Ordnung m_{max} notwendig. Sämtliche Parametervektoren der Ordnungen $m<m_{max}$ können durch Rückwärtsauflösen der entsprechenden Untersysteme sehr schnell bestimmt und zur Berechnung der Verlustfunktionen V(m), Gl. (9.22), verwendet werden.

Bei Schätzung mit UD-Faktorisierung, vgl. Abschnitt 2.3.2, können die beteiligten Matrizen entsprechend

$$U = \begin{bmatrix} \overbrace{U_{11}}^{2\hat{m}} & \overbrace{U_{12}}^{2(m_{max}-\hat{m})} \\ 0 & U_{22} \end{bmatrix} \begin{matrix} \}2\hat{m} \\ \}2(m_{max}-\hat{m}) \end{matrix} \quad ; D = \begin{bmatrix} d_{11} & & & 0 \\ & \ddots & & \\ & & d_{2\hat{m}2\hat{m}} & \\ 0 & & & \ddots \\ & & & d_{2m_{max}2m_{max}} \end{bmatrix} \tag{9.30}$$

aufgeteilt werden.

Die Parameter $\underline{\hat{\Theta}}_1$ des reduzierten Modells erhält man dann aus dem ursprünglichen Modell $\underline{\hat{\Theta}}^* = [\underline{\hat{\Theta}}_1^* \; \underline{\hat{\Theta}}_2^*]^T$ zu

$$\underline{\hat{\Theta}}_1 = \underline{\hat{\Theta}}_1^* - U_{12} U_{22}^{-1} \underline{\hat{\Theta}}_2^* \tag{9.31}$$

(Biermann, 1977). Zwischen den Matrizen U und D sowie $\underline{\hat{\Theta}}$ besteht bekanntlich kein direkter Zusammenhang, da es sich um ein Filterverfahren handelt und die Parameter rekursiv über Gl. (2.32) folgen. Demnach müssen hier die Matrizen $U_{2\hat{m}}$, $D_{2\hat{m}}$ des Modells reduzierter Ordnung neu geschätzt werden.

9.2.4 Zusammmenhänge

In den Abschnitten 9.2.1 - 9.2.3 wurden Kriterien und Verfahren zur unabhängigen Festlegung der Parameter Ordnung, Totzeit und Abtastzeit angegeben. Nachfolgend werden die gegenseitigen Abhängigkeiten dieser Größen beleuchtet und weitere Hinweise zu ihrer praktischen Wahl gegeben.

Die Festlegung der Abtastzeit T_0 sollte zuerst erfolgen, da sie eine wichtige Größe für die Qualität der Regelung darstellt. Wird sie im Rahmen der Empfehlung, Gl. (9.2) an der unteren Grenze gewählt, kann von gutem Regel- und Identifikationsverhalten ausgegangen werden. Besitzt der Prozeß eine nennenswerte Totzeit, so ist eher die obere Grenze in Gl. (9.2) anzustreben, da $d = \mathrm{int}(T_t/T_0)$, eine sehr kleine Abtastzeit mithin große d ergibt. Dies kann vor allem bei Einsatz von PI-strukturierten Reglern zu Regelgüteproblemen führen. Wird der Entwurf des PI-Reglers nach Gln. (3.67) ff. über die Berechnung der Stabilitätsgrenze durchgeführt, entstehen hohe Ordnungen (m+d) der Polynome und die Determinantengl. (3.69) ist numerisch nicht mehr vernünftig auszuwerten. Praktische Erprobungen führten jedoch auch bei Strecken mit ungünstigem Zeitverhalten $(T_t+T_u) \approx 0{,}5 \ldots 0{,}8\ T_G$ zu guten Ergebnissen, falls $\hat{d} \le 3$ (und deswegen T_0 nicht zu klein) gewählt wurde.

Falls $\hat{d}T_0 < T_t < (\hat{d}+1)T_0$; dann ist $\hat{d}$ als diskrete Totzeit zu wählen, vgl. Abschnitt 9.2.2.

Die Wahl der Ordnung $\hat{m}$ des Prozeßmodells ist weitgehend unabhängig von T_0 und in parameteradaptiven Systemen relativ problemlos. Für sehr viele Anwendungen kann mit m=3 (oder $2 \le \hat{m} \le 4$) das Prozeßverhalten gut approximiert werden; häufig sind Modelle $(\hat{m},\hat{d})$ und $(\hat{m}+1,\hat{d}-1)$ gleichwertig. Im übrigen sollten die in Abschnitt 9.2.3 gegebenen Hinweise ausreichen.

Sollen Ordnung und Totzeit automatisch nach den in Abschnitt 9.2.2 und 9.2.3 dargestellten Verfahren bestimmt werden, hat sich folgende Reihenfolge als sinnvoll erwiesen:

- Vorgabe eines Prozeßmodells, Gl. (9.12), der Ordnung $(m_{max}+d_{max})$ mit z.B. $m_{max}=5$; $d_{max}=5$
- Berechnung der $(m_{max}+d_{max})$ Zähler- und m_{max} Nennerparameter von Gl. (9.12) mit SRIF-Schätzverfahren
- Bestimmung der Totzeit $\hat{d}$ nach Gl. (9.14)
- Umrechnung auf ein Modell, Gl. (9.21), mit $m \rightarrow m_{max}$
- Anordnung der Vektoren nach Gl. (9.26) mit $d \rightarrow \hat{d}$ und Schätzung mit $m=m_{max}$ über ~ 40 Schritte
- Berechnung aller Modelle $m_{max}\ldots 1$ mit Ordnungsreduktion nach Gln. (9.27), (9.28) und Bestimmung von $\hat{m}$ nach Gl.(9.25)
- Beginn/Fortführen des adaptiven Betriebes mit $\hat{m}$, $\hat{d}$

Dieser Algorithmus kann auch während des adaptiven Betriebes on-line (bei Rechenzeitproblemen: im Hintergrund) ausgeführt werden; den größten Anteil an Rechenzeit zur Struktursuche benötigt hierbei die Berechnung der Verlustfunktionen V(m).

Abschließend sei noch erwähnt, daß die digitale Aufzeichnung einer Übergangsfunktion der Regelstrecke ebenfalls eine recht treffende Bestimmung von Ordnung und Totzeit sowie über T_{95} auch der Abtastzeit ermöglicht. Hierzu können beispielsweise die bekannten Kennwertermittlungsverfahren (Strejc o.a.) automatisiert werden. Die eingelesenen Daten müssen allerdings gefiltert und einem Plausibilitätstest unterzogen werden; im übrigen sind die für Übergangsfunktionsmessungen bekannten Randbedingungen (Beharrungszustand, Störarmut) zu beachten.

9.3 Führung der Adaption über das Eigenverhalten der Parameterschätzung

9.3.1 Prinzipielle Vorgehensweise

Für die folgenden Überlegungen zur Beeinflussung des Adaptionsprozesses durch übergeordnete Maßnahmen werde zunächst davon ausgegangen, daß alle kritischen, d.h. die Stabilität des Kreises möglicherweise beeinflussenden Parameter, richtig eingestellt sind: Der Reglertyp paßt zur Strecke, die Ordnungs- und Totzeitvorgaben für das Prozeßmodell sind richtig, erlauben also bei genügender Anregung eine ausreichend genaue Parameteridentifikation der Regelstrecke, die Abtastzeit liegt im Rahmen von Gln. (9.1) oder (9.2). Diese Voraussetzung ist durch Anwendung der in Kapitel 9.2 dargestellten Verfahren zur automatischen Bestimmung der Strukturparameter erfüllbar. Durch eine Voridentifikation mit externem Testsignal im offenen Regelkreis seien ferner definierte Anfangswerte für die Reglerparameter bekannt, die zum aktuellen Verhalten der Regelstrecke passen; der erste Adaptionsvorgang des Reglers an die unbekannte Strecke sei also abgeschlossen.

Die Aufgabe lautet nun, den Regler an zeitweise Änderungen der Strecke, über deren Ausmaß und Zeitpunkt nichts weiter bekannt ist, zu adaptieren. Nach den in Kapitel 7 gemachten Aussagen geht dies nur, falls die Strecke genügend angeregt wird. Dies bedeutet, daß sich Stell- und Regelgrößen in bestimmtem Umfang *ändern* müssen. Weiter wird gefordert, vgl. Kapitel 8, daß der Regler nur bei echten *Strecken*änderungen, nicht jedoch bei Signaländerungen aufgrund äußerer Störungen, adaptiert werden soll.

Als Überwachungsphilosophie folgt daraus, daß Identifikation und Adaption nur dann sinnvoll sind und stattfinden sollen, wenn

- genügende äußere Anregung gewährleistet ist, z.B. bei Sollwertänderungen

oder

- im Beharrungszustand Veränderungen der Strecke detektiert werden, die durch den Grad ihrer Anregung eine (Teil)adaption ermöglichen.

Die Aktivierung der Adaption bei Sollwertänderungen ermöglicht eine Anpassung an Streckenänderungen, die im Beharrungszustand nicht identifizierbar sind (z.B. Zeitkonstantenänderungen). Die Regleradaption bei identifizierbaren Streckenänderungen im festen Arbeitspunkt erfordert ein Verfahren, das Verstärkungsänderungen der Strecke von Gleichwertänderungen der Regelgröße trennt.

Die Beschränkung der Adaption auf Zustände, in denen die Voraussetzungen zur Adaption sehr wahrscheinlich erfüllt sind, steigert die Regelgüte und verringert die Instabilitätsgefahr durch Vermeidung von Fehladaptionen, erhöht also im Sinne der Überlegungen in Kapitel 1 die Robustheit des adaptiven Systems. Werden nicht kompensierende Reglertypen (ZR, PI) eingesetzt, so führt selbst eine nicht erkannte Streckenänderung nicht zu dramatischer Verschlechterung der Regelgüte.

In den folgenden Abschnitten werden Elemente eines Überwachungs- und Steuerungskonzeptes, das die gestellten Anforderungen erfüllt, im einzelnen dargestellt.

9.3.2 Trennung von Verstärkungs- und Gleichwertänderungen

In Kapitel 6.5, Bilder 6.6 und 6.7, wurde der datenabhängige Verlauf des variablen Eigenwertes des Parameterfehlerkreises dargestellt: Größere Änderungen im Datenvektor $\underline{\psi}(k)$, die Änderungen von Stell- oder Regelgrößen entsprechen, bewirken ein mehr oder minder starkes Einbrechen des Eigenwertes $z_n(k)$ gegen kleine Werte. Im Beharrungszustand $\underline{\psi} \simeq const$ dagegen verläuft $z_n(k)$ bei $E\{z_n(k)\}=\lambda$.

Einbrüche des Eigenwertverlaufes werden als Folge von Führungsgrößenänderungen, Streckenverstärkungsvariationen und Regelgrößenstörungen beobachtet. Ignoriert man die durch Führungsgrößenänderungen verursachten Eigenwertänderungen (diese sind a-priori bekannt), so können Änderungen im Eigenwertverlauf direkt als Indikator für Streckenverstärkungsvariationen und deterministische Störungen herangezogen werden.

Bilder 9.1 und 9.2 zeigen vergleichend das Zeitverhalten von Stell- und Regelgrößen sowie des Eigenwertes $z_n(k)$ des Parameterschätzers bei einer sprungförmigen Streckenverstärkungsänderung und einer sprungförmigen Regelgrößensignaländerung.

In Kapitel 8 wurde bereits die technische Relevanz einer Trennung beider Einflüsse angesprochen: Sprungförmige Regelgrößenänderungen treten z.B. beim Einkuppeln von Lasten in Antrieben auf. Sie sollen ausgeregelt werden; eine Veränderung der Reglereinstellung ist nicht erwünscht. Streckenverstärkungsänderungen dagegen stellen den klassischen Fall für eine notwendige Regleradaption dar.

Die Analyse des genauen Verlaufs der Eigenwertänderung in beiden Fällen zeigt nun zwei Auffälligkeiten (vgl. Bilder 9.1 und 9.2):

- Bei einer sprungförmigen Regelgrößenstörung (Gleichwertänderung Δc) fällt der Eigenwert sofort auf ein Minimum, während bei einer sprungförmigen Streckenverstärkungsänderung ΔK_p (bzw. Δb_i) dieser Abfall über mehrere Schritte erfolgt.

- Die Veränderung des Eigenwertes ist bei Gleichwertstörungen stärker (kleineres Minimum) als bei Verstärkungsänderungen.

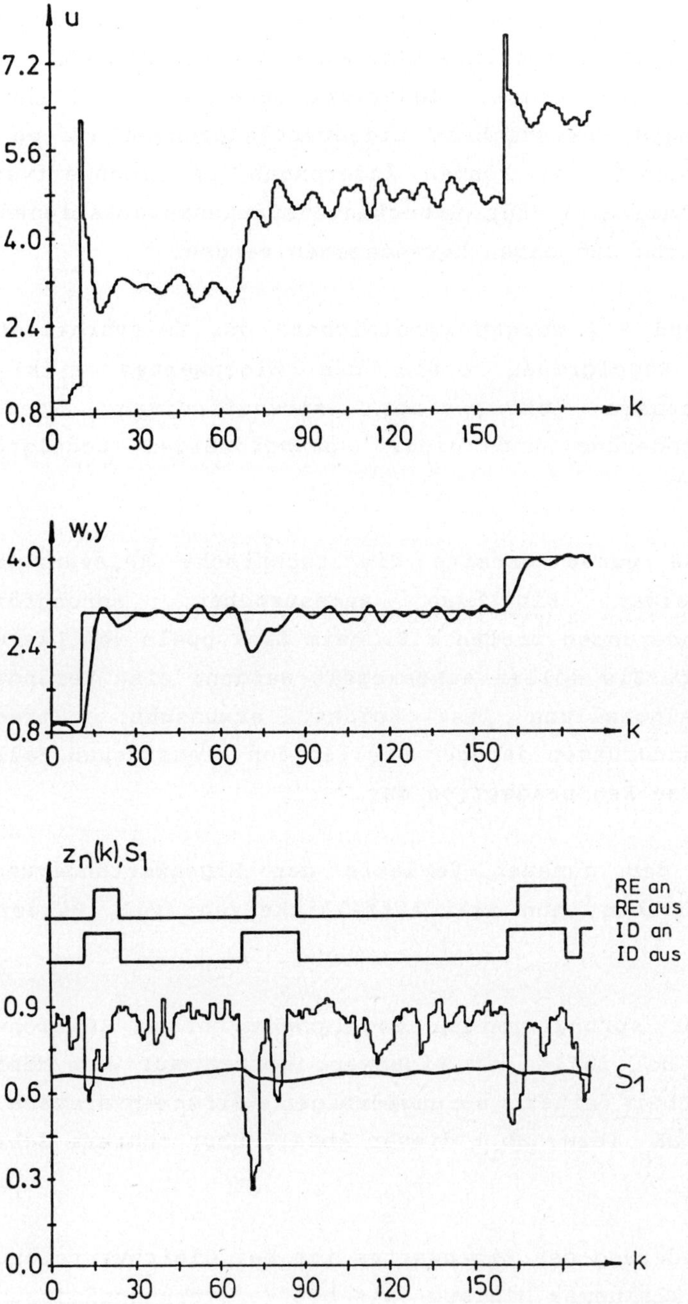

Bild 9.1: Stell- und Regelgrößen bei Prozeßverstärkungsänderung in k=65; Eigenwert $z_n(k)$ des Parameterschätzers (λ=0,95); Schranke S_1 zur Adaptionssteuerung (ID=Identifikation; RE=Reglerentwurf). (Prozeß VI).

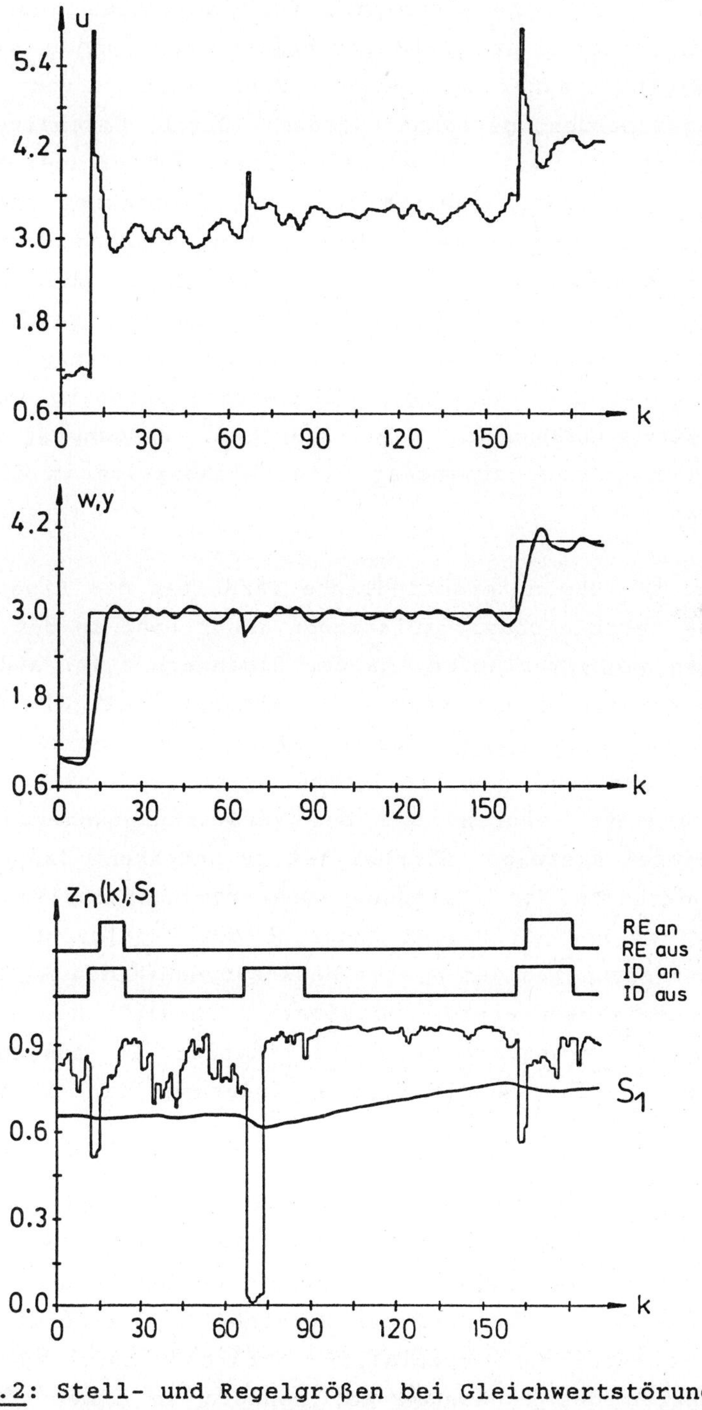

Bild 9.2: Stell- und Regelgrößen bei Gleichwertstörung auf $y(k)$ ab $k=65$; Eigenwert $z_n(k)$ des Parameterschätzers ($\lambda=0{,}95$); Schranke S_1 zur Adaptionssteuerung (ID-Identifikation; RE=Reglerentwurf) (Prozeß VI).

Durch eine einfache Auswertelogik für Änderungen des Eigenwertes kann bereits drei Abtastschritte nach einer signifikanten Eigenwertänderung eine Gleichwert- von einer Verstärkungsänderung getrennt werden. Durch Umschalten der Parameterschätzung auf unterschiedliche Teilparametersätze, vgl. Kapitel 6, kann in einem Fall der Gleichwert adaptiert werden bei unveränderter Reglereinstellung, während im anderen Fall die Parameter b_i des Prozeßmodelles oder dessen Verstärkung sowie die Reglerparameter angepaßt werden. Ein wesentlicher Vorteil ist die schnelle Entscheidungsmöglichkeit, da so die durch die Änderungen verursachte Anregung im Kreis zur Informationsgewinnung, d.h. Adaption, ausgenutzt werden kann. Dadurch gelingt zumindest eine Teiladaption in die Nähe der neuen Werte.

Die Ursache für das unterschiedliche Verhalten des Eigenwertes bei Prozeß- und Gleichwertvariationen liegt wohl in den unterschiedlichen Signalverläufen, da der Eigenwert $z_n(k)$ außer der P-Matrix nur von dem Meßvektor $\underline{\psi}(k)$ abhängt, vgl. Gl. (6.20). Bilder 9.1 und 9.2 zeigen, daß im Falle einer sprungförmigen Ausgangssignalstörung die Stellgröße sofort mit einer großen Änderung reagiert, während sie bei Verstärkungsänderungen in mehreren Stufen ansteigt. Hierbei ist zu bedenken, daß sprungförmige Änderungen des statischen Übertragungsverhaltens i.a. nicht zu einer sprungförmigen Änderung der Regelgröße führen, da bei nicht sprungfähigem System dessen Dynamik den Änderungsvorgang regelgrößenseitig verzögert. Lediglich eine - akademische - sprungförmige Multiplikation am Ausgang des Systems würde eine sprungförmige Änderung der Regelgröße bewirken.

Mit dem Eigenwert des Parameterschätzers verfügt man über ein leistungsfähiges Mittel zur Beurteilung des jeweiligen Zustandes der Parameterschätzung sowie der Signal- und Prozeßumgebung. Der Verlauf ist auf den Bereich 0 bis 1 normiert. Er hängt nicht von der speziellen Struktur oder absoluten Betriebspunkten des Prozesses ab, sondern in immer gleicher Weise von der Matrix P(k) - die den Informationsgehalt des Parameterschätzers repräsentiert - und den Daten $\underline{\psi}(k)$. Außerdem tritt der Vergessensfaktor λ in Gl. (6.20) auf. Seine Wahl beeinflußt die Stärke der Eigenwertänderung bei Änderungen (auch Störungen) in den Daten $\underline{\psi}(k)$. $\lambda=0,95$ hat sich als vernünftige Wahl herausgestellt.

Zur Entscheidung, ob eine (signifikante) Signal- oder Prozeßänderung stattgefunden hat, benötigt man Schranken, da sich gestörte Meßsignale in den Verlauf des Eigenwertes übertragen. Aus umfangreichen Untersuchungen mit den im Anhang aufgeführten Tiefpaßprozessen ergab sich der gefilterte quadratische Mittelwert des Eigenwertes, der rekursiv aus

$$S_1 = \bar{z}_n^2(k) = 0,99\ \bar{z}_n^2(k-1) + 0,01\ z_n^2(k) \qquad (9.32)$$

berechnet wird, als sinnvolle Schranke zur Detektion von Änderungen und zur Aktivierung der Identifikation. Die Wahl der Konstanten in Gl.(9.32) erwies sich auch für die Regelversuche an der Pilotanlage, vgl. Kapitel 11, als günstig. Gl. (9.32) ist abhängig vom tatsächlichen Verlauf des Eigenwertes $z_n(k)$, gewährleistet also eine automatische Anpassung der Alarmschwelle an eine veränderte Signalstatistik: Stark gestörte Signale verursachen einen im Mittel kleinen Eigenwert, was auch eine Absenkung der Alarmschwelle erfordert. Über die prinzipiell frei wählbaren Faktoren in Gl. (9.32) kann die Filtercharakteristik und damit die Empfindlichkeit der Detektion beeinflußt werden. Zur Erhöhung der Unterscheidungssicherheit zwischen Gleichwert- und Verstärkungsänderung kann aus Gl. (9.32) eine zweite, kleinere Schranke

$$S_2 = 0,75\ S_1$$

berechnet werden (der Faktor 0,75 wurde ebenfalls an den genannten Prozessen ermittelt). S_2 ermöglicht auch die Trennung kleinerer Gleichwert- und Verstärkungsänderungen: Kleine Verstärkungsänderungen führen nur für wenige Abtastschritte zu einem Abfallen des Eigenwertes und würden daher unter Umständen durch die zu kurze Unterschreitung von Schranke S_1 als Gleichwertänderung klassifiziert. Fordert man dagegen auch die Unterschreitung von S_2 für Gleichwertänderungen, ist eine Trennung möglich.

Veränderungen im Eigenwert, die nicht eindeutig als Gleichwertänderung klassifiziert werden können, werden wie Verstärkungsänderungen behandelt. Dies führt zu einer Teiladaption des Prozeßmodelles während der Anregung.

Als Kriterium zur Abschaltung der Identifikation nach einer solchen Teiladaption kann prinzipiell das Überschreiten der Schranke S_1 gewählt werden, da dann die Anregung durch die Daten $\underline{\psi}(k)$ beendet ist. Es hat sich allerdings gezeigt, daß zu diesem Zeitpunkt i.a. noch erhebliche a-priori-Fehler e(k) vorhanden sind, da die neuen Parameter noch nicht vollständig erreicht sind. Die Verstärkung $\underline{\gamma}(k)$ des Parameterschätzers hat wegen der vorangegangenen Anregung ebenfalls noch vernünftige Werte, so daß eine Fortführung der Identifikation sinnvoll erscheint, bis e(k) für längere Zeit (typisch 30 Schritte) in einem Vertrauensintervall bleibt. Dies kann als 90%-Vertrauensintervall für den Fehler e(k) - genau wie in Kapitel 9.4.1 für die Regelgröße y(k) angegeben - ausgelegt werden.

Umfangreiche Testläufe mit den im Anhang aufgeführten Tiefpaßprozessen und der Pilotanlage Thermischer Prozeß (Kapitel 11) haben die Zuverlässigkeit des dargestellten Verfahrens gezeigt. Ein Beispiel ist in Kapitel 9.5 dokumentiert. Lediglich langsame Änderungen werden nicht erkannt. Die durch sie erzeugte Anregung des Systems ist jedoch ohnehin zu klein, um eine Adaption zu ermöglichen; es muß eine stärkere externe Anregung zur Aktivierung der Adaption abgewartet werden. Hier - und nicht nur in diesem Fall - sollte ein Regler ausgewählt werden, der auch bei nicht genauem Prozeßmodell vernünftige Güten gewährleistet.

9.4 Weitere Überwachungsmaßnahmen

9.4.1 Impulsdetektion

Impulsförmige Störungen des Regelgrößensignales kommen bei industriellen Anwendungen mitunter vor. Sie werden häufig durch Schaltvorgänge in anderen Anlagenteilen oder Störsignaleinstreuungen verursacht. Mit fest eingestellten digitalen Reglern führt die zufällige Abtastung eines solchen Ausreißers zu einer kurzen, heftigen Stellreaktion. In einem parameteradaptiven System, das die Information über das dynamische Verhalten des Prozesses aus dessen Ein- und Ausgangssignalen gewinnt, hat das Auftreten solcher instationärer Störungen schwerwiegende Auswirkungen auf die geschätzten Prozeßparameter. Der Impuls führt zu einem sehr großen a-priori-Fehler und in Folge zu einer starken Veränderung der (richtigen) Parameterwerte. Die Filtereigenschaft des Schätzalgorithmus bewirkt zwar bei genügender Anregung eine asymptotische Annäherung der Parameter an die alten Schätzwerte; während dieser Einschwingzeit führen die falschen Parameter jedoch zu schlecht angepaßten Reglern.

Da eine Ausregelung solcher prozeßfremder Störungen nicht möglich ist, sollten sie über eine Signalanalyse erkannt und durch Schätzwerte für das richtige Signal ersetzt werden. Dies verbessert sowohl die Regelgüte in fest eingestellten Kreisen als auch die Robustheit des adaptiven Systems.

Die Detektion von Störimpulsen erfolgt günstig über die Analyse der statistischen Eigenschaften des Regelgrößensignales. Wegen der möglichen Signaländerungen im Regelkreis ist eine ständige Nachführung der statistischen Kenngrößen notwendig und der Stichprobenumfang daher auf wenige, z.B. zehn vergangene Meßwerte zu beschränken. Dann ist die Annahme einer Normalverteilung der Stichprobe allerdings nicht möglich. Es wird daher die Verwendung der t-Verteilung (Student-Verteilung) zur Berechnung von Vertrauensintervallen für Stichprobenmittelwert und -varianz vorgeschlagen, da Mittelpunkt und Breite des

Vertrauensintervalles hier auch vom Probenumfang n abhängen. Die Fraktilen (Sicherheitsgrenzen) t_s sind in Abhängigkeit der statistischen Sicherheit S_e und des Stichprobenumfanges n tabelliert. Es gilt

$$P\left\{\bar{y} - t_s \frac{s}{\sqrt{n}} \leq \mu \leq \bar{y} + t_s \frac{s}{\sqrt{n}}\right\} = S_e \tag{9.33}$$

mit dem Stichprobenmittelwert

$$\bar{y} = \frac{1}{n} \sum_{k=1}^{n} y(k) \tag{9.34}$$

und der Stichprobenstreuung

$$s^2 = \frac{1}{n-1} \sum_{k=1}^{n} (y(k)-\bar{y})^2 \ . \tag{9.35}$$

Der Erwartungswert μ der Grundgesamtheit liegt mit Wahrscheinlichkeit S_e in dem mit Gl. (9.33) angegebenen Intervall.

Das Vertrauensintervall für die Streuung σ^2 der Grundgesamtheit folgt aus den als Funktion des Stichprobenumfanges n und der Sicherheit S_e tabellierten Fraktilen λ_0, λ_u der χ^2-Verteilung zu

$$P\left\{\frac{s}{\lambda_u} \leq \sigma \leq \frac{s}{\lambda_0}\right\} = S_e \ . \tag{9.36}$$

Die obere Grenze s/λ_0 in Gl.(9.36) werde als σ_{max} bezeichnet. Diese größte anzunehmende Streuung wird zur Berechnung des Vertrauensintervalles für den Mittelwert μ in Gl. (9.33) anstelle von s eingesetzt. Man erhält so den Wertebereich, in dem der wahre Mittelwert mit Wahrscheinlichkeit S_e liegt. Dehnt man diesen Bereich noch um die maximale Streuung σ_{max} aus, so hat man die endgültigen Beurteilungsgrenzen für Plausibilität eines neuen Meßwertes y(k) als

$$\bar{y} - t_s \frac{\sigma_{max}}{\sqrt{n}} - \sigma_{max} < y(k) < \bar{y} + t_s \frac{\sigma_{max}}{\sqrt{n}} + \sigma_{max} \qquad (9.37)$$

mit $t_s = 3{,}17$, $\lambda_0 = 0{,}464$, $\lambda_u = 1{,}587$ für $S_e = 99\ \%$ und $n=11$.

Bei Überschreiten der Grenzen in Gl. (9.37) wird ein Impuls vermutet und y(k) durch den Mittelwert der beiden vorangegangenen Regelgrößenwerte ersetzt. Wird die Grenze in mindestens zwei aufeinanderfolgenden Abtastschritten verletzt, handelt es sich nicht um einen Impuls, sondern um eine länger andauernde Änderung der Regelgröße, die auszuregeln ist. Weitere Entscheidungen über die Aktivierung der Identifikation werden dann in der in Kapitel 9.3.2 beschriebenen Weise auf der Grundlage des Eigenwertverlaufes durchgeführt. Die Impulsüberwachung bewirkt demnach bei Regelgrößenänderungen, die aus dem Vertrauensbereich fallen, eine Verzögerung des Ausregelvorganges um einen Abtastschritt; dafür lassen Impulse den Adaptions- und Regelvorgang vollständig unbeeinflußt.

9.4.2 Stabilitätsanalyse über die Regelkreissignale

In bisherigen Arbeiten zu Überwachungssystemen (Lachmann, 1983) wird vorgeschlagen, die Stabilität des aus geschätztem Prozeßmodell und aktuellem Regler gebildeten Modellregelkreises zu prüfen. Dies kann effizient über die Koeffizienten des Nennerpolynoms des Modellregelkreises mit einem Reduktionsverfahren (vgl. z.B. Ackermann, 1972) geschehen. Diese Vorgehensweise erscheint sinnvoll, solange nicht a-priori bekannt ist, ob eine instabile Regler/Streckenkombination im laufenden Betrieb entstehen kann und sofern die jeweilig geschätzten Prozeßparameter als wahr angenommen werden. Die Möglichkeit instabiler Kombinationen von Regler und *realer* Strecke muß jedoch bei robusten adaptiven Systemen ausgeschlossen werden; in Abschnitt 9.3.1 wurde gefordert, daß der adaptive Regler in seiner Struktur zur Strecke passen und in jedem Variationszustand der Strecke diese stabilisieren können muß. Treten daher in robusten adaptiven Systemen instabile *Modell*regelkreise auf, so kann dies - bei vorausgesetztem stabilitätssicheren Reglerentwurf - nur auf falsch geschätzte Streckenparameter zurückgehen. Diese Situation kann in der Tat bei Transienten im adaptiven Kreis beobachtet werden. In praktisch allen Fällen ist der resultierende reale Kreis wegen der nach wie vor stabilen Strecke aber durchaus stabil; die Instabilität wird also häufig nur vorgetäuscht. Um auf der sicheren Seite zu liegen, kann man in diesem Fall trotzdem auf einen voreingestellten Hilfsregler umschalten. Dies kann jedoch zu einer Verschlechterung der Regelgüte führen. Umgekehrt ist auch der Fall nicht auszuschließen, daß falsche Prozeßparameterschätzwerte ein stabiles Kreisverhalten vortäuschen, obwohl - z.B. durch gravierende unvorhergesehene Prozeßstrukturänderungen - ein instabiler realer Kreis vorliegt. Es wird daher vorgeschlagen, die Stabilitätsüberwachung anhand der gemessenen Regelkreissignale durchzuführen.

Monotone und oszillatorische Instabilität des Regelkreises kann - unabhängig davon, ob der Regler adaptiv betrieben wird - in vielen Fällen über eine einfache Analyse des Regelgrößenverlaufes in aufeinanderfolgenden Abtastschritten erkannt werden.

Hierzu wird um die Sollgröße ein Vertrauensband gelegt, das die Regelgröße nur für eine geringe Anzahl von Abtastschritten verlassen darf. Da bei Schwingungen der Regelgröße um das Vertrauensband diese Bedingung erfüllt wäre, wird zusätzlich überwacht, ob der nächste oder übernächste Regelgrößenwert auf der anderen Seite aus dem Vertrauensbereich fällt. Bild 9.3 zeigt einige typische Regelgrößenverläufe, die mit einer solchen einfachen, aber wirkungsvollen Signalanalyse erkannt werden. Als günstig erweist sich ein Vertrauensband von ± 15 % (bei 100 % Meßbereich). In allen Fehlerfällen wird auf einen zu Beginn der Adaption festgelegten Hilfsregler (Reserveregler, back-up-Regler) stoßfrei umgeschaltet.

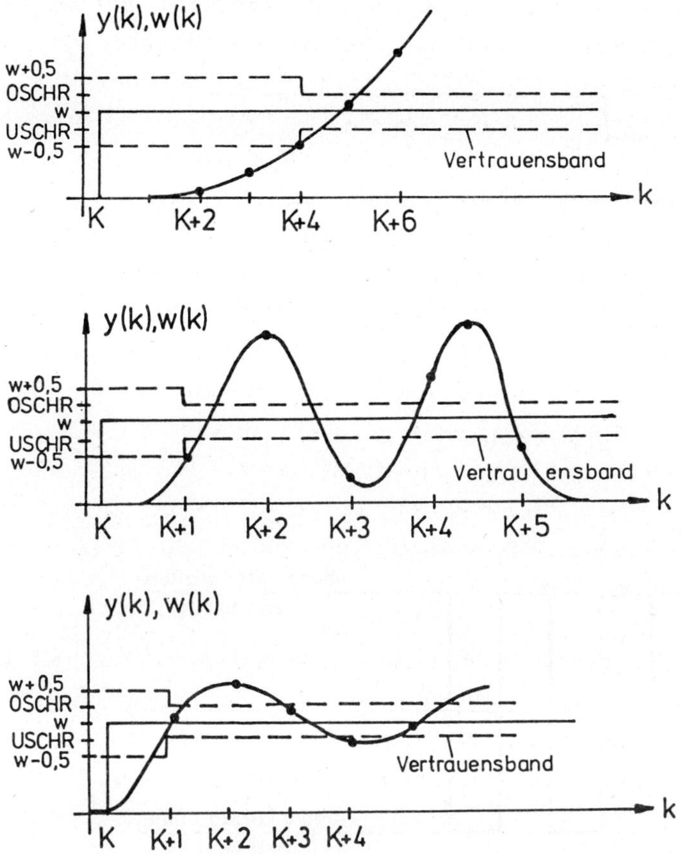

Bild 9.3: Güte- und Stabilitätsüberwachung des adaptiven Kreises über die Regelgröße.

Insbesondere bei trägen Prozessen können eine beginnende Instabilität oder ein erheblicher Regelgütenabfall frühzeitig am Verhalten der Stellgröße erkannt werden. Da für sie ein Vertrauensband nicht günstig vorgegeben werden kann, wird hier die Überwachung von

- Verharren an einer Stellgrößenbegrenzung über mehrere Abtastschritte und
- Schalten zwischen den Begrenzungen (ggf. mit einer im Stellbereich liegenden Stellgröße)

vorgeschlagen, vgl. Bild 9.4.

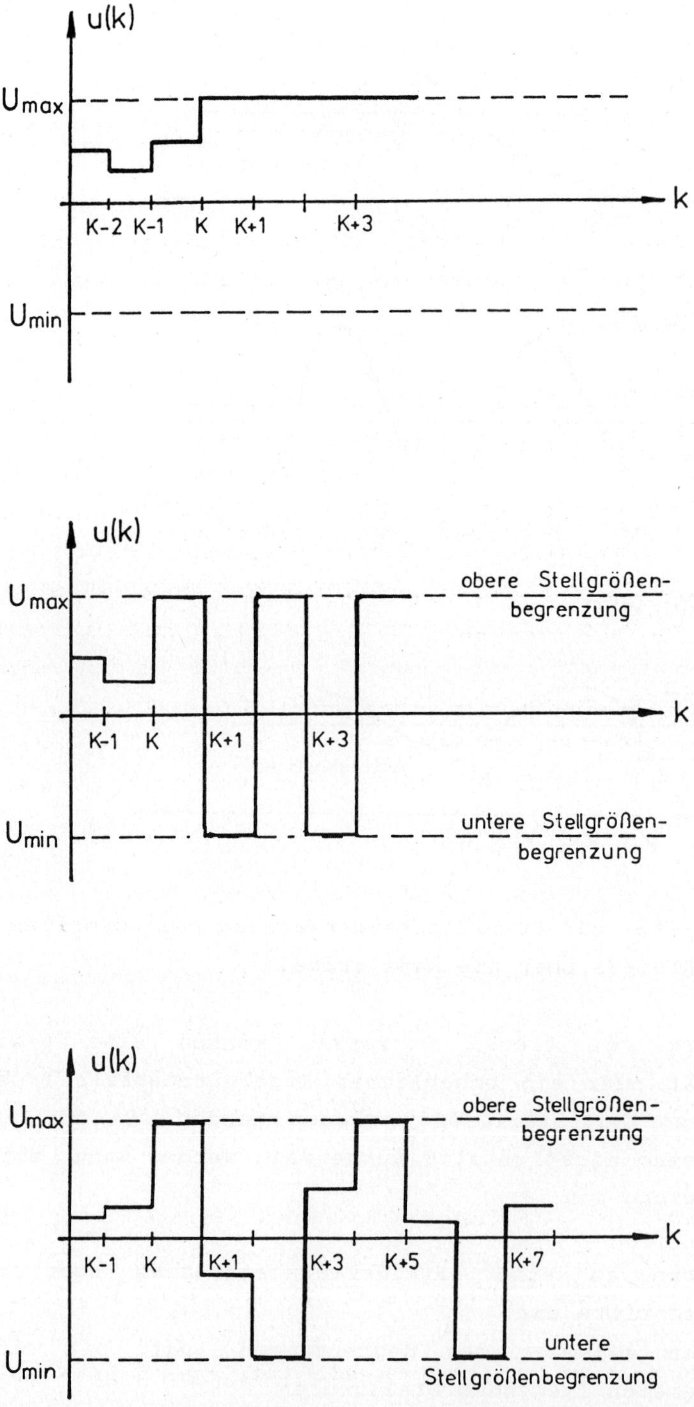

<u>Bild 9.4</u>: Güte- und Stabilitätsüberwachung des adaptiven Kreises über die Stellgröße.

Ändern sich die detektierten Signalverläufe auch nach Umschaltung auf den Hilfsregler nicht, kann zusätzlich der Arbeitspunkt, für den der Hilfsregler entworfen wurde, angefahren werden, um einen sicheren Anlagenzustand zu erreichen.

Das Zurückschalten auf den adaptiven Regler erfolgt in Abhängigkeit der nachfolgend dargestellten Gütesimulation des Modellregelkreises.

9.4.3 Begleitende Gütesimulation

Die bisher vorgestellten Überwachungsmaßnahmen dienten der Sicherstellung eines stabilen adaptiven Betriebes mit vernünftigem Verhalten von Stell- und Regelgröße. Adaptive Regelungen werden jedoch mit dem Ziel einer möglichst gleichbleibenden Regelgüte eingesetzt, vgl. Kapitel 1. Es ist daher sinnvoll, bei ausreichend verfügbarer Rechnerleistung eine begleitende Gütesimulation des Regelkreises auf der Basis des geschätzten Prozeßmodells durchzuführen. Führt man z.B. ein quadratisches Gütekriterium

$$J = \sum_{k=1}^{n} y^{*2}(k) \tag{9.38}$$

mit der für $\Delta w=1$ simulierten Regelgröße $y^*(k)$ des Modellkreises ein, so kann J jeweils mit den berechneten Reglerparametern aus dem vorangegangenen und dem aktuellen Abtastschritt berechnet werden.

Das Kriterium, Gl. (9.38), kann durch weitere Gütekriterien ergänzt werden. So begünstigt Gl. (9.38) stark eingreifende Regler, die ein unerwünscht großes Überschwingen der Regelgröße verursachen würden. Hier bietet sich die zusätzliche Beurteilung der Überschwingweite des Modellregelkreises an. Neben der Regelgröße kann auch die Stellgröße u(k) simuliert und beispielsweise auf maximale Änderungen oder Stellgrenzenverletzungen geprüft werden. Für die konkrete Formulierung der Gütekriterien besteht hier ein großer Spielraum, der von der Art der Regelstrecke ebenso wie von Anwenderanforderungen abhängt.

Vorteilhaft wirkt sich eine Gütesimulation vor allem während Transienten im adaptiven Kreis aus, sofern hier überhaupt ein Reglerentwurf zugelassen wird, vgl. Kapitel 9.5. Bei zunehmender äußerer Anregung, z.B. Sollwertänderungen, werden real immer vorhandene Restfehler zwischen Modell und Strecke verstärkt und bewirken eine Veränderung der Parameterschätzwerte und in Folge eine geänderte Reglereinstellung. Auch tatsächliche Streckenänderungen führen wegen der Filtereigenschaft des Parameterschätzers zu langsam nachfolgenden und damit vorübergehend unzutreffenden Schätzwerten.

Die Erfahrung zeigt, daß eine Regelgütensimulation - auch wenn sie auf der Basis vorübergehend unzutreffender Parameterwerte durchgeführt wird - eine Verbesserung der Regelgüte des realen Kreises bewirken kann. Dies liegt wohl an den datenabhängig nicht mit reinem Tiefpaßverhalten nachfolgenden Parameterschätzwerten. Spitzen in Parametertransienten bei äußerer Anregung treten regelmäßig auf und führen zu vorübergehend sehr schlecht angepaßten Reglern. Da die Regelabweichung in diesen Situationen ebenfalls groß ist und in Verbindung mit dem Reglerparameter q_0 den Wert der ersten Stellgröße des (falschen) Reglers maßgeblich bestimmt, führt dies z.B. bei PID- oder Deadbeatreglern zu einem oft vorzeichenverkehrten Stellverhalten im zweiten Schritt nach einer Sollwertänderung. Der Regler paßt zwar im Sinne der Ein-Schritt-Vorhersage des Parameterschätzers zur (falschen) Modellstrecke. Eine Mehrschrittsimulation, Gl. (9.38), berücksichtigt jedoch auch das potentielle zukünftige Regelverhalten, das dann häufig mit einer früheren Reglereinstellung besser ist. Bilder 9.5 und 9.6 zeigen den Vergleich einer parameteradaptiven Regelung mit und ohne begleitende Gütesimulation und Regelkreis-Signalüberwachung nach Abschnitt 9.4.2. War das Gütekriterium Gl.(9.38)

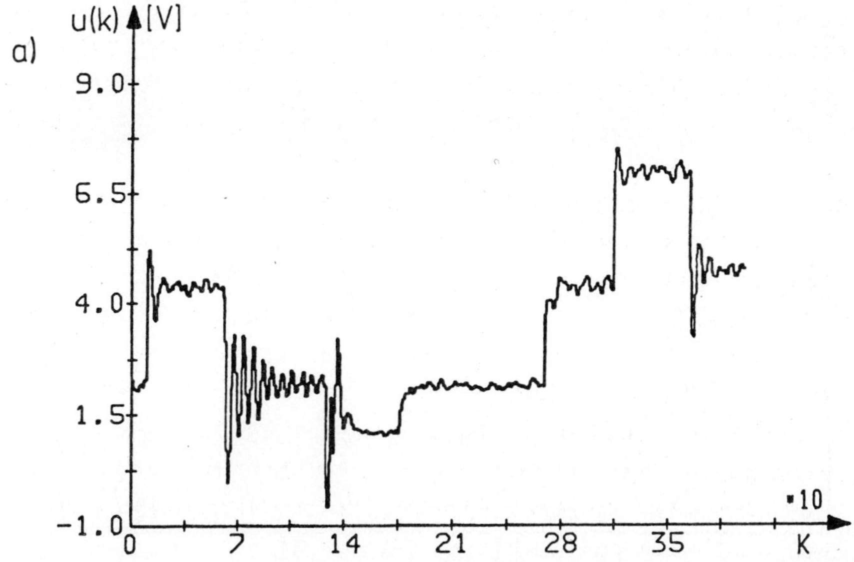

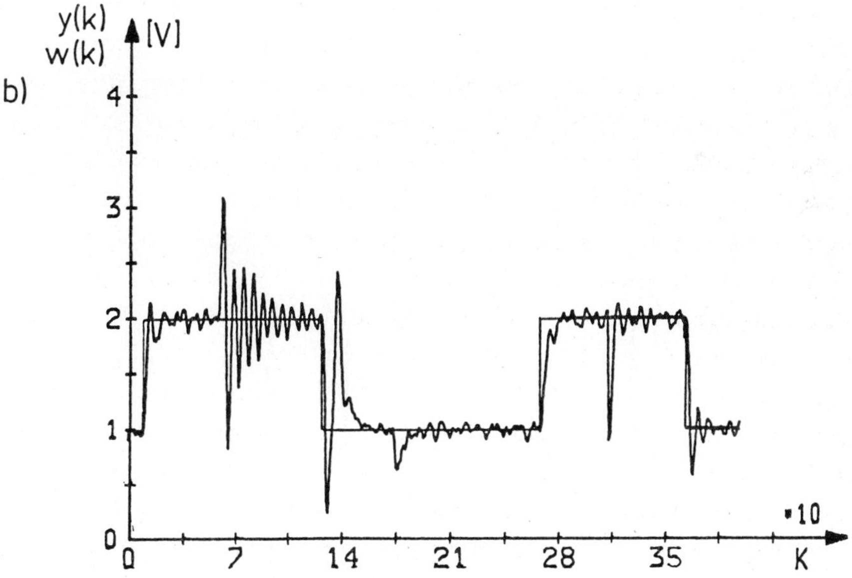

Bild 9.5: Parameteradaptive PI-Regelung von Prozeß VI (3.Ordnung) mit K_p: 0,5 → 1 in k=60; K_p: 1 → 0,5 in k=175 und Gleichwertstörung ab k=310 ohne Überwachung (λ=0,95); (a) Stellgröße; (b) Regelgröße.

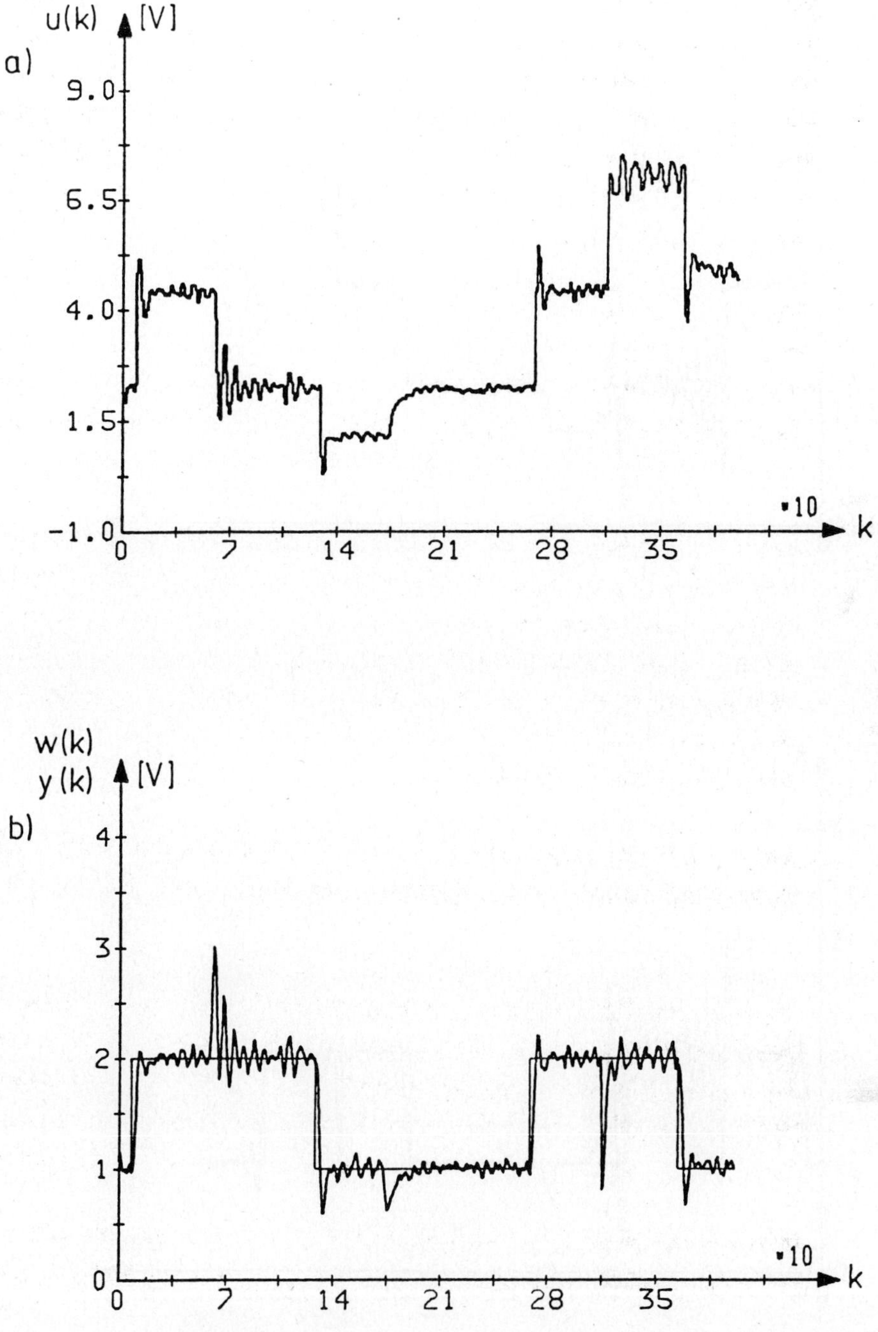

Bild 9.6: Parameteradaptive PI-Regelung wie Bild 9.5, jedoch mit Signal- und Regelgüteüberwachung. (a) Stellgröße; (b) Regelgröße.

mit der bisherigen Reglereinstellung kleiner, so wurden die neu berechneten Reglerparameter nicht übernommen. Die Schwingungen ab k=70 wurden entsprechend Bild 9.3 detektiert; anschließend für ca. 10 Schritte selbsttätig auf backup-Regler umgeschaltet und danach wieder der permanent angepaßte Hauptregler verwendet.

9.4.4 Filterung der Parameterschätzwerte

In Lachmann (1983) und Isermann, Lachmann (1985, 1987) wird eine zusätzliche Filterung der Prozeßparameterschätzwerte $\hat{\theta}_i(k)$ vorgeschlagen. Hierzu stehen mehrere bekannte Filter- und Glättungsalgorithmen zur Verfügung. Als günstig hat sich für Zwecke der parameteradaptiven Regelung die rekursive Tiefpaßfilterung 1.Ordnung

$$\tilde{\theta}_i(k) = \chi\, \tilde{\theta}_i(k-1) + (1-\chi)\hat{\theta}_i(k) \tag{9.40}$$

mit z.B. χ=0,8 erwiesen. Der gefilterte Wert $\tilde{\theta}_i$ liegt im Unterschied zur geometrischen Glättung

$$\tilde{\theta}_i(k-1) = \frac{1}{3}[\hat{\theta}_i(k-2) + \hat{\theta}_i(k-1) + \hat{\theta}_i(k)] \tag{9.41}$$

noch im gleichen Abtastschritt k vor. Mit χ kann zudem die Zeitkonstante des Filters und damit der Glättungsgrad beeinflußt werden.

Versuchsläufe zeigten, daß bei parameteradaptiver Regelung mit nach Gl. (9.40) gefilterten Parameterschätzwerten nur unter sehr starken Störungen eine kleine Verbesserung der Regelgüte durch Beruhigen des Adaptionskreises entsteht. Bei geringen Störungen verschlechtert sich die Regelgüte eher durch die verminderte Anregung des Parameterfehlers. Sollen anhand der Verläufe der geschätzten Prozeßparameter Entscheidungen getroffen werden, so kann eine Filterung vorteilhaft sein, da sie die typischen Spitzen in Transienten stark dämpft und ein tiefpaßförmiges Folgen der Schätzwerte erzwingt.

9.5 Überwachungs-Zustandsdiagramm

Das in Abschnitt 9.3 ausführlich dargestellte Überwachungskonzept für den parameteradaptiven Regelkreis muß noch durch Maßnahmen bei Auftreten bekannter äußerer Störungen - dies wird in der Regel der Sollwert sein - erweitert werden. Sind solche äußeren Störungen meßbar und bewirken sie eine ausreichende Anregung der Strecke, so sollten Identifikation und Reglerentwurf angeschaltet werden. Dadurch kann an leichte Veränderungen der Prozeßparameter, die im Beharrungszustand nicht identifizierbar waren, adaptiert werden. Sehr häufig treten bei solchen (sprungförmigen) Störungen Spitzen in den Parametertransienten durch anfänglich sehr große Vorhersagefehler auf. Diese führen, wie in Kapitel 9.4 besprochen, zu vorübergehend schlecht angepaßten Reglern. Es verbessert daher die Regelgüte während Sollwertänderungen stark, wenn der Reglerentwurf einige Schritte (z.B. 2m oder fünf) verzögert zur Identifikation angeschaltet wird. Dies gewährleistet einen erheblich ruhigeren Transienten der Regelgröße, verringert die Stellbewegungen und gestattet doch die vollständige Ausnutzung der Anregung zur Prozeßmodell-Parameteradaption.

Die vorstehend beschriebene Überwachungsphilosophie kann in einem Zustandsdiagramm für den Adaptionsmechanismus, Bild 9.7, geschlossen zusammengefaßt werden. Die Definition der Zustände ist Tabelle 9.1 zu entnehmen.

Der zentrale Zustand 0 ist der festeingestellte Regelkreis. Die Identifikation des Prozesses wird nur durchgeführt, falls eine genügende äußere Anregung vorliegt (Zustände 2 und 4). Die Veränderung des Reglers erfolgt verzögert und nicht bei Störungen, um die Regelgüte zu erhöhen. Dieses Überwachungskonzept gewährleistet durch kontrolliertes *An*schalten der Adaption aus einem festeingestellten Grundzustand des Kreises nicht nur Stabilität, sondern auch eine erhebliche Regelgüteverbesserung. Es ersetzt daher Teil B der ursprünglichen Überwachungskonzeption, Kapitel 9.1. Der auf die kontrollierte Vor-

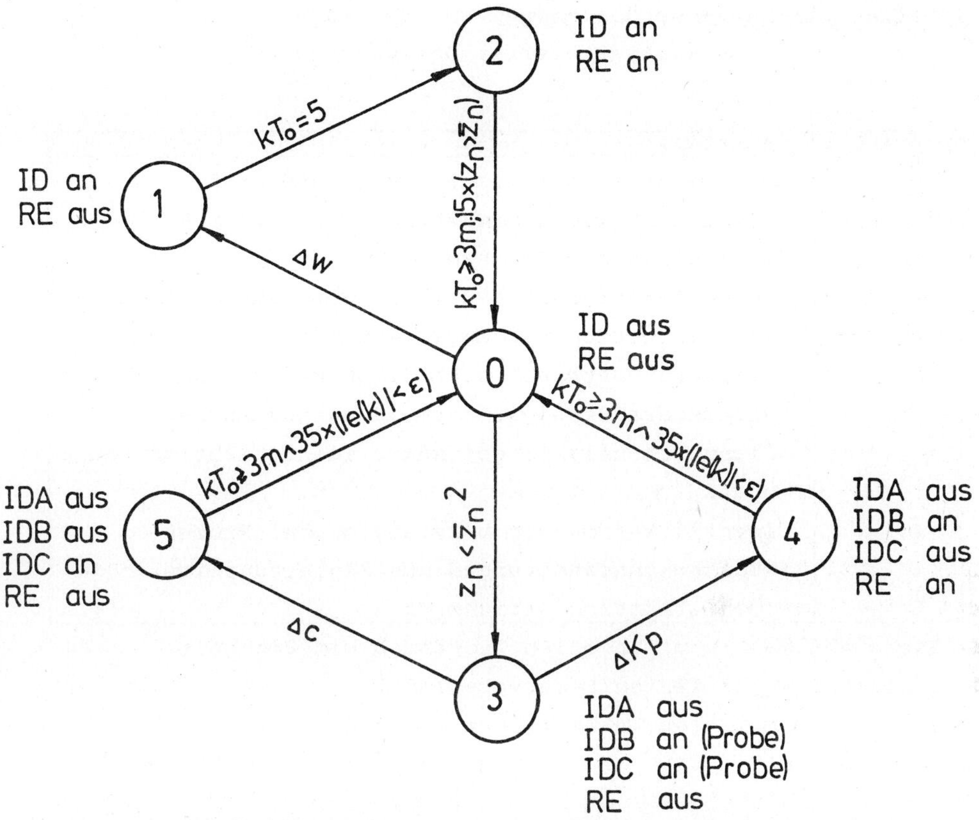

Bild 9.7: Adaptions-Zustandsdiagramm des parameteradaptiven Kreises (ID: Identifikation aller Parameter; IDA: Identifikation der a-Parameter des Prozeßmodells; IDB: Identifikation der b-Parameter; IDC: Identifikation des Gleichwertes c; m: Ordnung; z_n: Eigenwert des Parameterschätzers; e(k): a-priori-Fehler; w: Sollwert; RE: Reglerentwurf).

einstellung bezogene Überwachungsteil A dagegen hat sich sehr bewährt und sollte beibehalten werden. Eine richtige Einstellung des Reglers aus einem zutreffenden Prozeßmodell nach einer Voridentifikation zu Beginn der adaptiven Regelung ist ein wesentliches Element zur Erzielung hoher Regelgüten. Sinnvoll ist eine Erweiterung auf die Voridentifikation auch im (z.B. mit P-Regler) geschlossenen Kreis, vgl. Kapitel 10.1 und 10.2. Die Verifikation des Prozeßmodelles nach der Voridentifikation anhand der Konvergenz der Verlustfunktion kann durch zusätz-

Tabelle 9.1: Zustände des adaptiven Kreises bei eigenwertgesteuerter Überwachung.

Zustand	Funktion
0:	Digitaler Regelkreis festeingestellt, laufende Signalüberwachung, Berechnung des Eigenwertes
1:	Identifikation nach Sollwertanregung
2:	Identifikation und Reglerentwurf (klassisch adaptiver Betrieb) nach Sollwertanregung
3:	Parameteränderung-Entscheidungszustand durch Eigenwertanalyse; getrennte Identifikation von c und K_p
4:	Identifikation der b-Parameter bei Prozeß-Verstärkungsänderungen und Regleradaption
5:	Identifikation Gleichwert

+ Signalanalyse (u,y) in allen Zuständen mit Umschaltmöglichkeit auf festen Reserveregler
+ Regelgütesimulation in Zuständen 2 und 4

liche Überwachung der Konvergenz des geschätzten Verstärkungsfaktors zweistufig gestaltet werden. Es ist dann zuverlässig möglich, den Voridentifikationsbetrieb automatisch zu beenden und den Kreis mit (adaptivem) Regler zu schließen.

Bild 9.8 zeigt die adaptive Regelung eines Prozesses 3.Ordnung mit Verstärkungs- und Gleichwertänderung wie in Bild 9.5 und eigenwertgesteuerter Überwachung nach Bild 9.7 sowie verstärkter Adaption in den Transienten nach Kapitel 8.3. Bilder 9.9 und 9.10 zeigen vergleichend einige Parameterverläufe zu Bildern 9.5 und 9.8. Man erkennt deutlich, welcher erhebliche Regelgüten- und damit Robustheitsgewinn durch Überwachung und gezielte Adaption nur der tatsächlich veränderlichen Parameter erreicht wird.

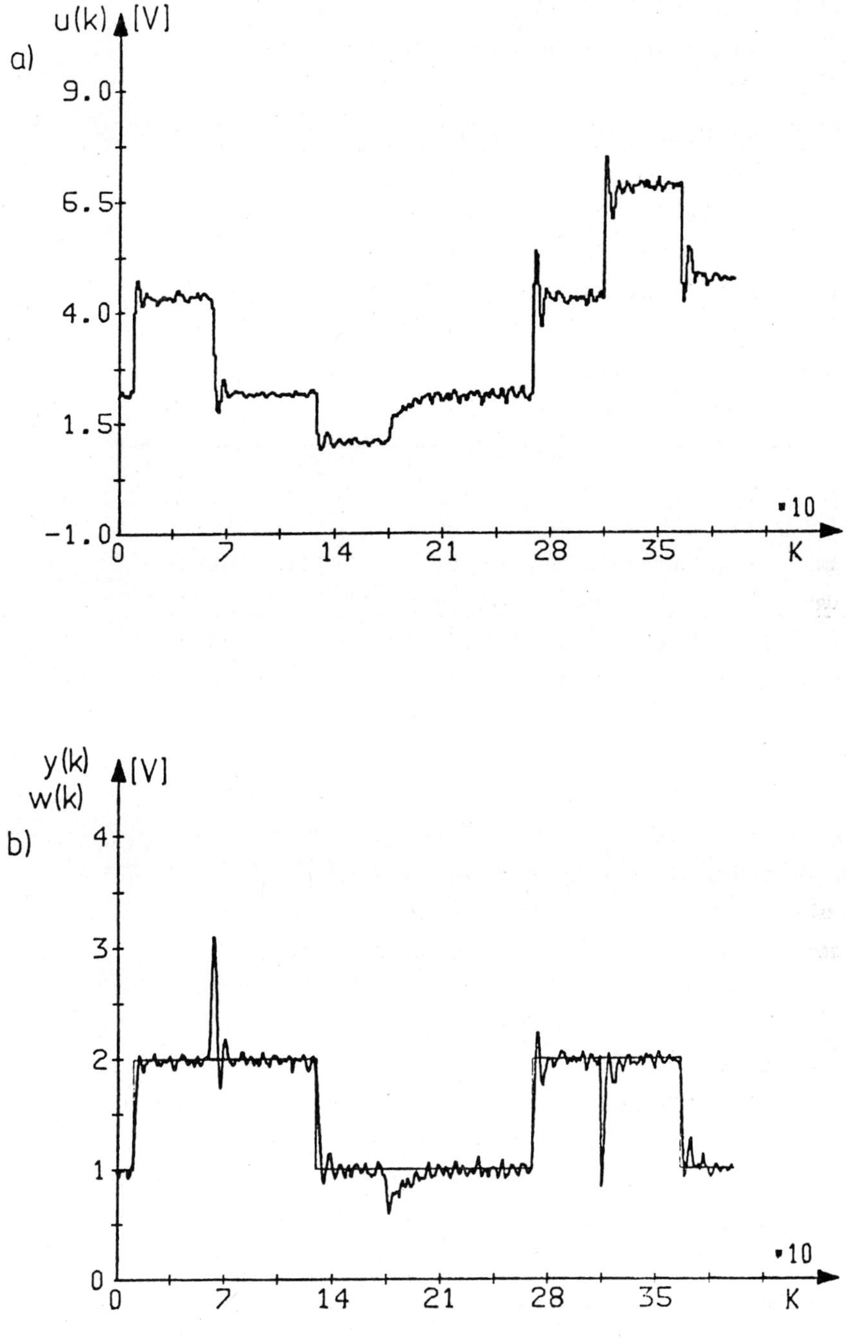

Bild 9.8: Parameteradaptive PI-Regelung von Prozeß VI mit Strecken- und Signaländerung wie in Bild 9.5 mit eigenwertgesteuerter Überwachung und verstärkter Adaption nach Kapitel 8.3. (a) Stellgröße; (b) Regelgröße.

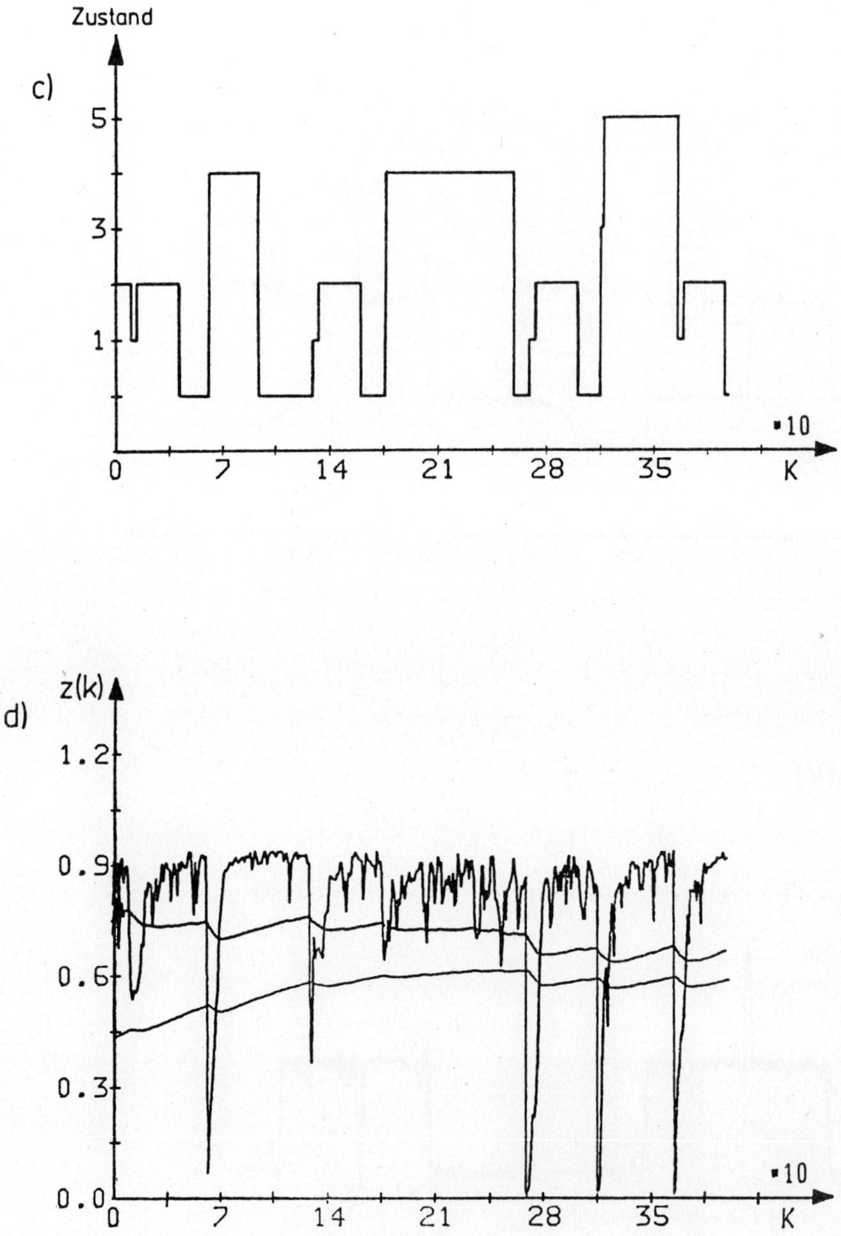

Bild 9.8: (c) Regelkreiszustand und (d) Eigenwertverlauf zu Bild 9.8(a),(b).

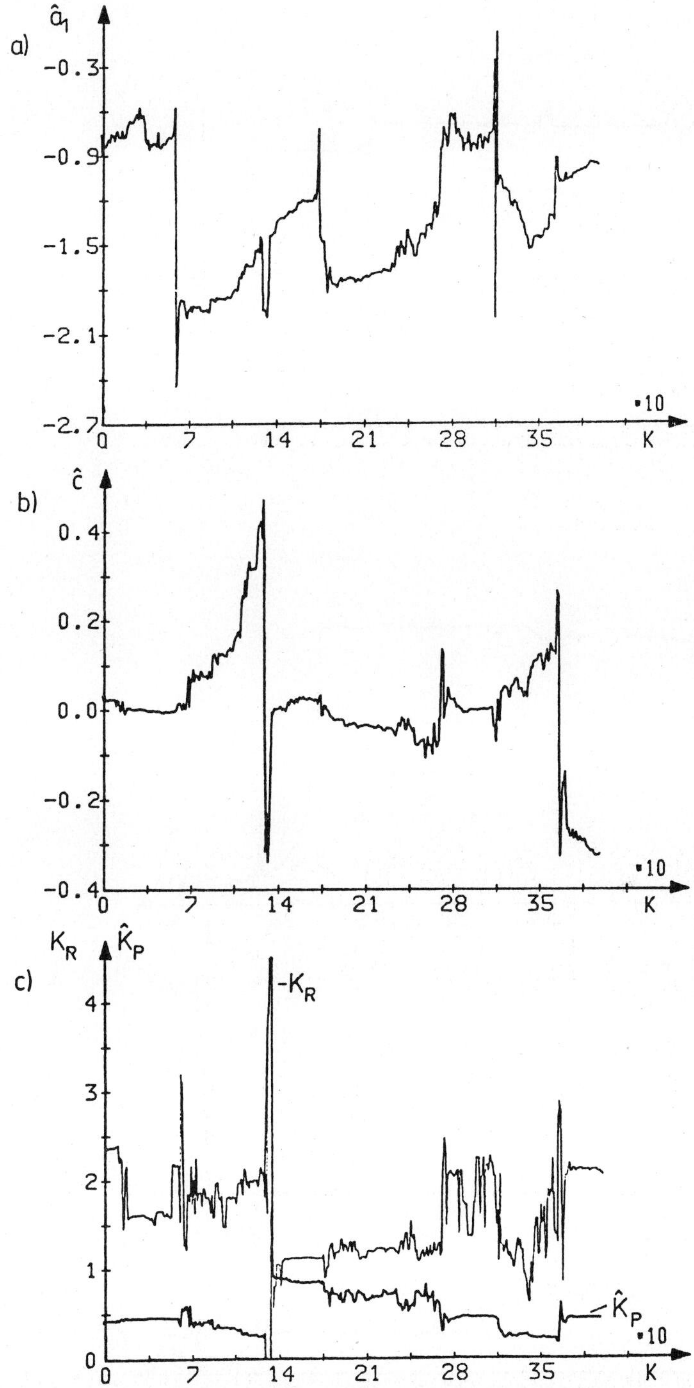

Bild 9.9: Parameterverläufe für die nicht überwachte adaptive Regelung, Bild 9.5. (a) $\hat{a}_1$; (b) Gleichwert $\hat{c}$; (c) Prozeßverstärkung $\hat{K}_p$ und Reglerverstärkung K_R.

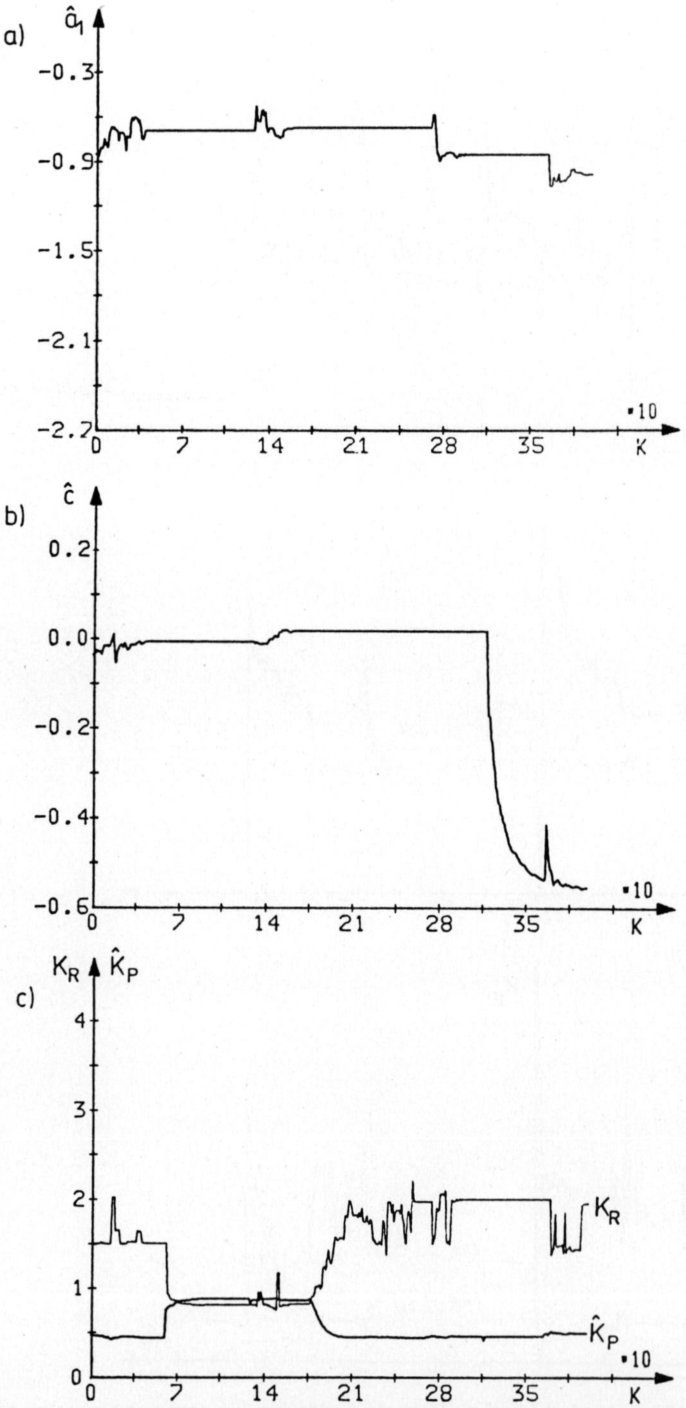

Bild 9.10: Parameterverläufe für die überwachte adaptive Regelung, Bild 9.8. (a) $\hat{a}_1$; (b) Gleichwert $\hat{c}$; (c) Prozeßverstärkung $\hat{K}_p$ und Reglerverstärkung K_R.

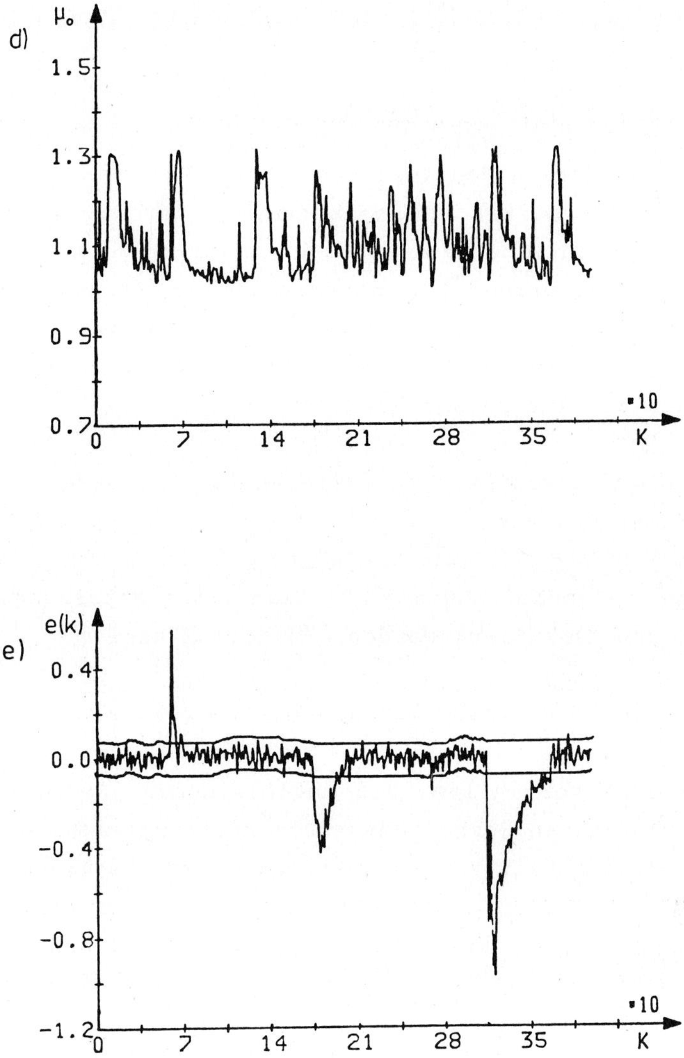

Bild 9.10: Parameterverläufe zu Bild 9.8; (d) Verstärkung $\mu_0(k)$ der Rückführung des Parameterschätzers; (e) a-priori-Fehler e(k).

10 Parameteradaptive Regelung spezieller Prozesse

Die Herleitung der in den vorangegangenen Kapiteln besprochenen Verfahren ging implizit von stabilen, linearen Prozessen aus. Ähnlich wie nichtlineare Prozesse bestimmter Klassen durch geeignete Formulierung des parametrischen Prozeßmodells und Synthese neuer Reglerstrukturen in die Methodik parameteradaptiver Systeme zu integrieren sind (Lachmann, 1983), sollen im folgenden die zur parameteradaptiven Regelung

- monoton grenzstabiler (integrierender) Prozesse
- instabiler Prozesse

notwendigen Randbedingungen, Algorithmenanpassungen und Beschränkungen diskutiert werden. Für die Klasse

- nichtlinearer Prozesse mit Reibung oder Lose,

die technisch vor allem bei mechanischen Systemen (z.B. Positionierantrieben) eine bedeutende Rolle spielen, wird ebenfalls eine Möglichkeit zur parameteradaptiven Regelung gezeigt. Sie erlaubt vor allem auch die Adaption an die nichtlinearen Einflußgrößen Reibung und Lose, ohne den Aufwand nennenswert zu erhöhen.

10.1 Integrierende Prozesse

Prozesse mit Ausgleich können zur Berechnung eines geeigneten Reglers im offenen Kreis voridentifiziert werden. Dies ist das gebräuchlichste Verfahren, da außer den Strukturvorgaben keine weiteren Spezifikationen notwendig sind. Monoton grenzstabile Prozesse können bei Identifikation im offenen Kreis in die Meßbegrenzungen der Regelgröße laufen. Dies muß unter allen Umständen vermieden werden, da die Parameterschätzung sonst kein konvergentes Prozeßmodell erzeugen kann. Zur Stabilisierung integrierender Prozesse, z.B. Füllstandsregelstrecken, kommt prinzipiell ein proportionalwirkender Regler

$$G_R(z) = K_p > 0 \tag{10.1}$$

in Betracht. Dieser stabilisiert bis zu einer Maximalverstärkung K_{max}, die bei vollständig unbekanntem Prozeß nur über Vorversuche abgeschätzt werden kann. Häufig wird jedoch der Einsatz eines schwach eingreifenden Reglers ($K_P \simeq 0{,}5$) möglich sein. Stärker stabilisierende Typen wie PD-Regler erfordern die Vorgabe von mehr Parametern und schränken damit die bei adaptiven Reglern erwünschte Universalität ein. Zweipunktregler mit Hysterese sind ebenfalls denkbar, wegen der entstehenden Dauerschwingung jedoch oft unerwünscht. Erprobungen auch an gestörten Prozessen haben ergeben, daß eine Identifikation monoton grenzstabiler Prozesse mit den bekannten Verfahren, Kapitel 2, problemlos möglich ist, falls der mit einem schwachen P-Regler geschlossene Kreis durch einige Sollwertänderungen gestört wird. Diese verursachen Stellsignale, die die Strecke gut anregen. Ein PRBS hingegen ist häufig zu stark anregend und nicht erforderlich.

Der Regelkreis kann nach der Voridentifikation mit dem gewünschten adaptiven Reglertyp betrieben werden, falls dieser zur Regelung integrierender Prozesse geeignet ist. Dies trifft auf Minimalvarianz- und Zustandsregler zu, die selbst keinen Integralanteil enthalten. Die Beharrungswertkorrektur des Stellsignals bei Ausgleichsprozessen nach Kapitel 3.2 kann wegen des integrierenden Streckenverhaltens hier entfallen, sofern keine Störsignale am Eingang der Strecke auftreten.

Deadbeat- und PID-Regler können ebenfalls eingesetzt werden. Ihre Strukturen erfordern zur Erzielung eines guten Regelverhaltens allerdings kleinere Veränderungen in Reglerentwurf und Stellsignalberechnung.

Sei $G_p(z)$ die vollständige z-Übertragungsfunktion des integrierenden Prozesses, so gilt

$$G_p(z) = \frac{B_m(z^{-1})}{A_m(z^{-1})} = \frac{B_m(z^{-1})}{(1-z^{-1})A^*_{m-1}(z^{-1})} . \tag{10.2}$$

Das stabile Polynom $A^*(z^{-1})$ der Ordnung m-1 kann durch einfache Koeffizientenumrechnung bestimmt werden.[11]

Für den *PID-Regler*

$$G_{PID}(z) = \frac{q_0 + q_1 z^{-1} + q_2 z^{-2}}{1 - z^{-1}} = \frac{Q(z^{-1})}{P(z^{-1})} \tag{10.3}$$

wird durch Streichen des Integralanteiles die Ersatz-übertragungsfunktion

$$G^*_{PID}(z) = q_0 + q_1 z^{-1} + q_2 z^{-2} \tag{10.4}$$

gebildet. Der *Entwurf* des Reglers erfolgt jedoch mit Gl. (10.3) und dem proportionalwirkenden Prozeßteil $B(z)/A^*(z)$ aus Gl. (10.2). Im Regelkreis wird der beim Regler, Gl. (10.4), fehlende I-Anteil dann durch den Prozeß geliefert. Man beachte, daß sich das Entwurfsproblem wegen Gl. (10.2) um eine Ordnung reduziert.

Für *Deadbeat-Regler*, Gl. (3.4), entsteht durch den Eigenwert des Prozesses in z=1 eine solche Nullstelle in ihrer Übertragungsfunktion

$$G_{DB}(z) = \frac{(1-z^{-1})q_0 A^*(z^{-1})(1-\alpha z^{-1})}{1 - q_0 B(z^{-1})z^{-d}(1-\alpha z^{-1})} = \frac{u(z)}{e(z)} . \tag{10.5}$$

[11] Ein Integralanteil im Prozeß kann durch Auswertung von $\left|1+\sum_{i=1}^{m} a_i\right| < \epsilon$ mit z.B. $\epsilon = 0{,}01$ selbsttätig erkannt werden.

Sie bewirkt zusammen mit der Polstelle des Reglers bei z=1, daß durch kleine Störungen am Streckeneingang über deren integrales Verhalten entstandene bleibende Regelabweichungen $e(k) \approx const.$ den Integralanteil des Reglers nicht steuern, mithin nicht ausgeregelt werden. Die Folge ist erhebliche stationäre Ungenauigkeit, jedoch keine Instabilität, bei Anwendung von Deadbeat-Reglern an I-Prozessen. Eine einfache Lösung des Problems besteht im Entwurf eines Deadbeat-Reglers

$$G^*_{DB}(z) = \frac{q_0 A^*(z^{-1})(1-\alpha z^{-1})}{1 - q_0 B(z^{-1}) z^{-d} (1-\alpha z^{-1})} = \frac{u^*(z)}{e(z)} \tag{10.6}$$

für den Tiefpaßanteil des Prozesses. Bleibende e(k) sind nun von $u^*(k)$ aus beobachtbar. Der in Gl. (10.6) im Vergleich zu Gl. (10.5) noch fehlende Anteil zur Kompensation des Integralanteiles des Prozesses kann durch Differenzenbildung der Ersatzstellgröße $u^*(k)$ und Ausgabe von

$$u(z) = (1-z^{-1})u^*(z) \tag{10.7}$$

gebildet werden. Das Gesamtübertragungsverhalten von Gln. (10.6), (10.7) und (10.5) ist identisch; im modifizierten Algorithmus kürzt Gl. (10.7) die Polstelle z=1 der Strecke nach Berechnung der Stellgröße.

Die geeignete *Abtastzeit* T_0 für integrierende Strecken kann erfahrungsgemäß nach Gl. (9.2) gewählt werden, falls

- der Prozeß mit einem *Rechteckimpuls* der Dauer t_1 und der Amplitude h_0 angeregt und
- $T_{95} = \{t \mid y(t) = 0,95\ y(\infty)\}$ wie üblich bestimmt wird.

Der Endwert der Regelgröße $y(\infty)$ hängt auch von der Integrierzeit T_I des Systems ab, da

$$y(\infty) = h_0 t_1 \frac{K_p}{T_I} = h_0 t_1 K' , \tag{10.8}$$

wie man durch Anwendung der Grenzwertsätze nachprüft. Die "Verstärkung" K' folgt direkt aus Gl. (10.8) durch Umstellung zu

$$K' = \frac{y(\infty)}{h_0 t_1}. \tag{10.9}$$

Um bei der nachfolgenden Identifikation keine numerischen Schwierigkeiten wegen großer T_I zu bekommen, kann K' auf Eins normiert werden, indem z.B. die Regelgrößenmeßwerte mit 1/K' multipliziert werden.

Bild 10.1 zeigt die selbsteinstellende Regelung eines integrierenden Prozesses mit P(I)D-Regler, Gl. (10.4).

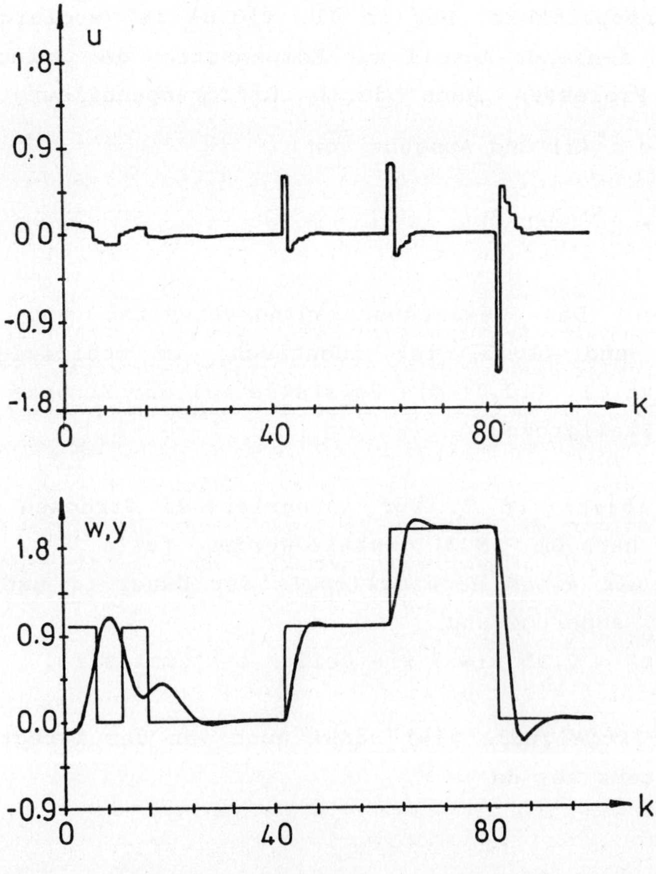

Bild 10.1: Adaptive Regelung des integrierenden Prozesses IV (Voridentifikation bis k=20 mit P-Regler, K_R=0,5).

10.2 Instabile Prozesse

Für Prozesse mit Eigenwerten in der rechten offenen s-Halbebene können naturgemäß keine allgemeinen Aussagen gemacht werden, da keine allgemeingültige Regeln zur Stabilisierung unbekannter instabiler Prozesse mit einfachen Reglern existieren. So läßt sich der Prozeß

$$G_1(s) = \frac{1}{(1+10s)(1-5s)} \qquad (10.10)$$

nicht mit einem P-Regler stabilisieren, während das für

$$G_2(s) = \frac{1}{(1-10s)(1+5s)} \qquad (10.11)$$

möglich ist. Liegt ein instabiles System vor, müssen also zur stabilen Voridentifikation im geschlossenen Kreis weitere Eigenschaften bekannt sein. Ist eine solche Stabilisierung jedoch möglich, können die bekannten Parameterschätzmethoden auch auf instabile Strecken erfolgreich angewendet werden.

Zur Regelung empfehlen sich vor allem Zustandsregler, da sie ohne Einschränkungen anwendbar sind, sofern der Prozeß vollständig steuerbar und beobachtbar ist; die Konvergenz der Matrix-Riccati-Differenzen-Gl. (3.43) kann allerdings für instabile Systemmatrizen A nicht grundsätzlich gesichert werden. Deadbeat-Regler dürfen wegen ihres Kompensationsentwurfes nicht an instabilen Strecken eingesetzt werden; PID-Regler können eine instabile Strecke nicht immer stabilisieren. Minimal-Varianz-Regler unterliegen für $r>0$, $D(z^{-1})\neq 0$ ebenfalls keinen Einschränkungen, so daß sie neben Zustandsreglern eingesetzt werden können.

Bild 10.2 zeigt die Regelung des instabilen Prozesses $G_2(z)$, Gl. (10.11), mit adaptivem Matrix-Riccati-Zustandsregler.

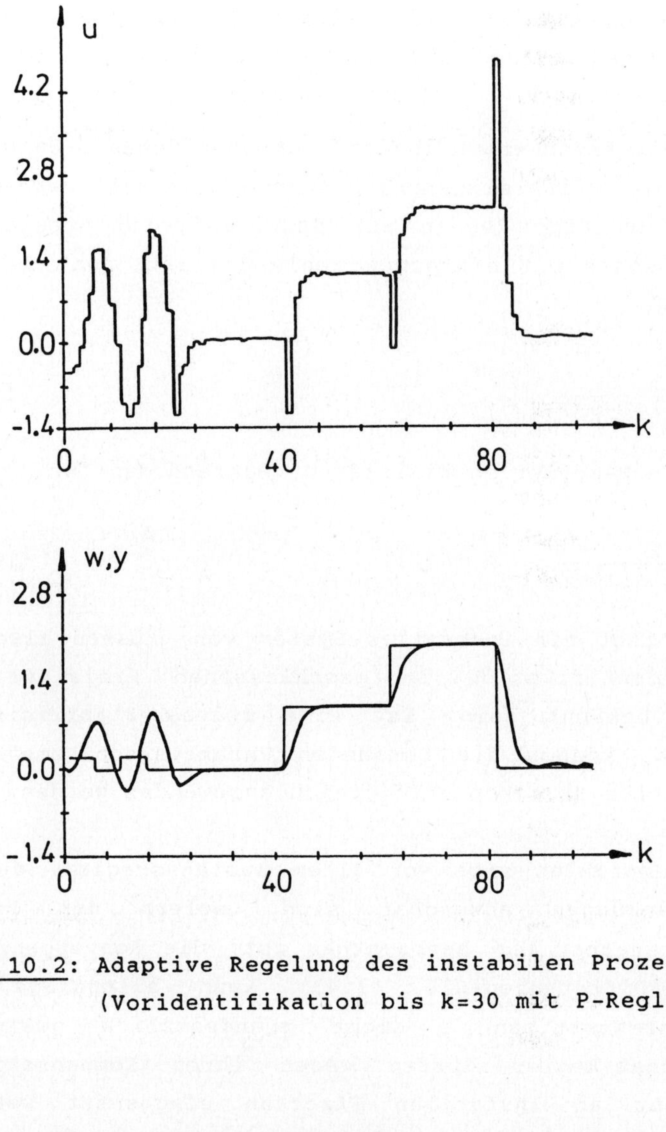

Bild 10.2: Adaptive Regelung des instabilen Prozesses V (Voridentifikation bis k=30 mit P-Regler, K_R=-1,5).

10.3 Nichtlineare Prozesse mit Hysterese

Die Darstellung eines nichtlinearen Prozesses durch ein parametrisches Volterra-Modell erfaßt die Klasse von Prozessen mit eindeutigen, stetig differenzierbaren Nichtlinearitäten. Nicht stetig differenzierbares Prozeßverhalten - hierzu gehören technisch wichtige Erscheinungen wie Reibung und Lose- mit nicht eindeutigen Ein/Ausgangsbeziehungen (Hysterese) können durch einen Volterra-Reihenansatz nicht dargestellt werden. Die im folgenden Abschnitt durchgeführte Modellbildung typischer Nichtlinearitäten führt jedoch zu einem linearen Prozeßmodell, das Reibung und Lose enthält.

10.3.1 Modellbildung einfacher mechanischer Systeme

In mechanischen Systemen entsteht das Hystereseverhalten durch trockene Reibung oder Lose, wie im folgenden gezeigt wird. Es genügt daher, diese beiden physikalischen Einflüsse systemtheoretisch in die dynamische Prozeßbeschreibung einzugliedern, um aus dieser Darstellung ein Regelungskonzept für Prozesse mit Hystereseverhalten abzuleiten.

10.3.1.1 Systeme mit Reibung

Schreibt man die Bewegungs-Differentialgleichung eines einfachen mechanischen Systems an,

$$m\, \ddot{y}_2(t) + [d+f_{G1}]\dot{y}_2(t) + c\, y_2(t) + F_{RG}\,\mathrm{sign}[\dot{y}_2(t)] =$$

$$= F(t) = c\, y_1(t) \qquad (10.12)$$

mit

$y_2(t)$ = zurückgelegter Weg des Systems;
$F(t)$ = anregende Kraft,

vgl. Bild 10.3, so tritt neben den Trägheits-, Dämpfungs- und Federkräften eine der antreibenden Kraft entgegengerichtete Reibungskraft F_{RG} als weitere Reaktionskraft auf; f_{G1} ist der Koeffizient für den geschwindigkeitsproportionalen Gleitreibungsanteil.

Grundsätzlich müssen bei reibungsbehafteten Systemen der Haft- und der Bewegungszustand unterschieden werden. Im Haftzustand befindet sich das System in Ruhe. Erst wenn die Resultierende aus der Antriebskraft F einerseits und der Reaktionskraft $cy_2(t)$ andererseits die Haftreibung $F_{RH} \geq F_{RG}$ betragsmäßig übersteigt, findet der Übergang in den Bewegungszustand statt. Für den Haftzustand gilt die Beziehung

$$\ddot{y}_2(t) = 0 \quad \text{für } \dot{y}_2(t) = 0 \text{ und } |F(t) - c\, y_2(t)| \leq F_{RH}. \tag{10.13}$$

Der nichtlineare Anteil der Reibung läßt sich somit im Blockschaltbild für den Bewegungszustand durch einen Zweipunktschalter in der Rückführung beschreiben.

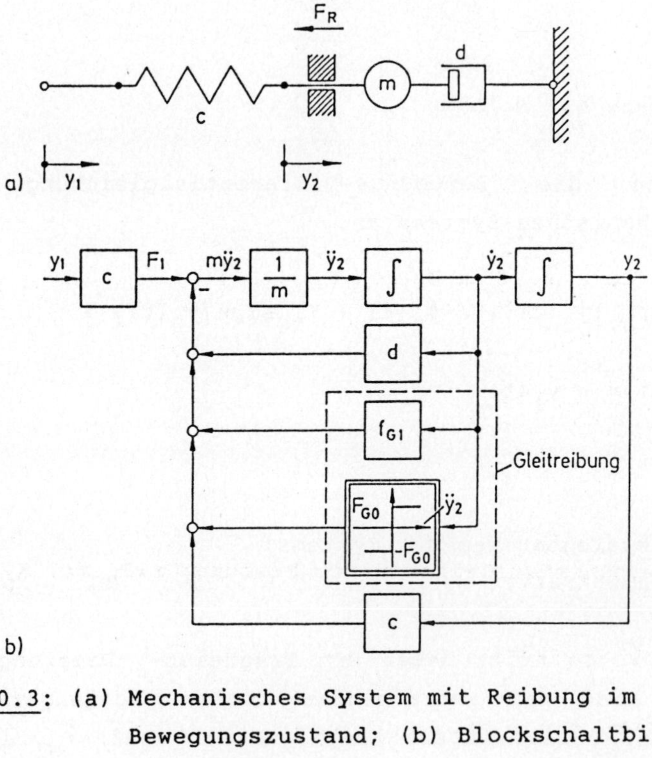

Bild 10.3: (a) Mechanisches System mit Reibung im Bewegungszustand; (b) Blockschaltbild.

Die durch Reibung verursachte Nichtlinearität kann jedoch auch als veränderliche Störung mit geschwindigkeitsabhängigem Vorzeichen aufgefaßt werden. Dies führt auf das einfache

Ersatzbild 10.4. Bei quasistatischer Veränderung der Eingangsgröße y_1 ändert sich der Ausgang y_2 nach der in Bild 10.5 dargestellten Hysteresekennlinie.

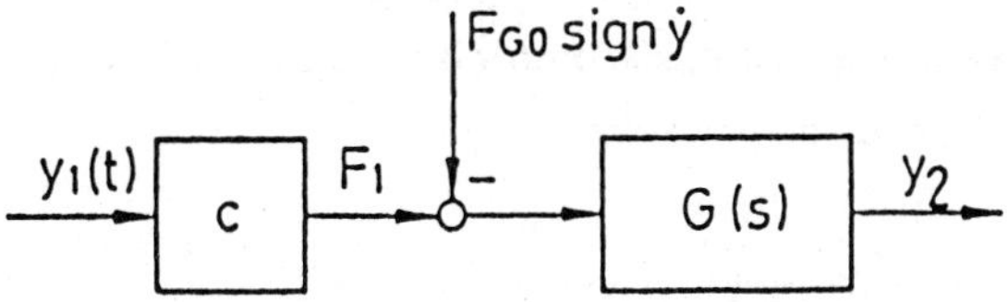

Bild 10.4: Ersatzbild für ein System mit Reibung im Bewegungszustand.

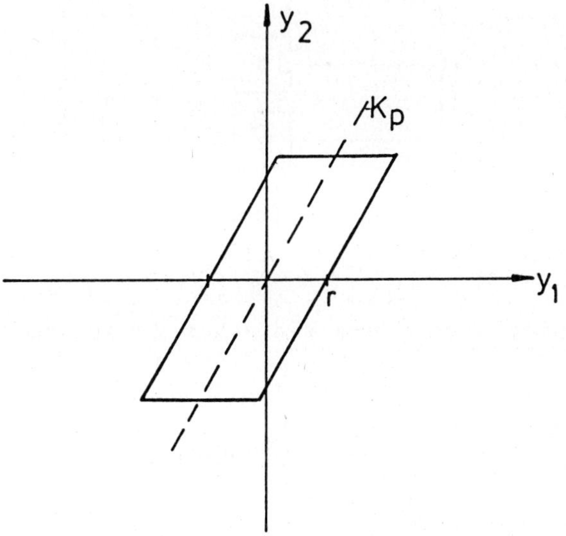

Bild 10.5: Hystereseverhalten durch Reibung; $r=F_{RG}/c$, $K_p=1$ für System Gl. (10.12).

10.3.1.2 Systeme mit Lose

Für Systeme mit Lose kann eine ähnliche verallgemeinerte Darstellung wie für reibungsbehaftete Systeme angegeben werden.

Das statische Ein/Ausgangsverhalten der Lose läßt sich direkt angeben:

$$y_3(t) = \begin{cases} y_1(t) + y_t & \text{für } y_1(t) \le - y_t \\ 0 & \text{für } - y_t \le y_1(t) \le y_t \\ y_1(t) - y_t & \text{für } y_1(t) \ge y_t . \end{cases} \qquad (10.14)$$

Aus Gl. (10.14) ergibt sich die in Bild 10.6 enthaltene Kennlinie am Eingang des dynamischen Systems.

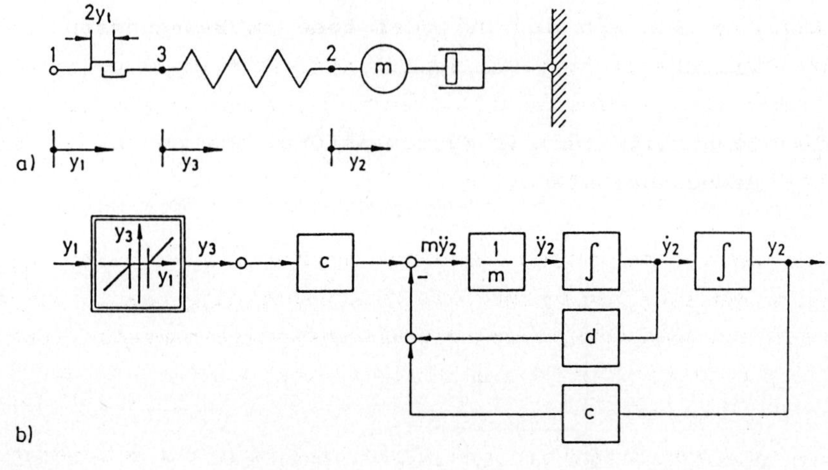

Bild 10.6: (a) Mechanisches System mit Lose (Totzone).
(b) Blockschaltbild.

Für Bild 10.6 läßt sich wieder ein einfaches Ersatzschaltbild 10.7 angeben.

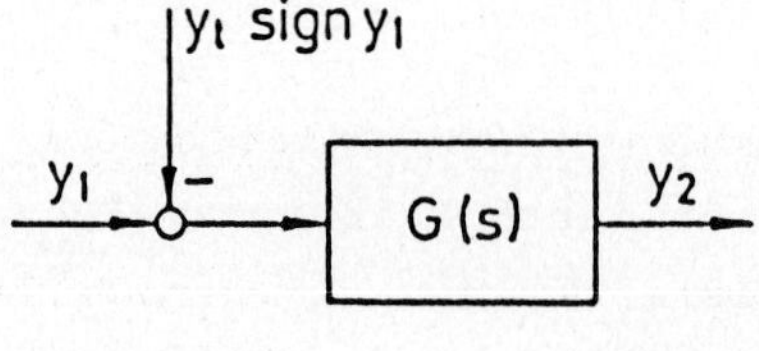

Bild 10.7: Ersatzschaltbild für System mit Lose und $|y_1(t)|>y_t$.

Die Nichtlinearität läßt sich auch hier als Störgröße auffassen, die ihr Vorzeichen in Abhängigkeit von der Eingangsgröße $y_1(t)$ ändert. Im quasistatischen Betrieb befindet sich die Losestelle stets an einem der beiden Anschläge, so daß die Eingangsgröße starr mit der Ausgangsgröße $y_2(t)$ gekoppelt ist.

10.3.1.3 Vereinheitlichte Darstellung

Ein Vergleich von Bild 10.4 und Bild 10.7 macht deutlich, daß mechanische Systeme mit Reibung oder Lose im Bewegungszustand wie ein eingangsseitig gestörtes lineares System behandelt werden können. Zu beachten ist allerdings, daß die einwirkende Störgröße zwar abschnittsweise konstant ist, sich ihr Vorzeichen jedoch ändert.

Außerhalb der beschriebenen Bewegungszustände verlieren die Ersatzschaltbilder ihre Bedeutung, da dann nicht eindeutige Beziehungen zwischen Stell- und Regelgröße auftreten; es können dafür auch keine Ersatzschaltbilder angegeben werden.

Zur Regelung des Systems genügt jedoch die Kenntnis des Wertes der Stellgröße, die zum Übergang vom Ruhe- in den Bewegungszustand erforderlich ist. Hierbei soll vereinfachend $F_{RH}=F_{RG}$, also keine erhöhte Haftreibung, angenommen werden. Der Entwurf eines Identifikations- und Regelkonzeptes kann dann auf der Basis der Blockschaltbilder 10.4 und 10.7 für den Bewegungszustand erfolgen.

10.3.2 Explizite Identifikation der Hysteresebreite

Reibung und Lose verursachen eine tote Zone, innerhalb der die Eingangsgröße des Prozesses variiert werden kann, ohne daß dadurch eine Änderung der Ausgangsgröße auftritt. Beim Einsatz konventioneller Ein/Ausgangsregler muß diese tote Zone nach jedem Vorzeichenwechsel erneut vom Integral-Anteil des Reglers durchlaufen werden. Der Integral-Anteil muß wegen der durch ihn verursachten Verkleinerung des Stabilitätsgebietes schwach eingestellt werden. Dies führt zu überaus langen Einschwingvorgängen und zu starken Verzögerungen bei Sollwertänderungen, also schlechtem Regelverhalten.

Eine Lösung dieses Regelungsproblems ergibt sich in ihren Grundzügen aus den Ersatzschaltbildern 10.4 und 10.7. Durch eine vorzeichenverkehrte Aufschaltung des jeweils einwirkenden Störwertes auf die vom Regler zur Steuerung des dynamischen Teilsystems erzeugte Stellgröße kann der Einfluß der Nichtlinearität Reibung oder Lose kompensiert werden. Das nichtlineare System kann dann als lineares System betrachtet und dafür ein entsprechender Regler entworfen werden.

Diese Kompensation wird vollständig möglich sein, sofern

- die Störung exakt bekannt (meßbar) ist
  und
- der Störeinwirkstelle nur (quasi-) proportionale Übertragungsglieder vorgeschaltet sind (ideale Störgrößenaufschaltung)

Liegt vor der Störeinwirkstelle ein stark verzögernder Streckenteil, so ist eine ideale Kompensation dynamisch nicht möglich, für genügend langsame Änderungen oder stationäre Verhältnisse jedoch ebenso durchführbar.

Das Hauptproblem bei der Realisierung des Konzeptes liegt in der notwendigen Kenntnis der aktuellen Größe des zu kompensierenden Betrages der Störung. Da es sich um Reibung oder Lose handelt und diese Größen in der Regel entweder überhaupt nicht meßbar sind oder sich ändern, ist eine gute Kompensation praktisch nicht durchführbar.

Wünschenswert wäre darüber hinaus, wenn Veränderungen der Nichtlinearität (Breite der Totzone, Betrag der Reibung für beide Bewegungsrichtungen) unabhängig von der Identifikation der linearen Systemdynamik festgestellt werden könnten.

Erweitert man das dynamische Modell des Prozesses um einen von Ein- und Ausgangsgröße des Prozesses unabhängigen Parameter c, so repräsentiert dieser zusätzliche Parameter alle im Prozeß vorhandenen statischen Anteile, vgl. Gl. (2.2). Reibungen und Lose können nun durch diesen Wert erfaßt werden, vgl. Bild 10.4 und 10.7, sofern die notwendige Unterscheidung der Bewegungsrichtung (sign $\dot{y}_2(t)$) durchgeführt wird.

Für das zeitdiskrete Modell eines Prozesses mit Reibung oder Lose wird deshalb folgender Ansatz gewählt

$$y(k) = - a_1 y(k-1) - \ldots - a_m y(k-m) - b_1 u(k-1) + \ldots + b_m u(k-m) + c - r_0 \text{sign}[\dot{y}(k)] \; . \qquad (10.15)$$

Die Größen y und u stellen darin die Ein- und Ausgangssignale des Prozesses dar. Im reibungsfreien Fall gilt für die Konstante

$$c = [1 + \sum_{i=1}^{m} a_i] Y_0 - \sum_{i=1}^{m} b_i U_0 \; , \qquad (10.16)$$

wobei Y_0 und U_0 die Werte der Ein- und Ausgangssignale im Beharrungszustand sind.

Die Prozeßparameter a_i, b_i, c und r_0 sind nicht bekannt und müssen daher durch ein Identifikationsverfahren aus den Ein- und Ausgangssignalwerten des betrachteten Prozesses ermittelt werden.

Fügt man den Parameter $r=(c-r_0)$ des erweiterten Prozeßmodells dem Vektor der Dynamik-Parameter $\underline{\hat{\Theta}}$ wie in Gl. (2.4) hinzu, so tritt bei Änderungen dieses Wertes - hier durch Wechsel der Bewegungsrichtung und/oder des Betrages von Reibung oder Lose - auch immer eine Veränderung aller anderen Parameterschätzwerte auf.

Die Identifikation des linearen Übertragungsverhaltens und der Störung wird daher getrennt durchgeführt. Zunächst wird ein Modell für den linearen Block geschätzt. Sorgt man dafür, daß das reibungsbehaftete System durch eine geeignete Anregungs funktion ständig in eine Richtung bewegt wird, bleibt während dieser Bewegungsphase die Reibungskraft nach Betrag und Vorzeichen konstant.

Durch Subtraktion der Prozeß-Gln. (10.15) für den Zeitpunkt k und k-1 ergibt sich mit den Definitionen

$$\Delta u(k-j) = u(k-j) - u(k-j-1)\ ,\ j = 1,\ldots,m\ ;$$
$$\Delta y(k-j) = y(k-j) - y(k-j-1)\ ,\ j = 1,\ldots,m\ ; \qquad (10.17)$$

die dynamische Änderung des Prozeßausganges $\Delta y(k)$ aus

$$\Delta y(k) = -\hat{a}_1 \Delta y(k-1) - \ldots - \hat{a}_m \Delta y(k-m)$$
$$+\hat{b}_1 \Delta u(k-1) + \ldots + \hat{b}_m \Delta u(k-m)\ . \qquad (10.18)$$

Die Konstanten r_0 und c entfallen, da sie in beiden Schätzgleichungen identisch sind. Durch Verwendung der ersten Differenzen von Ein- und Ausgangssignalen anstelle der tatsächlichen Werte gelingt es, die dynamischen Verhältnisse getrennt zu erfassen.

Vergleicht man nun zu Bestimmung der Störung die vom dynamischen Modell vorausgesagte Ausgangsgröße $\hat{y}(k)=\underline{\psi}^T(k)\hat{\underline{\Theta}}(k)$ mit dem tatsächlich gemessenen Ausgang y(k), so ergibt sich ein Schätzwert für den durch die Nichtlinearität verursachten Anteil zu

$$\hat{r} = y(k) - \underline{\psi}^T(k)\hat{\underline{\Theta}}(k) \qquad (10.19)$$

mit $\hat{\underline{\Theta}}=[\hat{a}_1\ldots\hat{b}_m]$
als Abweichung beider Größen unter der Voraussetzung, daß brauchbare Schätzwerte $\hat{\underline{\Theta}}$ für die Prozeßparameter a_i und b_i vorhanden sind. $\hat{r}$ enthält den Parameter c, siehe oben.

In diesen einfachen Schätzwert $\hat{r}$ gehen allerdings auch Störungen der Ausgangsgröße y(k) direkt ein. Es ist daher besser, $\hat{r}$ über mehrere Schritte zu mitteln oder über ein rekursives Schätzverfahren zu verbessern

$$\hat{r}(k+1) = \hat{r}(k) + \xi(k+1)\ [y(k+1) - \underline{\psi}^T(k+1)\hat{\underline{\Theta}} - \hat{r}(k)]\ ;$$

$$\xi(k+1) = \frac{\xi(k)}{\lambda_r + \xi(k)}\ ; \qquad \xi(0) \approx 10^4\ ;$$

$$\hat{r}(0) = 0\ , \qquad (10.20)$$

wobei $\lambda_r \in [0,1]$ den Grad der exponentell nachlassenden Gewichtung zurückliegender Vorhersagefehler festlegt. Für $\lambda_r=0$ ergibt sich Gl. (10.19), also der aktuelle Wert. Da hier nur ein Parameter geschätzt wird, kann λ klein (z.B. 0,4) gewählt werden.

Man hat so einen Schätzwert $\hat{r}$ für die Größe von Reibung oder Lose, der einerseits weitgehend unempfindlich gegen Störungen der Prozeßausgangsgröße y(k) ist, andererseits aber Veränderungen folgen kann.

10.3.3 Adaptive Kompensation der Hysterese

Mit Hilfe der Modellgl. (10.15) läßt sich der Beharrungszustand des Systems berechnen

$$Y_0 = - a_1 Y_0 - \ldots - a_m Y_0 + b_1 U_0 + \ldots + b_m U_0 + r \qquad (10.21)$$

$$\rightarrow [1 + \sum_{i=1}^{m} a_i] Y_0 = \sum_{i=1}^{m} b_i U_0 + r\ . \qquad (10.22)$$

Aus dem Schätzwert $\hat{r}$ und den getrennt geschätzten Prozeßparametern $\hat{a}_i$ und $\hat{b}_i$ kann mit Gl. (10.22) diejenige Stellgröße U_0 ermittelt werden, die notwendig ist, um einen bestimmten

Wert Y_0 der Ausgangsgröße aufrecht zu erhalten. Für Y_0=W (Folgeregelung) ergibt sich

$$U_0 = \frac{[1 + \sum_{i=1}^{m} \hat{a}_i]W - \hat{r}}{\sum_{i=1}^{m} \hat{b}_i} = U_{00} - \frac{\hat{r}}{\sum_{i=1}^{m} \hat{b}_i} . \qquad (10.23)$$

Im reibungsfreien Fall wird durch Aufschaltung von U_{00} auf die dynamische Stellgröße erreicht, daß die statische Kennlinie des Prozesses für jeden beliebigen Arbeitspunkt durch den Koordinatenursprung verläuft, vgl. Gln. (3.49) und (3.52).

Bei reibungs- oder losebehafteten Prozessen führt eine Aufschaltung nach Gl. (10.23) zu einer Verkürzung der Zeit, die zum Durchlaufen der toten Zone notwendig ist und damit zu einer wesentlichen Verbesserung der Regelgüte gegenüber konventioneller PI-Regelung. Der Schätzwert $\hat{r}$ kann von dem realen Wert r allerdings abweichen, so daß eine überwachte Aufschaltung von $\hat{r}$ erforderlich ist. Da $\hat{r}$ von der Dynamikschätzung der Parameter einseitig entkoppelt erfolgt, kann er gesteuert verändert werden, ohne den Verlauf der Dynamik-Schätzung zu stören.

Um Asymmetrien des nichtlinearen Systems zu erfassen, kann für beide Bewegungsrichtungen des Prozesses ein Wert $\hat{r}$ erfaßt werden. Die Aufschaltung, Gl. (10.23), muß stets vorzeichenrichtig bei Änderung der Bewegungsrichtung verändert werden ($\hat{r}_{min}$, $\hat{r}_{max}$ in Bild 10.8). Zur exakten Erfassung des Umschaltzeitpunktes müßte gemäß Gl. (10.15) $\dot{y}(t)$ erfaßt werden. Dies würde einen zusätzlichen Geschwindigkeitssensor erfordern. Daher wird vorgeschlagen, die Bedingung $e(k)=w(k)-y(k)\lesseqgtr 0$ als Näherung für einen Richtungswechsel und zur Umkehr der Aufschaltungspolarität auszuwerten.

Bild 10.8 zeigt den Aufbau eines digitalen Stellungsregelkreises mit adaptiver Festwertaufschaltung, Bild 10.9 eine Regelung ohne Berücksichtigung der Reibung, Bild 10.10 die Regelung des gleichen Systems mit der Regelkreisstruktur Bild 10.8. Bei technischer Realisierung dieses Verfahrens der adaptiven Reibungs/Losekompensation entstehen weitere Möglichkeiten; sie sind Kofahl (1985) zu entnehmen.

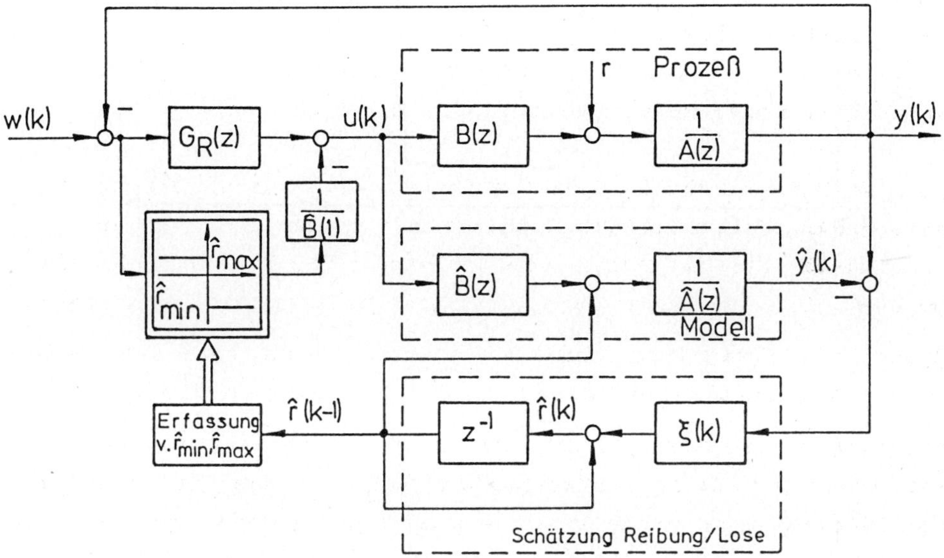

Bild 10.8: Digitaler Regelkreis mit adaptiver Kompensation für Prozesse mit (veränderlicher) unbekannter Reibung oder Lose.

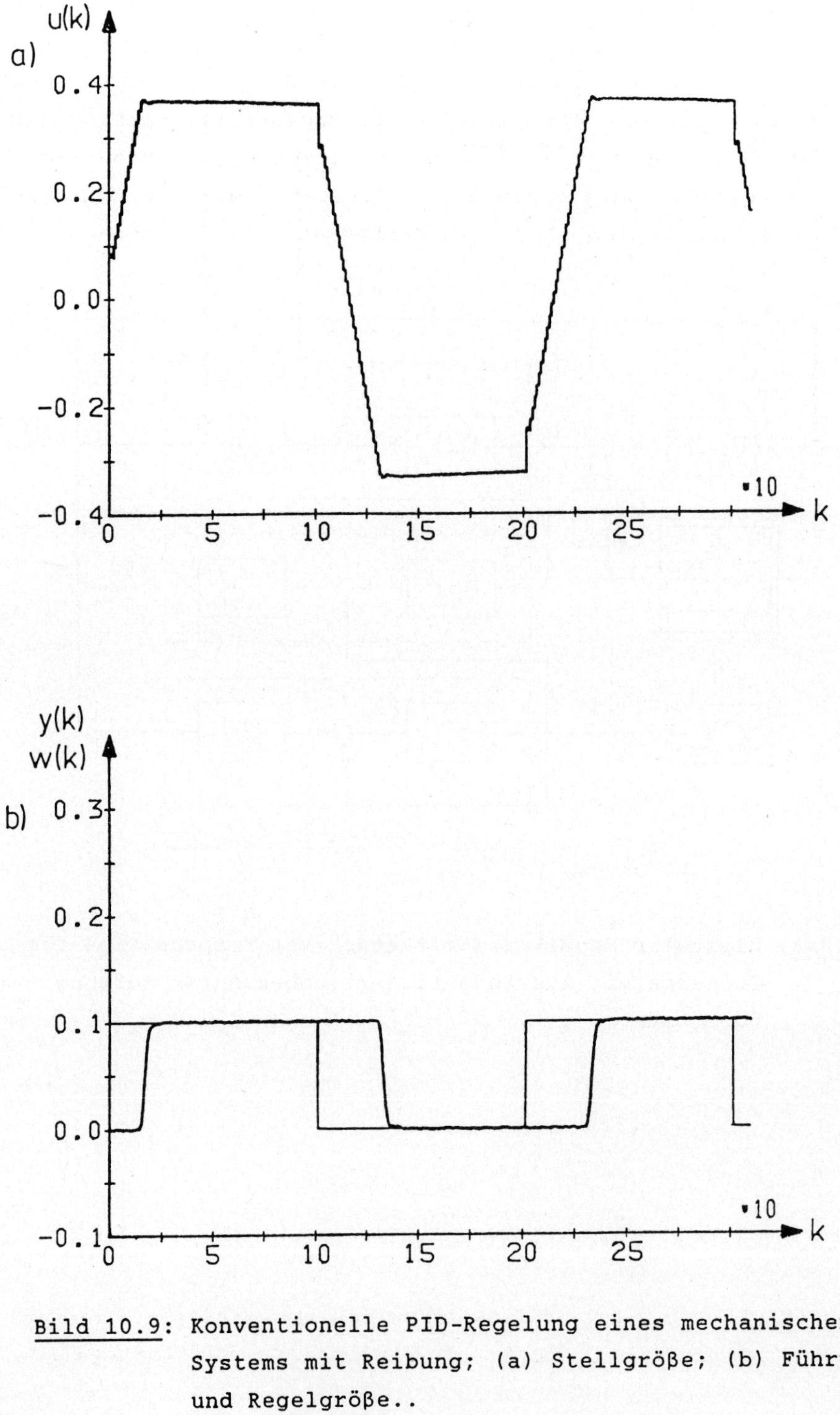

<u>Bild 10.9</u>: Konventionelle PID-Regelung eines mechanischen Systems mit Reibung; (a) Stellgröße; (b) Führungs- und Regelgröße..

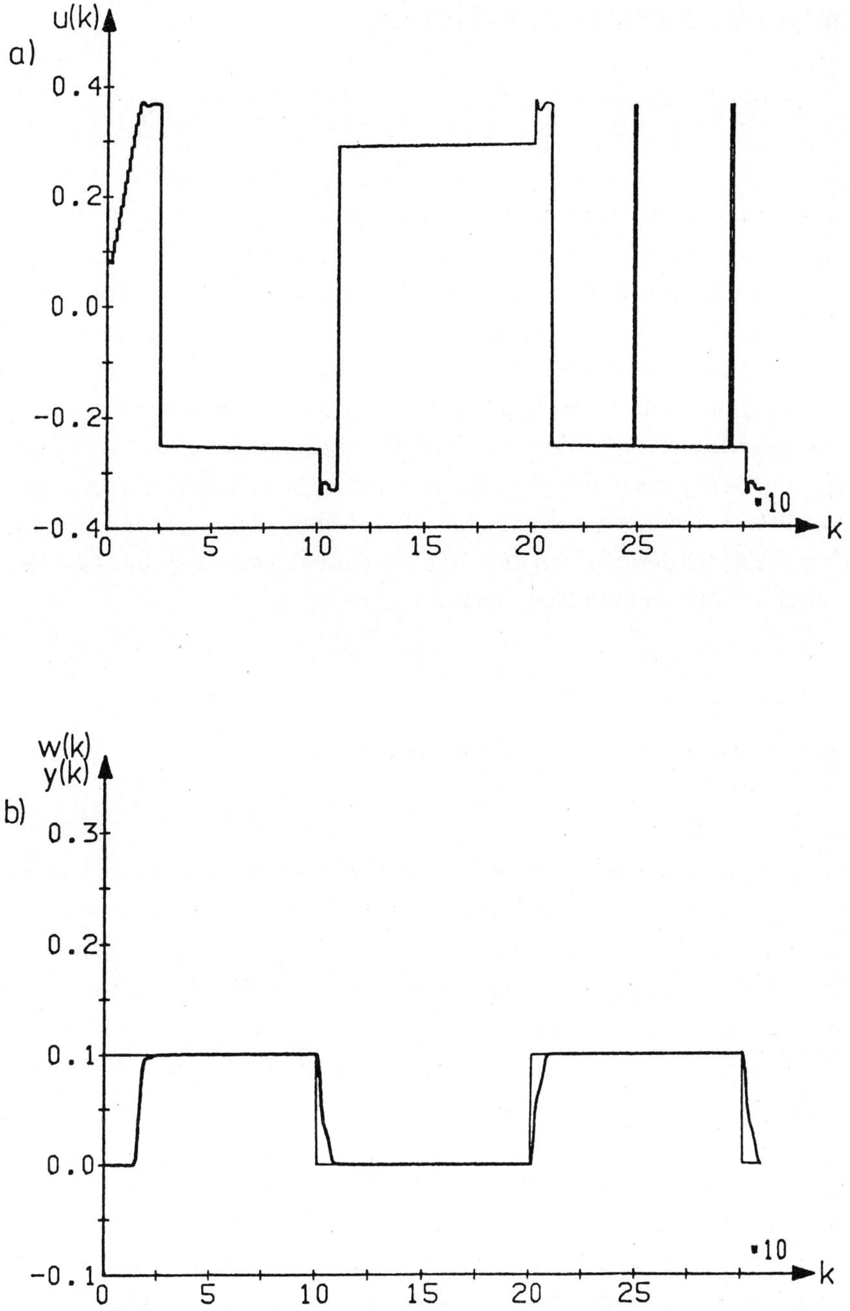

Bild 10.10: Regelung des mechanischen Systems mit Regelstruktur Bild 10.8 ab k=25; (a) Stellgröße; (b) Führungs- und Regelgröße.

11 Pilotstudie thermischer Prozess

Zustands- und PID-Regelalgorithmen wurden in Verbindung mit den numerisch stabilen Parameterschätzverfahren SRIF und UD an einem realen Prozeß angewendet. So konnten die Leistungsfähigkeit der Algorithmen bezüglich Regelgüte und Adaptionsverhalten verglichen und die durch reale Signale und Modellierungsfehler entstehenden Einflüsse untersucht werden. Die Versuche zeigten neben der praktischen Funktionszuverlässigkeit des parameteradaptiven Systems DIPAC, vgl. Anhang D, auch die mögliche Verbesserung der Regelgüte im Sinne guten Folge- und Störverhaltens durch Anwendung der Überwachungsfunktionen, Kapitel 9. Im folgenden werden die wesentlichen Ergebnisse der umfangreichen Versuchsreihen dokumentiert.

11.1 Regelungstechnisches Modell des Pilotprozesses

Der reale Prozeß wurde als Pilotanlage "Dampfbeheizter Wärmeaustauscher (WAT)" am Institut für Regelungstechnik von W. Goedecke aufgebaut. Anlagenbild, vgl. Anhang C, technische Daten sowie wesentliche Elemente der Modellbildung sind ausführlich in Goedecke (1986) dargestellt. Sie werden hier nur so weit übernommen, wie dies zum Verständnis der Versuchsergebnisse notwendig erscheint.

Bild 11.1 zeigt die vereinfachte Anordnung des Pilotprozesses mit den beiden Regelkreisen, die einzeln adaptiv realisiert wurden. Bild 11.2 zeigt das vereinfachte regelungstechnische Blockschaltbild. Die Anlage besteht aus einem primären Dampfkreislauf und einem sekundären Wasserkreislauf. Primärseitig wird in einem elektrisch beheizten Dampfkessel (DK) erzeugter Sattdampf (8 bar, 175°C) über eine längere Rohrleitung einem

Rohrbündelwärmeaustauscher (WAT) zugeleitet. Er erwärmt das im Sekundärkreislauf von einer Kreiselpumpe (KP) umgewälzte Wasser, das in einem Luft/Wasser-Kreuzstrom-Wärmetauscher (Rückkühler RK) mit Außenluft ϑ_{LE} gekühlt wird. Der Dampf kondensiert am Fuße des WAT. Das Kondensat wird von einer Flüssigkeitsring-Vakuumpumpe (VP) über einen Kondensatableiter (KA) periodisch abgesaugt und wieder dem Dampfkessel zugeführt.

Die nachfolgenden Übertragungsfunktionen gehen aus der detaillierten Modellbildung hervor und wurden von Goedecke (1986) im Rahmen von Fehlererkennungsverfahren verifiziert. Um eine Vorstellung der auftretenden Zeitantworten zu geben, werden diese Ergebnisse kurz zusammengefaßt.

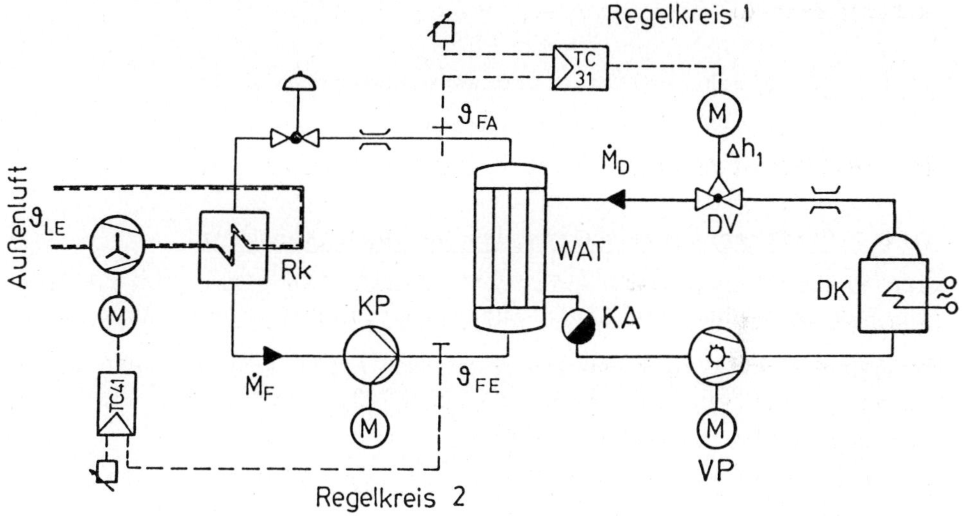

Bild 11.1: Thermischer Pilotprozeß.

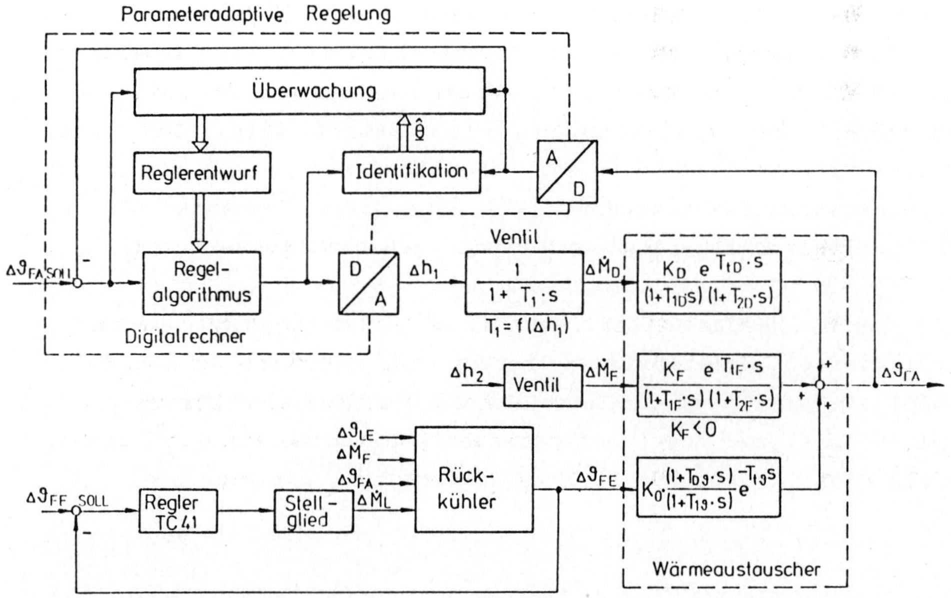

Bild 11.2: Blockschaltbild und Regelungsprinzip des thermischen Pilotprozesses.

11.1.1 Übertragungsverhalten des Wärmeaustauschers

Faßt man zunächst die Fluid-Austrittstemperatur des WAT ϑ_{FA} als Regelgröße auf, so können die um den Arbeitspunkt $\dot{M}_D$=50 kg/h, ϑ_{FE}=60°C, $\dot{M}_F$=3000 kg/h; $\vartheta_{FA} \approx 70$°C linearisierten drei Übertragungsfunktionen nach ihrer Eingangsgröße bezeichnet werden. Die Parameter ergaben sich aus einer Identifikation der Anlage (Goedecke, 1986):

- Dampfübertragungsfunktion, PT_4-T_t-Verhalten aus Modellbildung, zulässig vereinfachbar auf PT_2-T_t-Verhalten mit

$$G_D(s) = \frac{\Delta\vartheta_{FA}(s)}{\Delta\dot{M}_D(s)} = \frac{K_D}{(1+T_{1D}s)(1+T_{2D}s)} e^{-T_{tD}s} \qquad (11.1)$$

und $K_D \approx 0{,}17$; $T_{1D} \approx 12$sec; $T_{2D} \approx 7$sec; $T_{tD} = 1{,}5$sec.

- Temperaturübertragungsfunktion, PDT_3-T_t-Verhalten aus Modellbildung, zulässig vereinfachbar auf PDT_1-T_t-Verhalten mit

$$G_\vartheta(s) = \frac{\Delta\vartheta_{FA}(S)}{\Delta\vartheta_{FE}(s)} = K_\vartheta \frac{(1+T_{D\vartheta}s)}{(1+T_{1\vartheta}s)} e^{-T_{t\vartheta}s} \qquad (11.2)$$

und $K_\vartheta \sim 0{,}95$; $T_{D\vartheta} \sim 8sec$; $T_{1\vartheta} \sim 12sec$; $T_{t\vartheta} = 7{,}8$ sec.

- Fluidübertragungsfunktion, PDT_3-T_t-Verhalten aus Modellbildung, zulässig vereinfachbar auf PT_2-T_t-Verhalten mit

$$G_F(s) = \frac{\Delta\vartheta_{FA}(s)}{\Delta\dot{M}_F(s)} = \frac{K_F}{(1+T_{1F}s)(1+T_{2F}s)} e^{-T_{tF}s} \qquad (11.3)$$

und $K_F \simeq -0{,}002$(!); $T_{1F} \simeq 9sec$; $T_{2F} \simeq 1sec$; $T_{tF} \simeq 1sec$.

Die Zahlenwerte stimmen bis auf begründbare Ausnahmen gut mit theoretischer Modellbildung überein. Im ersten Regelkreis mit $G_D(s)$ befindet sich nach Bild 11.2 ein Stellventil zur Beeinflussung des Dampfstromes. Durch unterlagerte Stellungsregelung besitzt es lineares Übertragungsverhalten. Die Laufzeit beträgt für den gesamten Stellbereich 15sec. Approximiert man das Ventil durch ein PT_1-Glied, so ist dessen Zeitkonstante proportional zum Stellhub, also

$$G_v(s) = \frac{\Delta\dot{M}_D(s)}{\Delta h_1(s)} = \frac{0{,}8}{1 + T_1 s} \qquad (11.4)$$

oder

$$G_u(s) = \frac{\Delta\dot{M}_D(s)}{\Delta U(s)} = \frac{8}{1 + T_1 s}$$

mit

$$T_1 = f(\Delta h_1) = 15sec \cdot \Delta h_1[\%]/100\,\%. \qquad (11.5)$$

11.1.2 Übertragungsverhalten des Rückkühlers

Im zweiten Regelkreis von Bild 11.1 liegen als Übertragungsglieder der Rückkühler mit dazugehörigem Stellglied. Dieses ist eine frequenzumrichter-gesteuerte Asynchronmaschine mit Ventilator und kann in guter Näherung als PT_1-Glied beschrieben werden. Bedingt durch die unterlagerte Ständerstrombegrenzung treten jedoch von der Stellgrößenänderung Δu des Reglers abhängige Hochlaufzeiten auf, die etwa zwischen 4 und 15sec liegen, also auch

$$G_{VE}(s) = \frac{\Delta n(s)}{\Delta u(s)} = \frac{K}{1 + T(\Delta u)s} \tag{11.6}$$

für positive Δu. Drehzahlverringerungen dagegen wird fast proportional gefolgt. Es ist daher zu erwarten, daß eine Adaption bei großen Stellsignaländerungen Δu wegen Gl. (11.6) schwierig sein wird.

Die Modellbildung des luftgekühlten Wasser-Rückkühlers kann ausgehend von einem wasserbeheizten Lufterhitzer durchgeführt werden (Schramm, Isermann; 1975) . Dies würde jedoch den Rahmen dieser Arbeit überschreiten und ist zur Anwendung parameteradaptiver Regelungen auch nicht erforderlich. Aus Übergangsmessungen findet man durch Anwendung von Kennwertermittlungsverfahren folgende verifizierte Annäherungen des Übertragungsverhaltens des Rückkühlers für den Arbeitspunkt $\dot{M}_F$=3000 l/h; ϑ_{FA}=50°C:

Für Kühlen

$$G_{Rk1}(s) = \frac{\Delta\vartheta_{FE}(s)}{\Delta u(s)} = \frac{K_p}{(1+Ts)^3}\, e^{-2,4s} \tag{11.7}$$

mit K_p=-0,15; T=5,9sec; T_u=5sec; T_G=20,5sec; T_{95}=37sec; gemessen für Δu: 2V → 6V;

Für Erwärmen

$$G_{Rk2}(s) = \frac{\Delta\vartheta_{FE}(s)}{\Delta u(s)} = \frac{K_p}{(1+Ts)^4} \qquad (11.8)$$

mit K_p=-0,15; T=5sec; T_u=7sec; T_G=23sec; T_t=0,2sec≈0; T_{95}=42sec; gemessen für Δu: 6V → 2V.

Die wesentlich nur beim Kühlen auftretende Totzeit ist durch den langsamen Hochlauf des Ventilators verursacht; die etwas schnellere Kühldynamik durch den aktiven Charakter des Vorganges (Erwärmung kann nur über n → 0 des Ventilators passiv herbeigeführt werden).

Zusätzliche Messungen ergaben in Tabelle 11.1 dokumentierte Arbeitspunktabhängigkeiten des Übertragungsverhaltens im Fluidkreislauf von der Durchflußmenge (Massenstrom). Zeitverhalten und Verstärkungsfaktor ändern sich abhängig vom Fluidstrom um bis zu 100 %.

Tabelle 11.1: Arbeitspunkte Rückkühlerregelung

$\dot{M}_F$[l/h]	K_p	T[s](u: 6V → 2V)
2250	-0,175	5,8
3000	-0,145	5,1
4000	-0,113	4,0
6000	-0,073	2,8

Veränderte Temperaturniveaus hatten fast keinen Einfluß auf die Dynamik, während der Verstärkungsfaktor auch vom Temperaturniveau, also dem Arbeitspunkt des Regelkreises, abhängt. Es gilt

$$K_p \approx -0{,}25 + 0{,}02\ U[V] \qquad (11.9)$$

mit der Stellspannung u des Ventilators bei $\dot{M}_F$=3000 l/h und ϑ_{FEL}=15°C. Man hat in Extremfällen Verstärkungsfaktoränderungen bis 4:1 in einem Temperaturbereich von 15°.

11.2 Parameteradaptive Regelung des Pilotprozesses

Die adaptive Regelung wurde für beide Regelkreise in Bild 11.1 (Regelgrößen ϑ_{FA} über Dampfstrom $\dot{M}_D$ und ϑ_{FE} über Luftstrom $\dot{M}_L$) separat ausgeführt. Die anderen Größen wurden z.T. analog geregelt und sind jeweils als Störgrößen aufzufassen. Sie wurden im Verlauf der Experimente gezielt verändert, um ein zeitvariantes/nichtlineares Verhalten der Strecke zu erzeugen.

Die Meß- und Stellglieder waren über 170 m(!) lange Verbindungsleitungen paarweise geschirmt mit den A/D- und D/A-Wandlern eines Prozeß-Superminirechners HP 1000/A900 verbunden, auf dem das Programmsystem DIPAC zur parameteradaptiven Regelung unter dem Betriebssystem RTE-A läuft, vgl. Anhang D.

Die Signale wurden sämtlich als Einheitsströme von 0...20mA von und zum Rechner übertragen, wie in der Verfahrenstechnik üblich. Am Rechner erfolgte die I/U bzw. U/I-Wandlung. Zur Dämpfung eventuell auftretender höherfrequenter Meßstörungen wurden die Meßsignale am Ausgang des I/U-Wandlers mit einem einfachen analogen Tiefpaßfilter 1.Ordnung (aktives RC-Glied) mit der Zeitkonstanten τ=100ms (f_e=10Hz) gefiltert.

Zur Bedienung des Programmes sind zwei Terminals (jeweils eines zur Ein- und Ausgabe) vorgesehen, die ebenfalls über eine lange V24-Leitung mit dem Rechner verbunden waren.

11.2.1 Regelung der Strecke Wärmeaustauscher (WAT)

Regelstrecke ist die Übertragungsfunktion 3.Ordnung mit Totzeit $G_D(s)$, Gln. (11.1) und $G_v(s)$, Gl. (11.4). Regelgröße ist also die Wasseraustrittstemperatur ϑ_{FA} am Kopf des WAT, Stellgröße die Stellspannung U für das Dampfstromventil. Als Störgrößen wirken die geregelte (im Kreislauf von ϑ_{FA} abhängige) Wassereintrittstemperatur ϑ_{FE} am Fuße des WAT sowie der (veränderbare) Fluidstrom $\dot{M}_F$. Dieser ist konstant eingestellt und nicht mit den Temperaturen gekoppelt, so daß - abgesehen von Arbeitspunktänderungen - $\dot{M}_F$ nicht registriert zu werden braucht. Die Störung ϑ_{FE} wirkt über die Temperaturübertragungsfunktion $G_\vartheta(s)$, Gl. (11.2), auf ϑ_{FA}.

Vor Beginn einer parameteradaptiven Regelung sind die Strukturparameter Ordnung $\hat{m}$ und Totzeit $\hat{d}$ sowie die Abtastzeit T_0 festzulegen. Zur Verifikation der theoretischen Modellbildung wurde eine Übergangsfunktion aufgenommen. Dies geschah an dem Betriebspunkt $\vartheta_{FE}=40°$, $\dot{M}_F=3000$ l/h Δu: 2V → 6V, während die theoretische Modellbildung bei $\vartheta_{FE}=60°$ durchgeführt wurde, Gl. (11.1). Es ergaben sich folgende Kenngrößen bei grafischer Ermittlung:

$$T_{tD} = 4{,}5\text{sec} \quad ; \quad T_{95} = 80\text{sec} \tag{11.10}$$

also bei Berücksichtigung einer Ventilzeitkonstante von 15·0,4=6sec, Gl. (11.4), eine gute Übereinstimmung mit Gl. (11.1) für das Verzögerungsverhalten. Die Totzeit ist jedoch wesentlich größer. Dies liegt an dem gegenüber Gln. (11.1)-(11.3) veränderten Betriebspunkt. Eine Verifikation des statischen Übertragungsverhaltens ergab einen über den gesamten Dampfstrombereich konstanten mittleren Verstärkungsfaktor von

$$K_D = 0{,}24\left[\frac{K}{kg/h}\right] = 1{,}92\left[\frac{K}{V}\right] \tag{11.11}$$

in relativ guter Übereinstimmung mit Gln. (11.1) und (11.4). Aus Gl. (11.10) ergibt sich in Verbindung mit Gl. (9.2) ein Bereich für die Abtastzeit von

$$2\text{sec} \le T_0 \le 4\text{sec} \tag{11.12}$$

Soll, wie hier, auch PID-Regelung erprobt und eine möglichst niedrige Ordnung für das Prozeßmodell angestrebt werden, so ist die Wahl der oberen Grenze T_0=4sec günstig. Mit der gemessenen Totzeit $T_t \approx 4,5$sec wird damit auch die Bedingung $\hat{d} < T_t/T_0$ erfüllt. Man hat also aus einfachen Überlegungen für die Dampfübertragungsstrecke die Vorgaben

$$T_0 = 4\text{sec}; \quad \hat{m} = 3; \quad \hat{d} = 1 \,. \tag{11.13}$$

Dies läßt auch eine gute Störungsregelung erwarten, da die Totzeit $T_{t\vartheta} \approx 8$sec, Gl. (11.2), beträgt. Da ϑ_{FE} von ϑ_{FA} über den Sekundärkreislauf abhängt, kann die Regelung "sofort" auf diese Störung reagieren. Versuche mit m=4,d=0 erbrachten schlechtere Ergebnisse; es ist also eine Totzeit in der von Gl. (11.10) angegebenen Größenordnung tatsächlich vorhanden. Eine Strukturbestimmung über die Parameterschätzung nach Kapitel 9.2 lieferte ebenfalls $\hat{m}=3$ und $\hat{d}=1$.

Bilder 11.3 - 11.6 zeigen die Regelung der Dampfübertragungsstrecke an dem genannten Arbeitspunkt mit Zustandsregler und Zustandsrekonstruktion nach Gl. (3.35). Die Voridentifikation mit U-D-Faktorisierung, Kapitel 2.3.2, wurde um den Arbeitspunkt U_D=3V (entsprechend $\dot{M}_D$=24kg/h, ϑ_{FA}=46°C) mit einem Pseudo-Rausch-Binärsignal (PRBS) der Amplitude 2V (d.h. Δu=4V oder Δh_1=40 % entsprechend $\Delta\dot{M}_D$=32kg/h) durchgeführt. Dies bewirkt eine ausreichende Anregung der Strecke ($\Delta\vartheta_{FA} \sim 4$°C) und führt zu einer zuverlässigen Parameterkonvergenz nach etwa 35 Abtastschritten, also 140 sec. Die Anregung sollte nicht stärker gewählt werden, da sonst die Ventilstellzeiten dominieren. Nach etwas mehr als 2 Minuten werden selbsttätig die Reglerparameter bestimmt und der Kreis geschlossen (automatischer Anfahr- und Verifikationszyklus).

Bild 11.3 zeigt die Regelung mit einmalig selbsteingestelltem Riccati-Zustandsregler mit r=0,005, Bild 11.4 den gleichen Regler im adaptiven Betrieb ohne jede Überwachung (Reglerparameter in jedem Schritt aus Prozeßmodell berechnet) für λ=0,99, Bild 11.5 mit eigenwertgesteuerter Überwachung nach Bild 9.7. Verringert man den Gedächtnisfaktor auf λ=0,95 und verdoppelt den Reglerbewertungsfaktor auf r=0,01 zur Beruhigung des Kreises, erhält man Bild 11.6. Bild 11.7 schließlich dokumentiert die Erhöhung der Varianz der geschätzten Parameter für verringertes λ am Beispiel des Verstärkungsfaktors $\hat{K}_p$. Man erkennt hier auch, daß die Strecke gut linear ist.

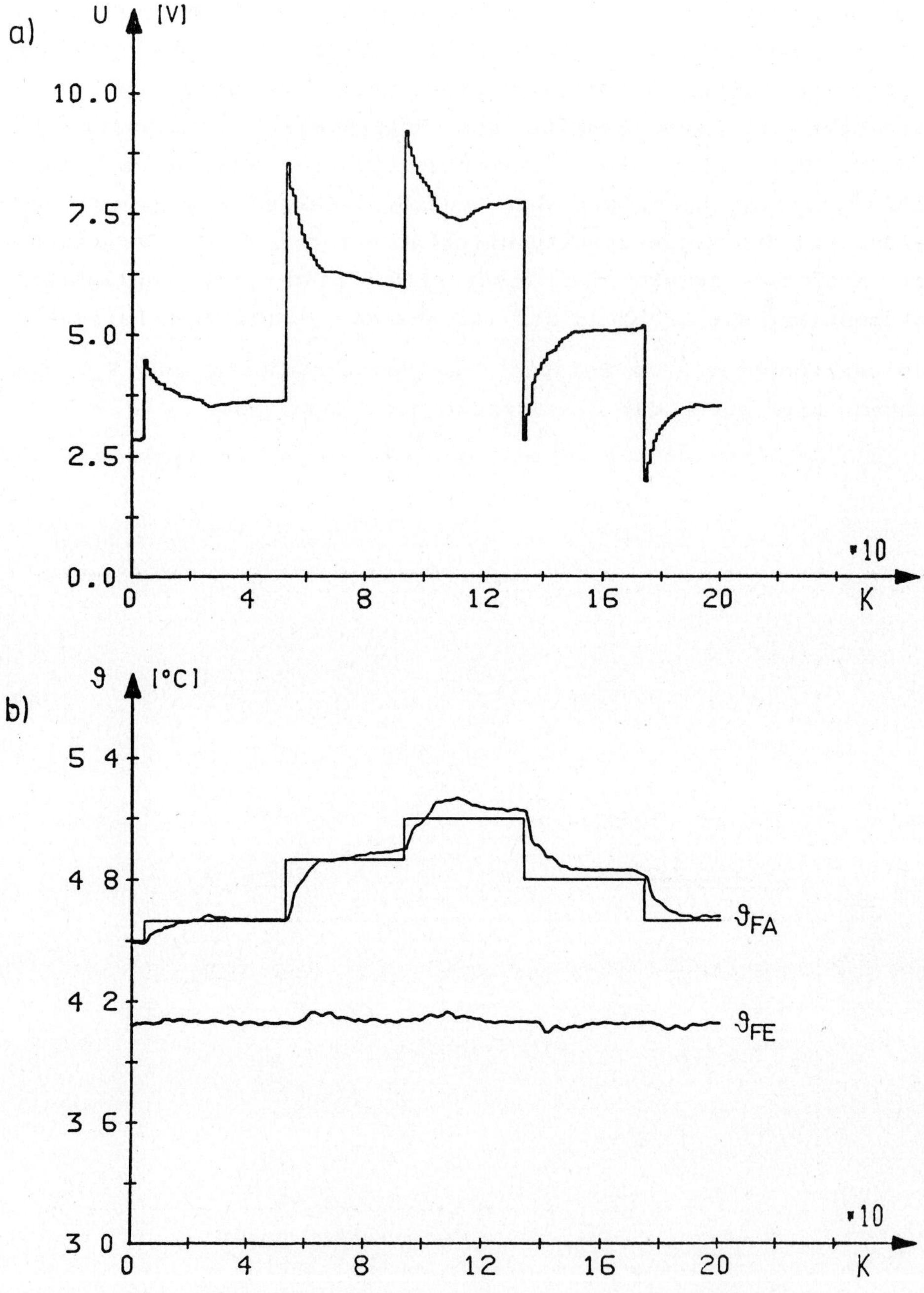

Bild 11.3: Regelung der Wasseraustrittstemperatur des Wärmetauschers mit nach Voridentifikation fest eingestelltem Zustandsregler (r=0,005); (a) Stellgröße U; (b) Führungsgröße, Regelgröße ϑ_{FA} und Störgröße ϑ_{FE}.

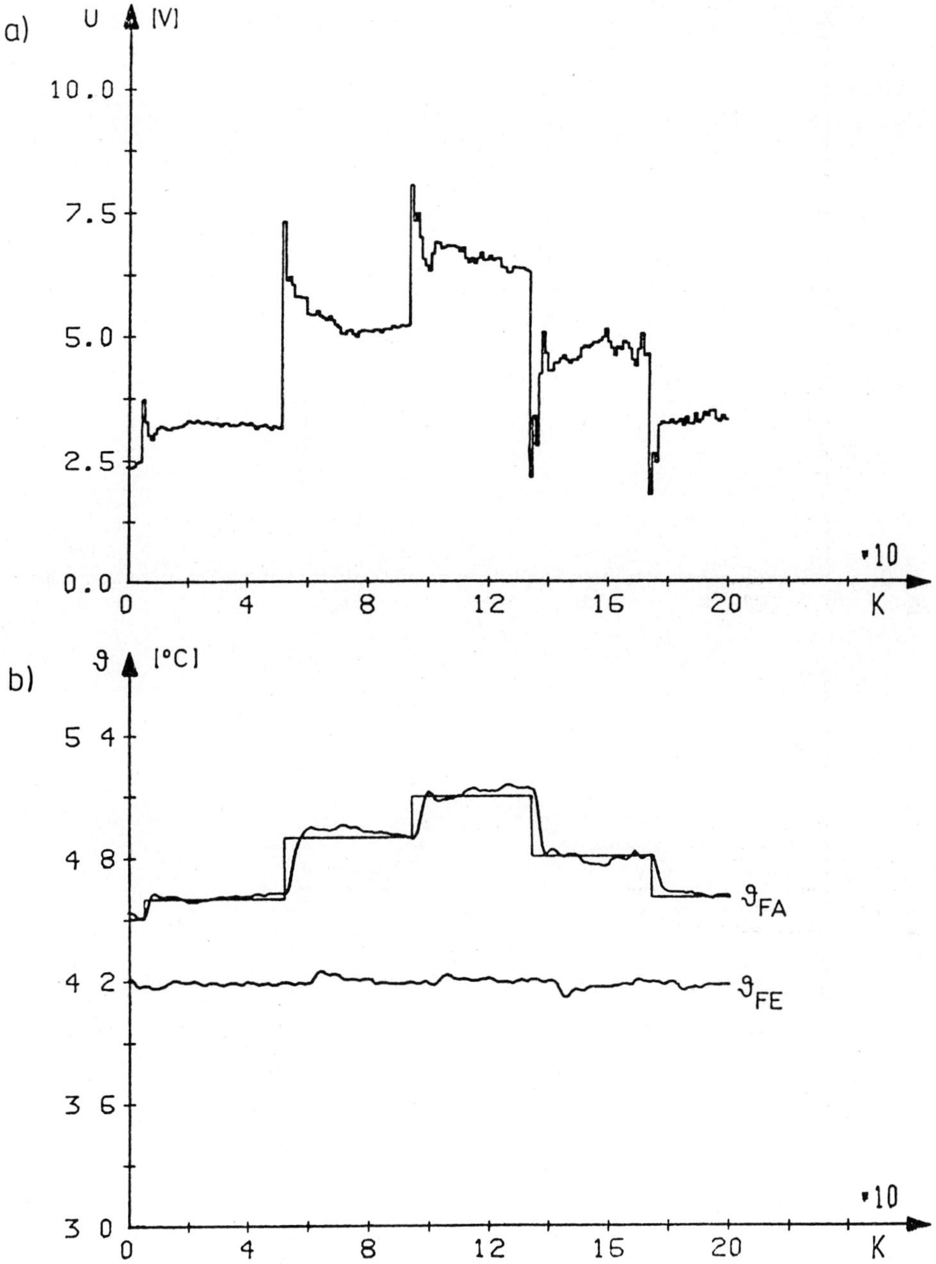

Bild 11.4: Regelung der Wasseraustrittstemperatur des Wärmetauschers mit adaptivem Zustandsregler (r=0,005) ohne Überwachung (λ=0,99); (a) Stellgröße (b) Führungsgröße, Regelgröße ϑ_{FA} und Störgröße ϑ_{FE}.

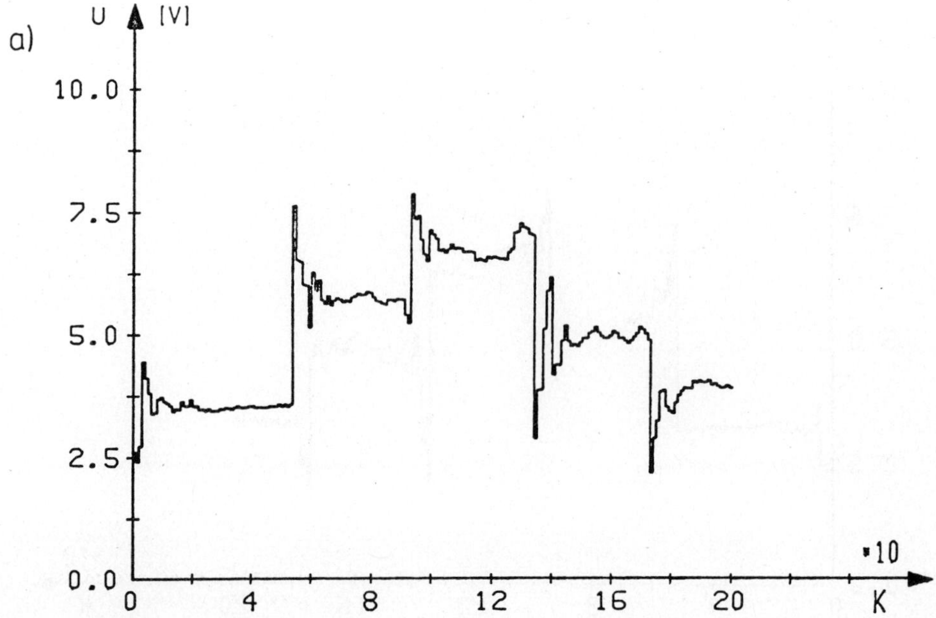

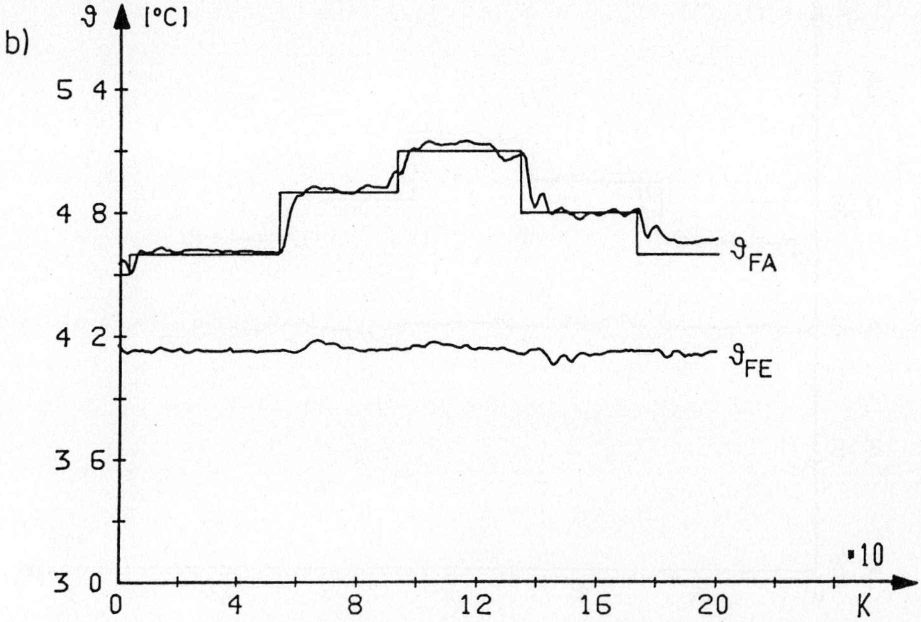

Bild 11.5: Regelung der Wasseraustrittstemperatur des Wärmetauschers mit adaptivem Zustandsregler (r=0,005) mit eigenwertgesteuerter Überwachung (λ=0,99); (a) Stellgröße U; (b) Führungsgröße, Regelgröße ϑ_{FA} und Störgröße ϑ_{FE}.

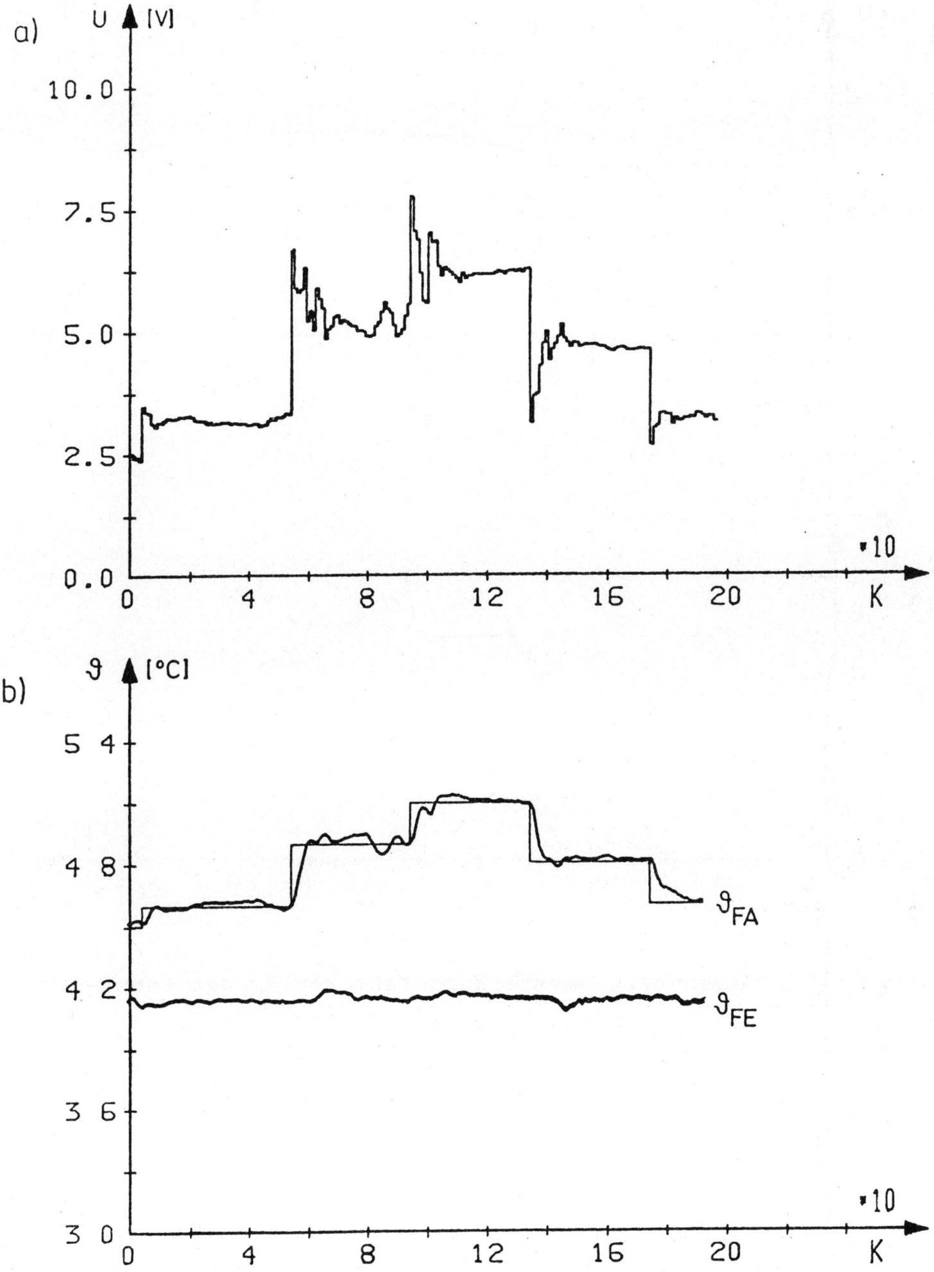

Bild 11.6: Regelung der Wasseraustrittstemperatur des Wärmetauschers mit adaptivem Zustandsregler (r=0,01) mit eigenwertgesteuerter Überwachung (λ=0,95); (a) Stellgröße U; (b) Führungsgröße, Regelgröße ϑ_{FA} und Störgröße ϑ_{FE}.

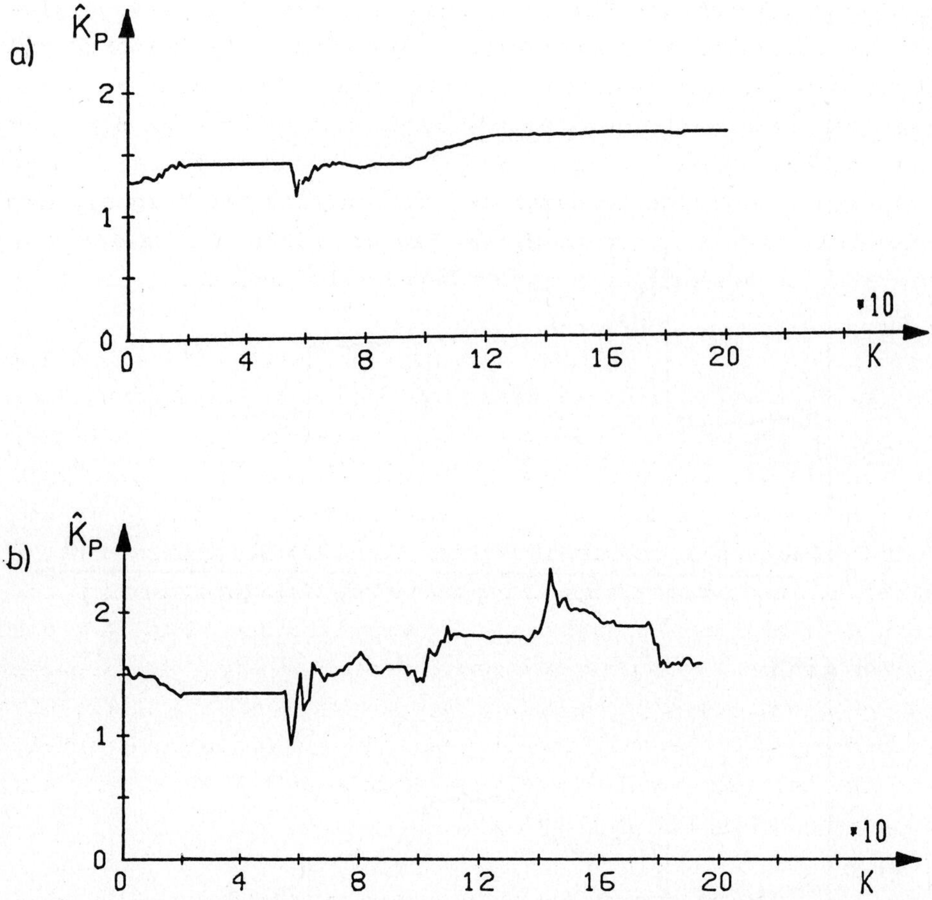

Bild 11.7: Geschätzte Verstärkungsfaktoren $\hat{K}_p$ der Dampfübertragungsfunktion für (a) λ=0,99; (b) λ=0,95.

Aus dem Vergleich der Bilder erkennt man die bessere Regelgüte mit den adaptiven Zustandsreglern, die kürzere Transienten und bessere stationäre Genauigkeit erzielen. Die Anwendung der Überwachung bringt bei diesem zeitinvarianten Prozeß nur geringfügige Verbesserungen (die Adaption ist praktisch immer aktiv, da die Sollwertänderungen kurz aufeinander folgen); der schwächer (r=0,01) eingestellte Regler führt vor allem bei Abkühlung zu wesentlich besserem Regelverhalten.

Bilder 11.8 - 11.11 zeigen das Regelverhalten mit adaptivem PID-Regler, der nach Kapitel 3.3.3 durch Berechnung der kritischen Kennwerte entworfen wurde. Die Überwachung, Bilder 11.9 und 11.11, führt hier zu einer Beruhigung des Kreises, wie man auch an den Stellgrößen deutlich erkennt. Bilder 11.10 und 11.11 zeigen die Regelung in einem niedrigeren Temperaturbereich, die Ausregelung einer sprungförmigen Absenkung der Störgröße ϑ_{FE} um 5° und die darauf folgende Adaption des Reglers an das veränderte Streckenverhalten. Mit Überwachung und Beschleunigung der Adaption über die Erhöhung der Rückführverstärkung des Parameterschätzers, vgl. Kapitel 8.3, erhält man eine ruhigere und schnellere Anpassung (Bild 11.11) als ohne diese Maßnahmen (Bild 11.10).

Bild 11.12 zeigt einen Regelverlauf mit adaptivem PI-Regler (ü=25%). Er ist deutlich schlechter als mit PID-Regler, wie man auch erwarten wird.

Regelungen mit Deadbeat- und Minimal-Varianz-Kompensationsreglern werden hier nicht dokumentiert, da sie im Vergleich sehr unbefriedigende Regelgüten lieferten.

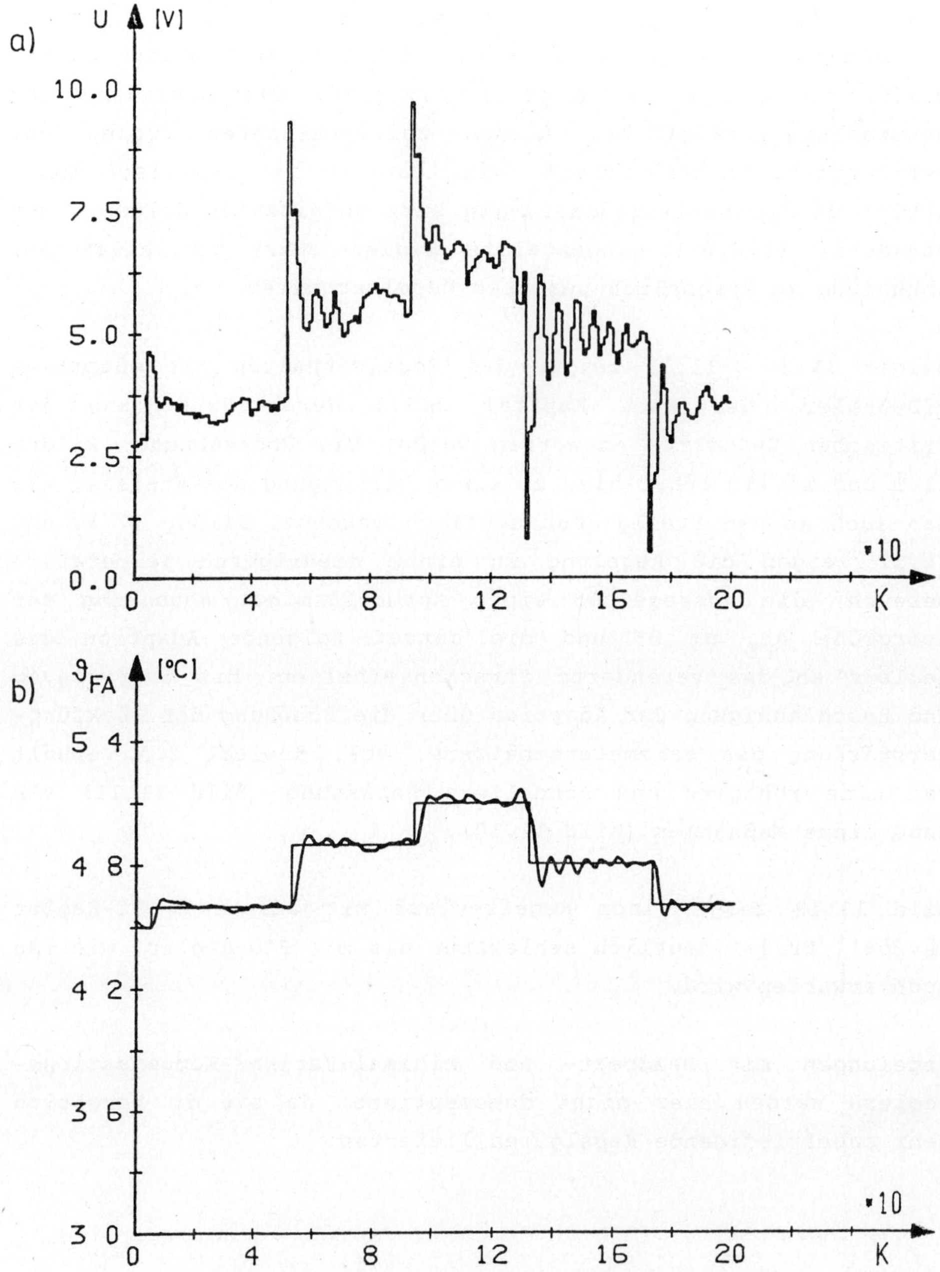

Bild 11.8: Regelung der Wasseraustrittstemperatur des Wärmetauschers mit adaptivem PID-Regler (ü=25%) ohne Überwachung (λ=0,99); (a) Stellgröße U; (b) Führungsgröße, Regelgröße ϑ_{FA}.

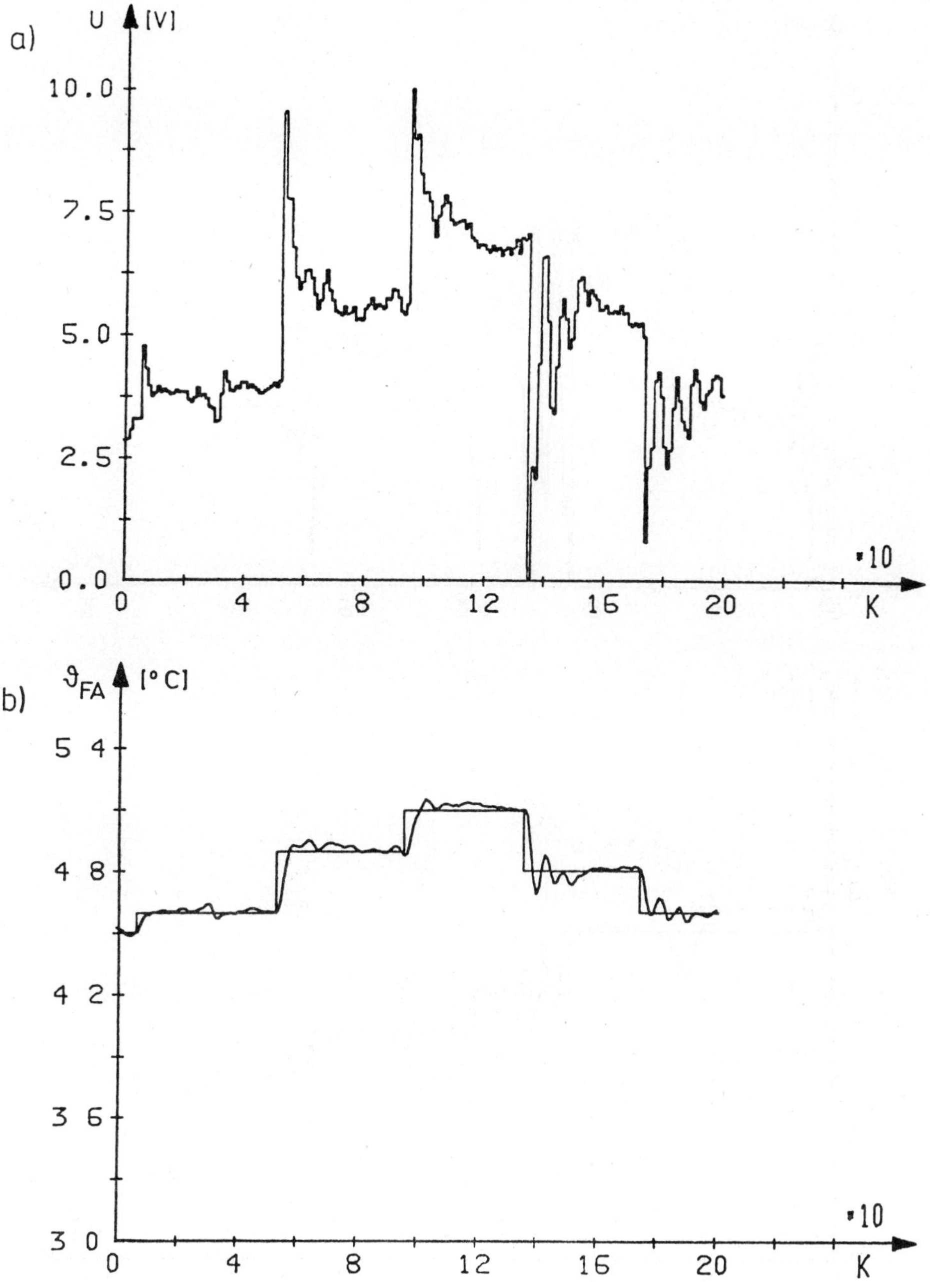

<u>Bild 11.9</u>: Regelung der Wasseraustrittstemperatur des Wärmetauschers mit adaptivem PID-Regler (ü=25%) mit Überwachung (λ=0,99); (a) Stellgröße U; (b) Führungsgröße, Regelgröße ϑ_{FA}.

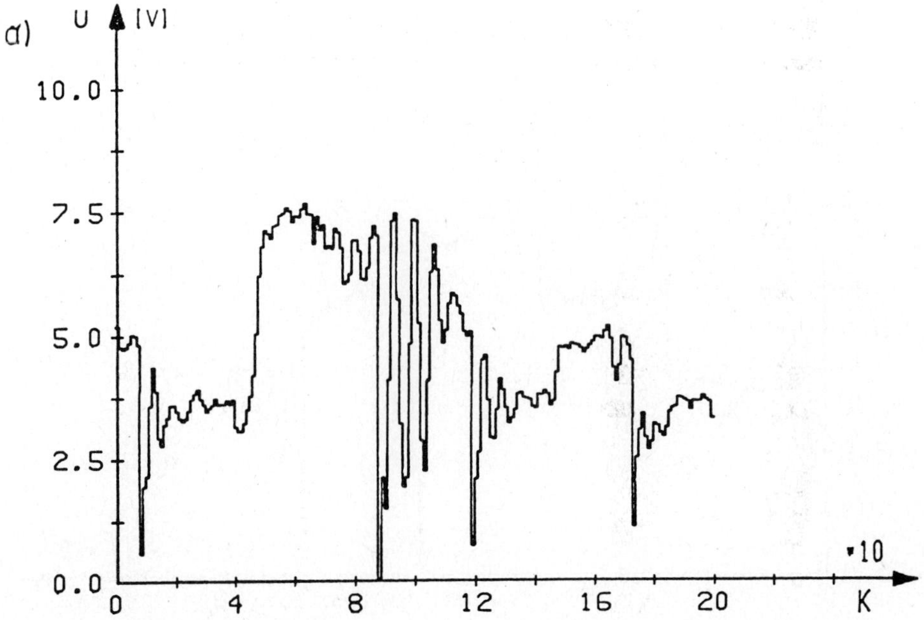

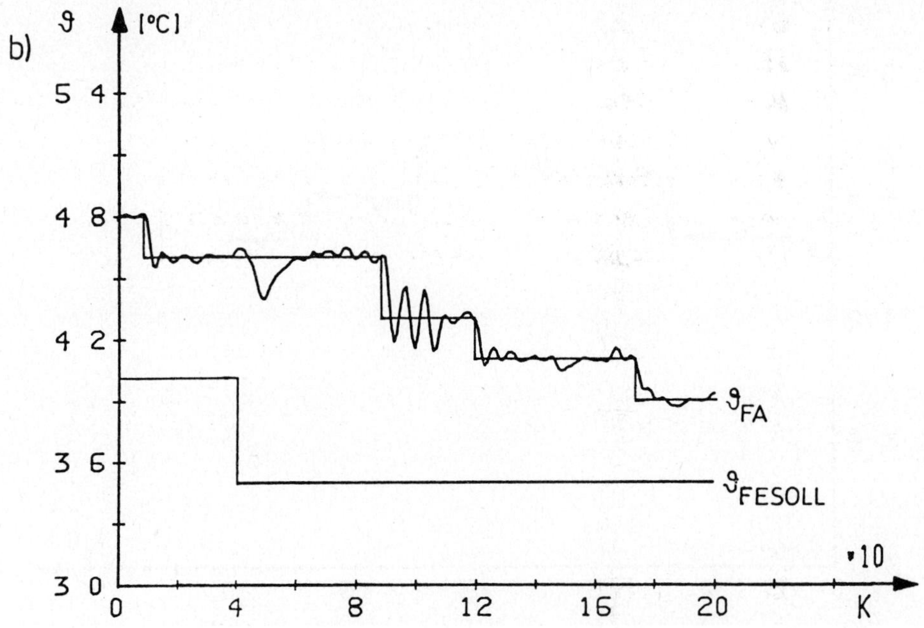

Bild 11.10: Regelung der Wasseraustrittstemperatur des Wärmetauschers mit adaptivem PID-Regler (ü=25%) ohne Überwachung (λ=0,99); (a) Stellgröße U; (b) Führungsgröße, Regelgröße ϑ_{FA} und Störung ϑ_{FE}.

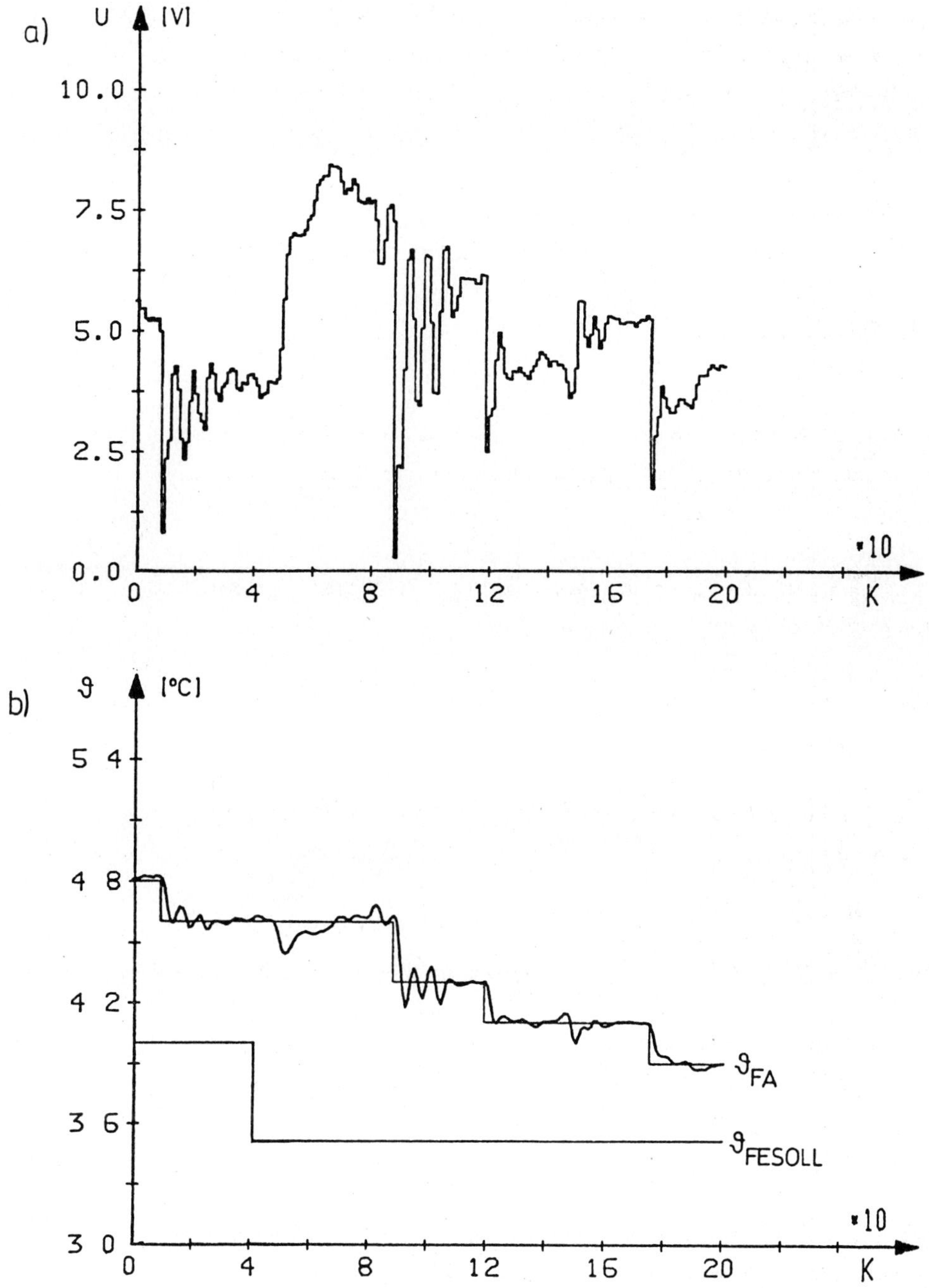

Bild 11.11: Regelung der Wasseraustrittstemperatur des Wärmetauschers mit adaptivem PID-Regler (ü=25%) mit Überwachung (λ=0,99); (a) Stellgröße U; (b) Führungsgröße, Regelgröße ϑ_{FA} und Störung ϑ_{FE}.

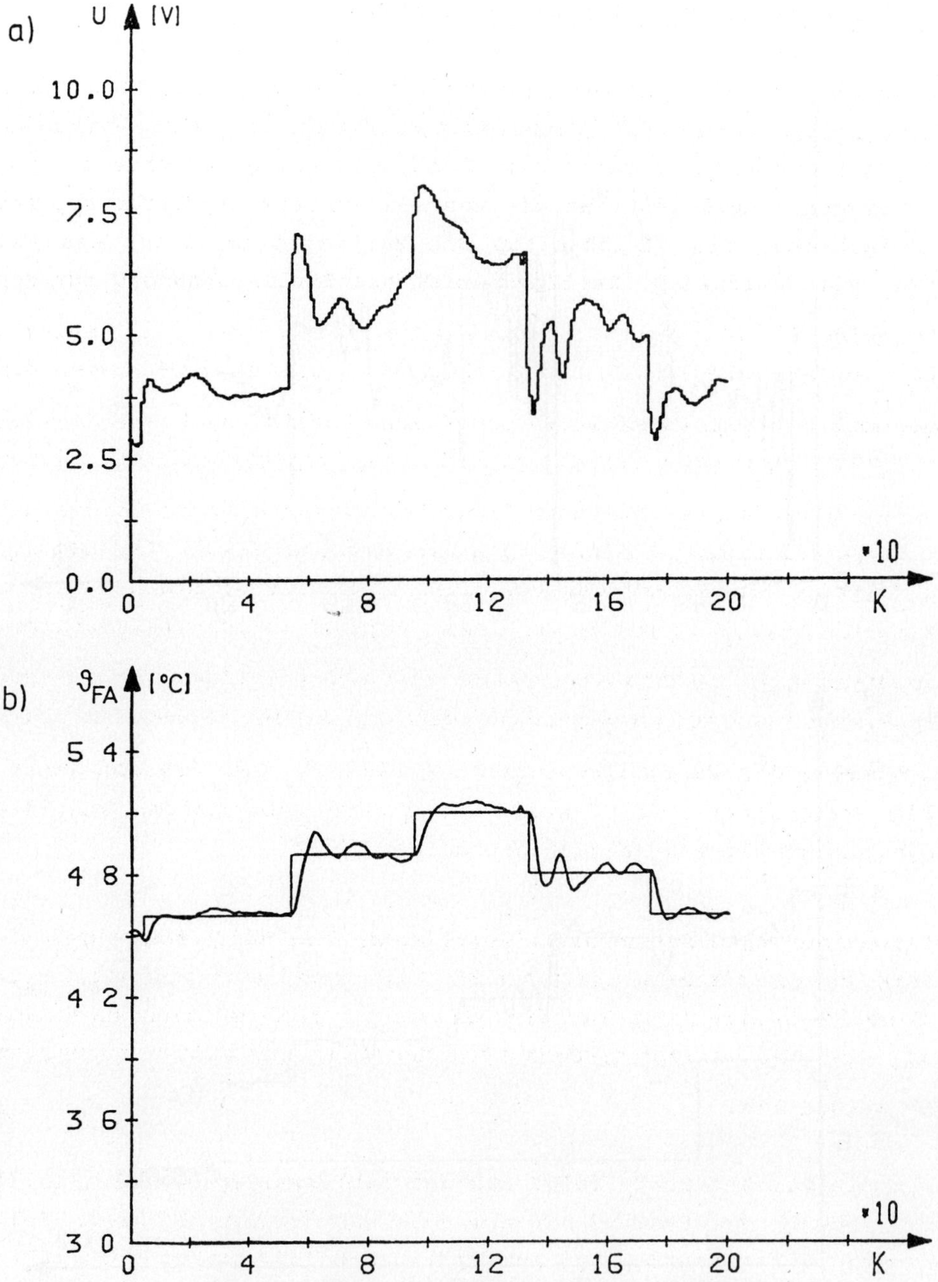

Bild 11.12: Regelung der Wasseraustrittstemperatur des Wärmeaustauschers mit adaptivem PI-Regler (ü=25%) und Überwachung (λ=0,99); (a) Stellgröße U; (b) Führungsgröße, Regelgröße ϑ_{FA}.

11.2.2 Regelung der Strecke Rückkühler

Regelstrecke ist nun der Rückkühler im Sekundärkreislauf der Pilotanlage, also die Übertragungsfunktion 3. bzw. 4.Ordnung $G_{Rk}(s)$, Gln. (11.7) und (11.8), die das Stellglied bereits einschließen. Regelgröße ist die Wasseraustrittstemperatur ϑ_{FE} des Rückkühlers, die gleichzeitig die Eintrittstemperatur des WAT ist, vgl. Bild 11.2. Stellgröße ist die Stellspannung U für den Ventilator, der eine Veränderung des Luftstromes $\dot{M}_L$ bewirkt. Der analoge Regler TC41 in Bild 11.2 wird also durch den adaptiven Regler ersetzt, während der Dampfstrom $\dot{M}_D$ nun analog mit TC31 geregelt wird. Als Störgrößen wirken bei dieser Strecke vor allem Änderungen des Fluidstromes $\dot{M}_F$ sowie die mit ϑ_{FE} über die Temperaturübertragungsfunktion $G_\vartheta(s)$, Gl. (11.2), gekoppelte WAT-Austrittstemperatur. Diese wiederum ist - wie in Kapitel 11.2.1 dargestellt - von Dampfstrom- und Massenstromänderungen im Sekundärkreislauf abhängig. $\dot{M}_D$ kann jedoch gut konstant gehalten werden, so daß außer der unvermeidlichen Koppelung der Temperaturen der Durchfluß $\dot{M}_F$ als Störung wirkt. Sie verändert nach Tabelle 11.1 die statischen und die dynamischen Streckeneigenschaften erheblich.

Als Beharrungswerte wurden ϑ_{FA}=50°C und $\dot{M}_F$=3000 l/h festgelegt. Dies entspricht etwa den Verhältnissen bei Regelung von ϑ_{FA}. Untersucht wurde das Regelverhalten bei Sollwertänderungen von ϑ_{FE} und bei einer (streckenverändernden) Durchflußänderung um $\Delta\dot{M}_F$=+1000 l/h.

Für die Abtastzeit T_0 folgt aus den Zahlenwerten bei Gl. (11.7) und (11.8) in Verbindung mit Gl. (11.2) $1sec \le T_0 \le 2sec$. Soll jedoch ein gleich strukturiertes Modell für beide Stellrichtungen verwendet werden und bedenkt man den dominierenden Einfluß des Stellantriebs im Verzögerungsverhalten, so empfiehlt es sich, T_0 eher in den Grenzen von Gl. (11.1), also

$$2sec \leq T_0 \leq 6sec \tag{11.14}$$

zu wählen. Mit T_0=4 wurden in der Tat die besten Näherungen der erwarteten Verstärkung von $K_{RK}\approx-0{,}15$ im Arbeitspunkt identifiziert. Für diese Abtastzeiten kann auch $\hat{d}=0$ gesetzt werden. $\hat{m}$ folgt aus der Übergangsmessung zu $\hat{m}=3$ oder $\hat{m}=4$; mit beiden Vorgaben wurden gute Ergebnisse erzielt. Man hat also für den Rückkühler die Parameter

$$T_0 = 4; \quad \hat{m} = 3 \text{ oder } 4; \quad \hat{d} = 0 . \tag{11.15}$$

Der Arbeitspunkt der Voridentifikation wurde auf U_0=5V entsprechend ϑ_{FE}=43°C (bei ϑ_{FA}=50°C) gelegt. Die Amplitude des PRBS sollte auch hier wegen der Stellgliedlaufzeiten und der Nichtlinearität der Strecke, vgl. Gl. (11.9), so klein wie für ausreichende Anregung möglich gewählt werden. Günstige Werte lagen bei einer Amplitude von 1-2V entsprechend $\Delta\vartheta_{FE}$=3,5...6°C, also vergleichbar zum WAT. Bezüglich der Länge der Voridentifikation gelten auch hier die Angaben aus Kapitel 11.2.1.

Bild 11.13 zeigt die parameteradaptive Regelung der Rückkühlerausgangstemperatur ϑ_{FE} über den Luftstrom $\dot{M}_L$ mit Zustandsregler (r=0,01) ohne Überwachung (λ=0,98). In Bild 11.15a) ist die geschätzte Verstärkung $\hat{K}_p$ eingetragen; deutlich ist die Adaption nach der Durchflußerhöhung um $\Delta\dot{M}_F$=1000 l/h zu sehen. Sie ist recht langsam und hat bei dem folgenden Sollwertsprung noch nicht den neuen (etwa halben) Wert erreicht. Führt man die adaptive Regelung dagegen mit eigenwertgesteuerter Identifikation und Überwachung nach Kapitel 8 und 9 durch - Bild 11.14 zeigt dies für PI-Regelung - erzielt man eine deutlich schnellere, nahezu ideale Konvergenz gegen den neuen Wert, Bild 11.15b.

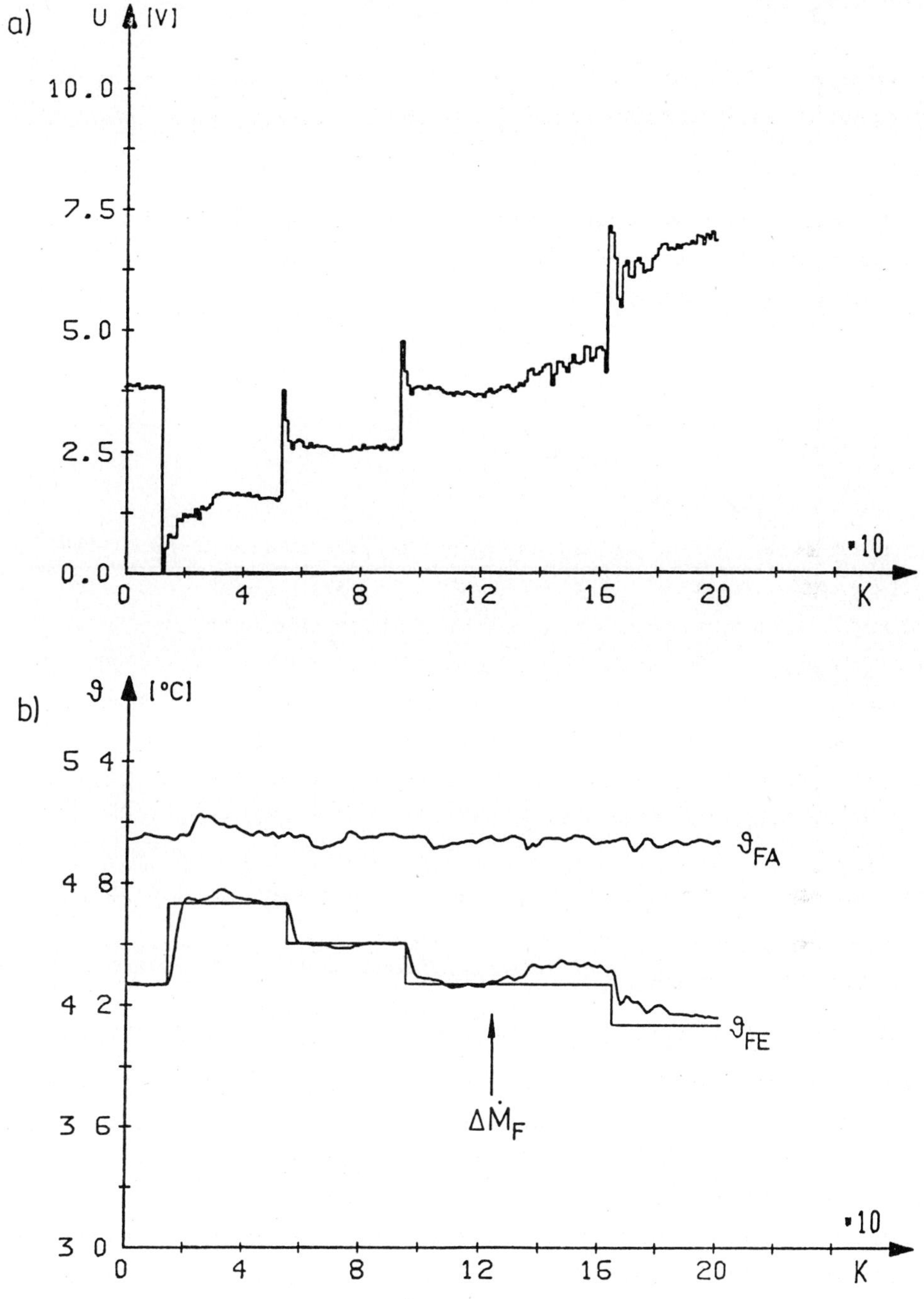

Bild 11.13: Regelung der Wasseraustrittstemperatur des Rückkühlers mit adaptivem Zustandsregler (r=0,01) ohne Überwachung (λ=0,98); (a) Stellgröße U; (b) Führungsgröße, Regelgröße ϑ_{FE} und Störgröße ϑ_{FA}

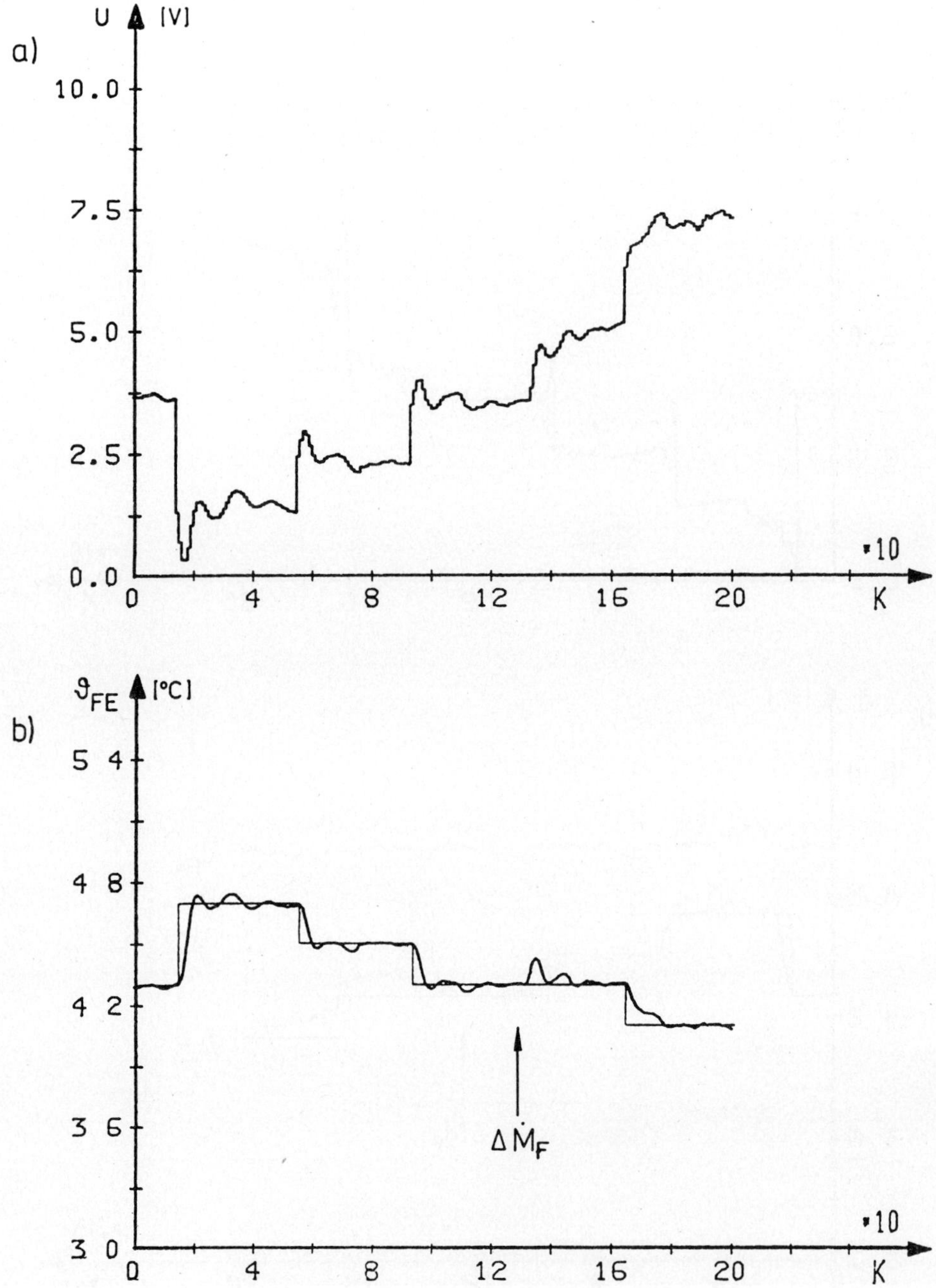

<u>Bild 11.14</u>: Regelung der Wasseraustrittstemperatur des Rückkühlers mit adaptivem PI-Regler (ü=25%) mit Überwachung und verstärkter Adaption bei Führungsänderungen; (a) Stellgröße U; (b) Führungsgröße, Regelgröße ϑ_{FE}.

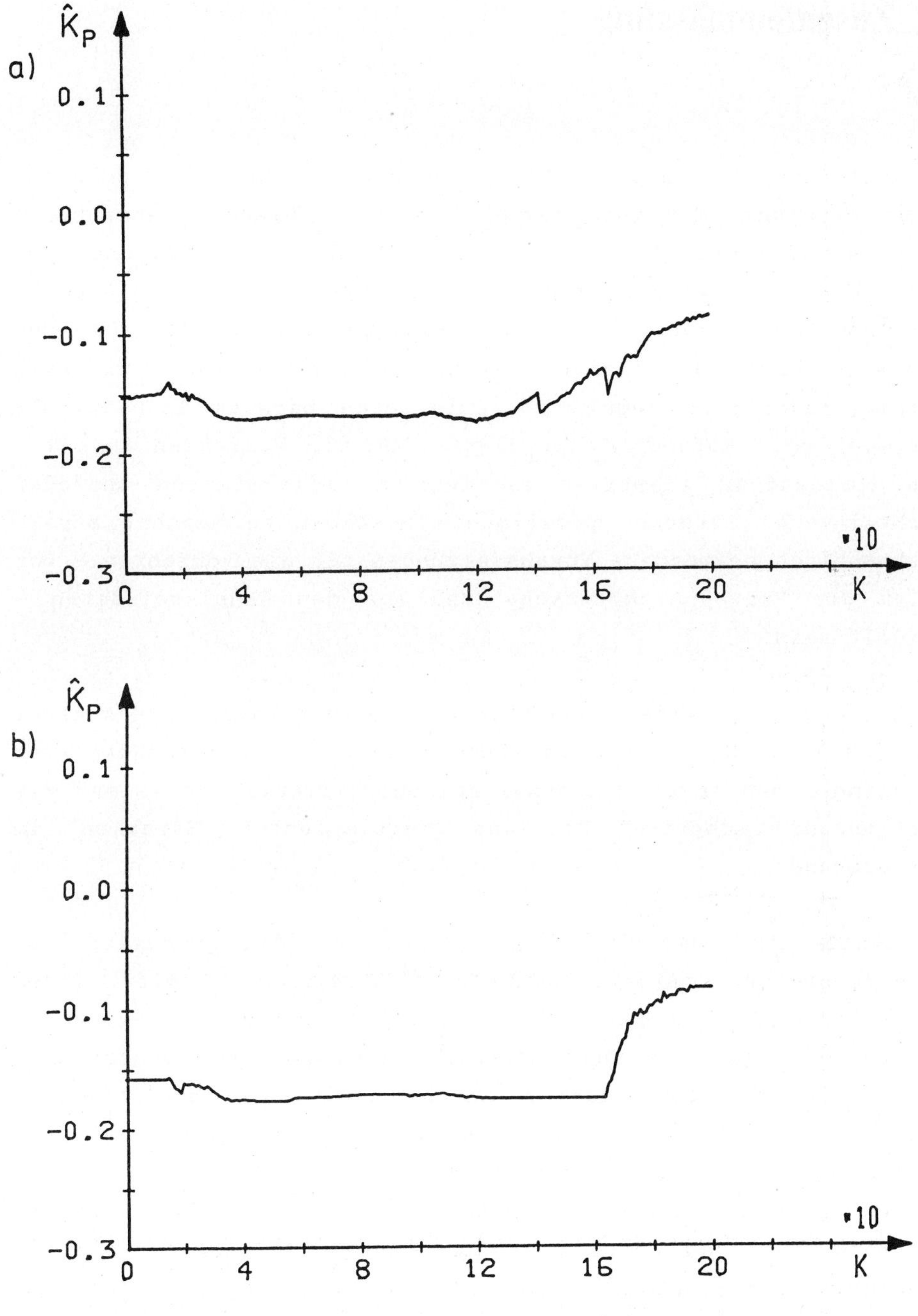

Bild 11.15: Geschätzter Verstärkungsfaktor $\hat{K}_p$ für die Regelung (a) Bild 11.13 ohne Überwachung; (b) Bild 11.14 mit verstärkter Adaption.

12 Zusammenfassung

Parameteradaptive Regelungen haben heute einen Entwicklungsstand erreicht, der ihre kommerzielle Einführung in absehbarer Zeit ermöglicht. Für die einmalige Selbsteinstellung von Reglern an parameterunbekannten Prozessen kann man die Strecke fortdauernd anregen und die Reglereinstellung vor Aufnahme des Regelbetriebes verifizieren. Für diesen einfachsten Fall parameteradaptiver Regelungen existieren bereits industrielle Systeme, vgl. Kofahl, Peter (1986). Um die Verfahren auch für den fortlaufend adaptiven Betrieb an zeitvarianten und/oder nichtlinearen Strecken praktisch einsetzbar zu machen, müssen mathematisch notwendige Voraussetzungen für die Verfahren - vor allem die Prozeßparameterschätzung aus den Regelkreisdaten - erfüllt sein.

Gegenstand der vorliegenden Arbeit war die detaillierte Analyse und Verbesserung des dynamischen Verhaltens parameteradaptiver Regelungen und ihrer Robustheitseigenschaften. Dabei stand die fortlaufend adaptive Regelung zeitvarianter Strecken im Vordergrund.

Im ersten Teil der Arbeit wurde zunächst die grundsätzliche Funktionsweise parameteradaptiver Regelungen mit ihren Elementen digitaler Regelkreis, Parameterschätzung, Reglerentwurfsalgorithmus und Überwachungs-/Führungsebene dargestellt. Robustheit wurde als geringe Abhängigkeit der Regelgüte des adaptiven Kreises von Störungen, Streckenveränderungen und Ereignissen im Adaptionsprozeß selbst aufgefaßt. Davon ausgehend wurden zunächst Verfahren zur numerisch stabilen Parameterschätzung angegeben. Sie sichern die technische Zuverlässigkeit der Schätzwerte im Rahmen der signaltheoretisch möglichen Genauigkeit. Die Schätzaufgabe konnte alternativ als Gleichungs- oder Filterproblem formuliert werden. Dies führte auf unterschiedliche Algorithmen, deren Auswahl von weiteren Forderungen abhängig gemacht werden kann.

Die Robustheitseigenschaften digitaler Ein/Ausgangsregler im Hinblick auf Erhalt der Stabilität oder eines geeigneten Gütekriteriums bei Verstärkungsvariationen der Regelstrecke wurden analysiert, soweit dies allgemein möglich war. Dies geschah im Hinblick auf den Einsatz der Regler im adaptiven Kreis, da hier - vor allem bei Streckenänderungen - zeitweise nicht genau angepaßte Einstellungen auftreten, die im Sinne der Robustheit keine erhebliche Verschlechterung der Regelgüte oder gar Instabilität verursachen sollen.

Zur automatischen Einstellung von PI- und PID-Reglern wurde eine neue Methode entwickelt, die industriell bewährte Einstellverfahren auf das identifizierte Prozeßmodell anwendet. Ein solches Verfahren ist geeignet, die Akzeptanz parameteradaptiver Regelungen zu steigern.

Im Vergleich zu Ein/Ausgangsreglern sind bei Messung und Rückführung aller Systemzustände erheblich größere Verstärkungsreserven zu erreichen. Eine Analyse der Robustheitseigenschaften diskreter Zustandsregler und Beobachter sowohl hinsichtlich Erhaltung der Stabilität als auch der Erfüllung eines quadratischen Gütekriteriums leitete den zweiten Teil der Arbeit ein. Die Ergebnisse wurden auf den Parameterschätzer nach der Methode der kleinsten Quadrate übertragen, der als zeitvarianter Beobachter für die Prozeßparameter aufgefaßt werden kann. Entsprechend ergaben sich zeitvariante Stabilitäts- und Optimalitätsbereiche für die Rückführverstärkung des Parameterschätzers, die insbesondere stark von der Anregung der Strecke abhängen. Der Parameterschätzer besitzt einen zeitvarianten Eigenwert, der ebenfalls stark datenabhängig im Bereich Null bis Eins verläuft - unabhängig vom vorliegenden Prozeß, den eingesetzten Reglern oder den Betriebspunkten.

Im dritten Teil der Arbeit wurden Anforderungen und Algorithmen dargestellt, die eine adaptive Regelung mit robusten Eigenschaften unter anwendungsnahen Bedingungen erlauben.

Die Formulierung der Parameterschätzung als Beobachtungsproblem führte auf einige Aussagen über zulässige Modellstrukturfehler und die notwendige Anregung. Sie ergänzten die mit der Ljapunov-Methode beweisbaren Konvergenzeigenschaften für fortdauernde Anregung. Eine vergleichende Diskussion der Begriffe Adaption und Robustheit ergab, daß robuste Einstellung und Adaptionsfähigkeit für den Parameterschätzer im Grunde widersprechende Eigenschaften sind. Für den adaptiven Kreis kann bei erhöhter Anpassungsfähigkeit des Parameterschätzers robusteres Verhalten im oben genannten Sinne bei Streckenvariationen erreicht werden.

Für die adaptive Regelung zeitvarianter Strecken wurden mehrere bekannte Methoden zuammenfassend dargestellt und notwendige Modifikationen diskutiert. Viele Verfahren können nicht zwischen Störsignal- und Streckenveränderungen unterscheiden. Dies muß im Interesse einer hohen Robustheit, die Vermeidung von Fehladaptionen einschließt, jedoch gefordert werden.

Die detaillierte Analyse des Eigenwertes des Parameterschätzers und dessen Datenabhängigkeit führte zur Möglichkeit, die Adaption nur als Funktion dieser Größen zu steuern. Detektion und Trennung von Strecken- und Signaländerungen konnten anhand des Eigenwertverlaufes erfolgen, die Anpassung an veränderte Parameter durch Verstärkung der Rückführung des Parameterschätzers beschleunigt werden. Dabei liegt der Betrag dieser Verstärkung innerhalb der Optimalitätsgrenzen, gewährleistet also optimale Schätzwerte im Sinne eines modifizierten quadratischen Gütekriteriums.

Eine weitere Steigerung der Konvergenzgeschwindigkeit der Parameterschätzwerte war durch Beschränkung auf die Schätzung von Teilparametersätzen möglich.

Die Synthese aller dieser Komponenten führte auf eine strukturierte eigenwertgesteuerte Überwachungs-/Führungsebene für parameteradaptive Regelungen, die eine erhebliche Steigerung der Regelgüte bewirkt.

Praktische Hinweise zur Wahl und Verfahren zur unaufwendigen Bestimmung der wichtigsten Vorgabeparameter Ordnung, Totzeit und Abtastzeit wurden aufgenommen, um die Konfiguration parameteradaptiver Systeme zu erleichtern. Die breite Einsetzbarkeit der Verfahren auch an schwieriger zu regelnden Prozeßklassen wurde am Beispiel integrierender und instabiler Prozesse sowie mechanischer Systeme mit Reibung und Lose demonstriert. Die Anwendung der Methoden an einem thermischen Pilotprozeß zeigte die Funktionsfähigkeit moderner parameteradaptiver Regelungen.

In Verbindung mit vorhergehenden Arbeiten, in denen die adaptive Regelung bei stark nichtlinearen Prozessen und Mehrgrößensystemen gezeigt wurde, dürfte nun ein Stand des Wissens über das dynamische Verhalten und die notwendige Führung solcher Systeme vorliegen, der eine breitere Anwendung ermöglicht.

Die parameteradaptive Regelung auf der Grundlage eines Laplace-Übertragungsmodelles der Strecke sowie die adaptive Regelung verkoppelter Systeme ohne Mehrgrößenmodell sind noch offene Forschungsgebiete.

Weitere Impulse und Verbesserungen können in Zukunft vor allem aus der Anwendung parameteradaptiver Regelungen an konkreten Prozessen, vor allem im Maschinen- und Fahrzeugbau, erwarten werden.

Literaturverzeichnis

Ackermann, J. (1972). Abtastregelung. 1.Auflage. Heidelberg: Springer Verlag.

Ackermann, J. (1983). Abtastregelung. 2.Auflage. Heidelberg: Springer Verlag.

Ackermann, J. (1984). Entwurfsverfahren für robuste Regelungen. Regelungstechnik, Vol. 32, pp. 143-150.

Agee, W.S. and R.H. Turner (1972). Triangular decomposition of a positive definite matrix plus a symmetric dyade with application to Kalman filtering. White sands missile range Techn. Rep. No. 38.

Anderson, B.D.O. and J.B. Moore (1971). Linear optimal control. Englewood Cliffs: Prentice-Hall.

Anderson, B.D.O. and J.B. Moore (1979). Optimal filtering. Englewood Cliffs: Prentice Hall.

Anderson, B.D.O. and C.R. Johnson (1982). Exponential convergence of adaptive identification and control algorithms. Automatica, Vol. 18, pp. 1-13.

Anderson, B.D.O. (1985). Adaptive systems, lack of persistency of excitation and bursting phenomena. Automatica, Vol. 21, pp. 247-258.

Anderson, B.D.O.; E.I. Jury and M. Mansour (1986). On model reduction of discrete time systems. Automatica, vol. 22. pp. 717-721.

Aström, K.J. and T. Bohlin(1965). Numerical Identification of linear dynamic systems from normal operating records. IFAC Symp. theory of selfadaptive control systems, Teddington.

Aström, K.J. (1970). Introduction to stochastic control theory. Academic Press, New York.

Aström, K.J. and B. Wittenmark (1980). Selftuning controllers based on pole-zero placement. IEE-Proc., Vol. 127, Pt.D, No. 3, pp. 120-130.

Aström, K.J. (1982). Ziegler-Nichols auto-tuners. Report Lund Inst. of Technology, LUTFD2/(TFRT-3167)/01-25.

Aström, K.J. (1983). Theory and applications of adaptive control - a survey. Automatica, Vol. 19, pp. 471-486.

Aström, K.J. and T. Hägglund (1984). Automatic tuning of simple regulators with specifications on phase and amplitude margins. Automatica, Vol. 20, pp. 645-651.

Aström, K.J.; P. Hagander and J. Sternby (1984). Zeros of sampled systems. Automatica, Vol. 20, pp. 31-38.

Banyasz, C. and L. Keviczky (1982). Direct methods for self-tuning PID-regulators. Proc. 6th IFAC-Symp. on Ident., Washington, Oxford: Pergamon Press.

Battin, R.H. (1964). Astronautical Guidance. New York: McGraw Hill, pp. 338-339.

Bergmann, S. (1983). Digitale parameteradaptive Regelung mit Mikrorechner. Dissertation TH Darmstadt. VDI-Fortschritts-berichte, Reihe 8, Bd. 55, Düsseldorf: VDI-Verlag.

Bierman, G.J. (1975). The treatment of bias in the square-root information filter/smoother. J. Opt. Theory Appl., Vol. 16, pp. 165-178.

Bierman, G.J. and C.L. Thornton (1977). Numerical comparison of Kalman Filter algorithms. Orbit Determination Case Study. Automatica Vol. 13, pp. 23-35.

Bierman, G.J. (1977). Factorization methods for discrete sequential estimation. New York: Academic Press.

Bierman, G.J. (1981). Efficient time propagation of U-D covariance filters. IEEE Trans. AC-26, pp. 890-894.

van den Boom, A.J.W. and A.W.M. van den Enden (1974). The determination of the orders of process- and noise dynamics. Automatica, Vol. 10, pp. 245-256.

Bux, D. (1975). Anwendung und Entwurf konstanter linearer Zustandsregler bei linearen Systemen mit langsam veränderlichen Parametern. VDI-Fortschrittsberichte, Reihe 8, Bd. 21, Düsseldorf: VDI-Verlag.

Clarke, D. and P.J. Gawthrop. Self-tuning controller. Proc. IEE, Vol. 122, p. 929 ff.

Dahlin, E.B. (1968). Designing and tuning digital controllers. Instrum. Control Sys., Vol. 41, pp. 77-83 and 87-92.

Dyer, P. and S. McReynolds (1969). Extension of square-root-filtering to include process noise. J. Opt. Theory Appl., Vol. 3, pp. 444-458.

Elliot, H.; R. Christi and M. Das (1985). Global stability of adaptive pole placement algorithms. IEEE Trans AC-30, Vol. 4, pp. 348-356.

Feldbaum, A.A. (1960,1961). Dual control theory I-IV. Autom. Remote Contr., Vol. 21, pp. 874-1033 and Vol. 22, pp. 1-109.

Fortescue, T.R.; L.S. Kershenbaum and B.E. Ydstie (1981). Implementation of self-tuning regulators with variable forgetting factors. Automatica, Vol. 17, pp. 831-835.

Frank, P.M. (1985). Entwurf parameterunempfindlicher und robuster Regelkreise im Zeitbereich - Definitionen, Verfahren und ein Vergleich. Automatisierungstechnik, Vol. 33, pp. 233-240.

Geiger, G. (1985). Technische Fehlerdiagnose mittels Parameterschätzung und Fehlerklassifikation am Beispiel einer elektrisch angetriebenen Kreiselpumpe. Dissertation TH Darmstadt. VDI-Fortschrittsberichte, Reihe 8, Bd. 91, Düsseldorf, VDI-Verlag.

Givens, W. (1954). Numerical computation of the characteristic values of a real symmetric matrix. Oak Ridge National Laboratory, Report ORNL-1574, Oak Ridge, Tennesse.

Goedecke, W. (1986). Fehlererkennung an einem thermischen Prozess mit Methoden der Parameterschätzung. Dissertation TH Darmstadt, VDI-Fortschrittsberichte, Reihe 8, Bd. 130, Düsseldorf, VDI-Verlag.

Goodwin, G.C.; P.J. Ramadge and P.E. Caines (1981). A globally convergent adaptive predictor. Automatica, Vol. 17, pp. 135-140.

Goodwin, G.C.; D.J. Hill and M. Palaniswami (1984). A perspective on convergence of adaptive control algorithms. Automatica, Vol. 20, pp. 519-531.

Goodwin, G.C.; D.J. Hill and M. Palaniswami (1985). Towards an adaptive robust controller. Preprints IFAC-Symp. on Ident. and Syst. Param. Estim., York, pp. 997-1002.

Gröbner, W. (1966). Matrizenrechnung. Mannheim: BI-Hochschultaschenbuch-Verlag.

Hägglund, T. (1983). New estimation techniques for adaptive control. Report Lund Inst. of Techn., LUTFD2/(TFRT-1025)/1-120.

Hensel, H. (1982). Zur Berechnung des verallgemeinert quadratischen Zielfunktionals in numerischen Optimierungen. Interner Bericht, Institut für Regelungstechnik, Technische Hochschule Darmstadt.

Hensel, H. (1987). Methoden des rechnergestützten Entwurfs und Echtzeiteinsatzes zeitdiskreter Mehrgrößen-Regelungen und ihre Realisierung in einem CAD-System. Dissertation TH Darmstadt. VDI-Fortschrittsberichte, Reihe 20, Bd. 4, Düsseldorf, VDI-Verlag.

Hooke, R. and T.A. Jeeves (1961): Direct search solution of numerical and statistical problems. J. Assoc. Comp. Mach., Vol. 8, pp. 212-229.

Householder, A. (1975). The theory of matrices in numerical analysis. New York: Dover Publ.

Isermann, R. (1974). Prozessidentifikation. Berlin: Springer Verlag.

Isermann, R. (1977,1987). Digitale Regelsysteme. Berlin: Springer Verlag.

Isermann, R. (1982). Parameter adaptive control algorithm - a tutorial. Automatica, Vol. 18. pp. 513-528.

Isermann, R. and K.-H. Lachmann (1982). On the development and implementation of parameter-adaptive controllers. Proc. 3rd IFAC-Symp. on Software for Comp. Contr., Madrid, Oxford: Pergamon Press.

Isermann, R. and R. Kofahl (1985). On the application of parameter adaptive control systems for industrial processes. IFAC Workshop on adapt. Contr. of Chem. Proc., Frankfurt.

Isermann, R. and K.-H. Lachmann (1985). Parameter adaptive control with configuration aids and supervision functions. Automatica, Vol. 21, pp. 625-638.

Isermann, R. and K.-H. Lachmann (1987). Adaptive controllers: Supervision level. In: Systems and Control Encyclopedia. Oxford: Pergamon Press.

Isermann, R. (1988). Identifikation dynamischer Systeme. Berlin: Springer-Verlag.

Jury, E.I. (1958). Sampled-data control systems. New York: J. Wiley.

Jury, E.I. (1964). Theory and application of the z-transform method. New York: J. Wiley.

Kalman, R.E. (1964): When is a linear control system optimal? Trans. ASME, Ser. D, Vol. 86, pp. 51-60.

Kaminski, P.G.; A.E. Bryson and S.F. Schmidt (1971). Discrete square root filtering: a survey of current techniques. IEEE Trans. AC-16, pp. 727-736.

Kashyap, R.L. (1980). Inconsistency of the AIC rule for estimating the order of autoregressive models. IEEE-transactions Aut. Control, Vol. AC-25, pp. 996-998.

de Keyser, R.M.C. (1983). Simple adaptive controller for systems with fast parameter variations. Proc. of IASTED Symp. on applied contr. and ident., Copenhagen, pp. 26/1-26/6.

Kofahl, R. and R. Isermann (1985). A simple method for automatic tuning of PID-controllers based on process parameter estimation. Proc. ACC, Boston, pp. 1143-1148.

Kofahl, R. (1985). Verfahren und System zur Verbesserung der Regelgüte. Patentanmeldung P 35 21 594.1-32, Offenlegung 18.12.86.

Kofahl, R. (1986a). Self-tuning of PID-controllers based on process parameter estimation. Journal A, Vol. 27, pp. 169-174.

Kofahl, R. (1986b). Verfahren zur Vermeidung numerischer Fehler bei Parameterschätzung und Optimalfilterung. Automatisierungstechnik, Nr. 34, pp. 421-431.

Kofahl, R. (1986c). Rekursive Aktualisierung zweifach faktorisierter Matrizen zur Lösung diskreter Matrix-Riccati-Gleichungen. Interner Bericht, Institut für Regelungstechnik, Technische Hochschule Darmstadt.

Kofahl, R. and K. Peter (1987). INTERKAMA 86: Adaptive Regler. Automatisierungstechnische Praxis, Vol. 29, pp. 122-131.

Kosut, L.R. and C.R. Johnson (1984). An input-output view of robustness in adaptive control. Automatica, Vol. 20, pp. 569-581.

Kreisselmeier, G. (1986). A robust indirect adaptive control approach. Int. J. Control, Vol. 43, pp. 161-175.

Kurz, H.; R. Isermann and R. Schumann (1978,1980). Experimental comparison and application of various parameter-adaptive control algorithms. IFAC-Congress Boston and Automatica, Vol. 16, pp. 117-133.

Kurz, H. (1980). Digitale adaptive Regelung auf der Grundlage rekursiver Parameterschätzung. Dissertation TH Darmstadt. PDV-Bericht Nr. 188, Kernforschungszentrum Karlsruhe.

Kurz, H. und W. Goedecke (1981). Digital parameter-adaptive control of processes with unknown deadtime. Automatica, Vol. 17, pp. 245-252.

Lachmann, K.-H. (1983). Parameteradaptive Regelalgorithmen für eine bestimmte Klasse nichtlinearer Prozesse mit eindeutigen Nichtlinearitäten. Dissertation TH Darmstadt. VDI-Fortschrittsberichte, Reihe 8, Bd. 66, Düsseldorf: VDI-Verlag.

Lachmann, K.-H. (1986). Eine Überwachungs- und Koordinationsebene für den adaptiven Regelkreis. Automatisierungstechnik, Vol. 34, pp. 311-320.

Lammers, H.C. (1984). Towards the practical application of self-tuning adaptive controllers. Dissertation TH Delft, NL.

Landau, I.D. (1974). A survey of model reference adaptive techniques - theory and applications. Automatica, Vol. 10, pp. 353-379.

Landau, I.D. and Lozano, R. (1981). Unification of discrete time explicit model reference adaptive control designs. Automatica, Vol. 17, pp. 593-611.

de Larminat, Ph. (1979). On overall stability of certain adaptive control systems. Proc. 5th IFAC Symp. on Ident. and Syst. Param. Est., Darmstadt.

de Larminat, Ph. (1984). On the stabilizability condition in indirect adaptive control. Automatica, Vol. 20, pp. 793-795.

Laub, A.J. (1985). Numerical linear algebra aspects of control design computations. IEEE Trans. on Aut. Contr., Vol. AC-30, pp. 97-108.

Lawson, C. and R. Hanson (1974). Solving least squares problems. Englewood Cliffs: Prentice Hall.

Lee, T.H. and C.C. Hang (1985). A performance study of parameter estimation schemes for systems with unknown dead time. Proc. of the ACC, Boston.

Ljung, L. (1985). System identification. In: Uncertainty and Control. Heidelberg: Springer Verlag.

Ludyk, G. (1985). Stability of time-variant discrete-time systems. Braunschweig: Vieweg.

Mendel, J.M. (1975). Multistage least-squares parameter estimators. IEEE-Trans.Automat.Contr., Vol. AC-20, pp. 775-782.

Middleton, R.H. and G.C. Goodwin (1987). On the robustness of adaptive controllers using relative deadbands. Proc. of 10th IFAC-Congress, Munich.

Morf, M. and T. Kailath (1975). Square-root algorithms for least-squares estimation. IEEE Trans. AC-20, pp. 487-497.

M'Saad, M.; R. Ortega and I.D. Landau (1985). Adaptive controllers for discrete-time systems with arbitrary zeros: an overview. Automatica, Vol. 21, pp. 413-423.

Narendra, K.S. and L.S. Valavani (1979). Direct and indirect model reference adaptive control. Automatica, Vol. 15, pp. 653-664.

Ortega, R. (1987). Theoretical results on robustness of direct adaptive controllers. Proc. of 10th IFAC-Congress, Munich.

Peterson, B.B. and K.S. Narendra (1982). Bounded error adaptive control. IEEE-Trans. Automat. Contr., Vol. AC-27, pp. 1161-1168.

Radke, F. and R. Isermann (1984). A parameter-adaptive PID-controller with stepwise parameter optimization. Proc. 9th IFAC-Congress, Budapest. Oxford: Pergamon Press.

Radke, R. (1984). Ein Mikrorechnersystem zur Erprobung parameteradaptiver Regelverfahren. Dissertation TH Darmstadt. VDI-Fortschrittsberichte, Reihe 8, Bd. 77, Düsseldorf: VDI-Verlag.

Rohrs, C.E.; M. Athans; L. Valavani and G. Stein (1984). Some design guidelines for discrete-time adaptive controllers.Proc. of 9th IFAC Congress, Budapest.

Rohrs, C.E. (1984). Stability mechanisms and adaptive control. Proc. 23rd CDC, Las Vegas.

Rohrs, C.E.; G. Stein and K.J. Åström (1985a). A practical robustness theorem for adaptive control. Proc. of the American Control Conference (ACC), Boston, pp. 979-983.

Rohrs, C.E.; G. Stein and K.J. Åström (1985b). Uncertainty in sampled systems. Proc. ACC, pp. 95-97.

Safonov, M.G. and M. Athans (1977). Gain and phase margin for multiloop LQG regulators. IEEE-Trans.Automat.Contr., Vol. AC22, pp. 173-179.

Safonov, M.G. (1980). Stability and robustness of multivariable feedbach systems. MIT-Press.

Schramm, H. und R. Isermann (1975). Lufterhitzer in Klimaanlagen. Prozeßmodellkatalog VDI.

Schumann, R., K.-H. Lachmann and R. Isermann (1981). Towards applicability of parameter adaptive control algorithms. Proc. 8th IFAC congress, Kyoto.

Schumann, R. (1982). Digitale parameteradaptive Mehrgrößenregelung - Ein Beitrag zu Entwurf und Analyse. Dissertation TH Darmstadt. PDV-Bericht Nr. 217.

Schumann, R. (1986). Konvergenz und Stabilität digitaler parameteradaptiver Regler.Automatisierungstechnik, Vol. 34, pp. 32-38 und pp. 66-71.

Schwerdtfeger, W. (1983). Synthese robuster quadratisch optimaler linearer Abtastregler unter Berücksichtigung von Beschränkungen. Dissertation Universität Dortmund.

Shankar Sastry, S. (1984). Model-reference adaptive control - stability, parameter convergence and robustness. IMA Journal of Math. Contr. and Inf., Vol. 1, pp. 27-66.

Solo, V. (1979). The convergence of AML. IEEE Trans. Autom. Contr., Vol. AC-24, pp. 958-962.

Strejc, V. (1984). Riccati equation solved by matrix triangularization. Problems of Control and Information Theory, Vol. 13, pp. 221-228.

Takahashi, Y., C.S. Chan und D.M. Auslander (1971). Parametereinstellung bei linearen DDC-Algorithmen. Regelungstechnik und Prozeßdatenverarbeitung, Vol. 19, pp. 237-244.

Thornton, C.L. and G.J. Biermann (1977). Gram-Schmidt algorithms for covariance propagation. Int. J. Control, Vol. 25, pp. 243-260.

Tolle, H. (1985). Mehrgrößen-Regelkreissynthese. Band I und II. München: Oldenbourg-Verlag.

Tolle, H. (1986). Robuste Regelung im Frequenzbereich. Eine Einführung. In: Vorträge zum Aussprachetag Robuste Regelung, Langen. VDI-Verlag: GMA-Bericht 11.

Unbehauen, H. and B. Göhring (1974). Tests for determining model order in parameter estimation. Automatica, Vol. 10, pp. 233-244.

Weihrich, G. (1978). Drehzahlregelung von Gleichstromantrieben unter Verwendung eines Zustands- und Störgrößenbeobachters. Regelungstechnik, Vol. 26, pp. 349-354 und 392-397.

Wittenmark, B. (1979). A two-level estimator for time-varying parameters. Automatica, Vol. 15, pp. 85-89.

Wittenmark, B. and C. Elevitch (1985). An adaptive control algorithm with dual features. Preprints IFAC-Symp. on Ident. and Syst. Param. Estim., York, pp. 587-592.

Woodside, C.M. (1971). Estimation of the order of linear systems. Automatica, Vol. 7, pp. 727-733.

Ziegler, J.G. and N.B. Nichols (1942). Optimum settings for automatic controllers. Trans. ASME, Vol. 64, pp. 759-768.

Zurmühl, R. (1964). Matrizen und ihre technischen Anwendungen. Heidelberg: Springer Verlag.

Anhang

A: Herleitungen und Beweise

A1: Potter-Kovarianzfilter

Zur Herleitung des Algorithmus geht man von Gln. (2.36) und (2.37) aus und schreibt mit Gl. (2.40)

$$P_{k+1} = \lambda^{-1}[P_k - \underline{\gamma}\ \underline{\psi}_{k+1}^T P_k] = \lambda^{-1} S_k S_k^T - \lambda^{-1} S_k S_k^T \underline{\psi}_{k+1} f_{k+1}^{-1} \underline{\psi}_{k+1}^T S_k S_k^T \tag{A1.1}$$

mit

$$f_{k+1} = \lambda + \underline{\psi}_{k+1}^T P_k \underline{\psi}_{k+1} = \lambda + \underline{\psi}_{k+1}^T S_k S_k^T \underline{\psi}_{k+1} \tag{A1.2}$$

Gl. (A1.2) kann mit dem Vektor

$$\underline{v}^T = \underline{v}_{k+1}^T = (\underline{\psi}_{k+1}^T S_k) \tag{A1.3}$$

als

$$f = f_{k+1} = \lambda + \underline{v}^T \underline{v} \tag{A1.4}$$

und damit Gl. (A1.1) als

$$P_{k+1} = \lambda^{-1} S_k [I - f^{-1} \underline{v}^T] S_k^T = S_{k+1} S_{k+1}^T \tag{A1.5}$$

geschrieben werden.

Für die Aktualisierung von S anstelle von P folgt aus Gl. (A1.5):

$$S_{k+1} = \lambda^{-1/2} S_k [I - f^{-1} \underline{v}\ \underline{v}^T]^{1/2} \tag{A1.6}$$

f ist ein Skalar, so daß der Klammerausdruck in Gl. (A1.6) wiederum faktorisiert werden kann zu

$$[I - f^{-1} \underline{v}\ \underline{v}^T] = [I - \alpha\ \underline{v}\ \underline{v}^T)^2 \tag{A1.7}$$

wobei sich

$$\alpha = [\sqrt{f}(f \,(\pm)\, \sqrt{\lambda})]^{-1} \qquad \text{(A1.8)}$$

unter Berücksichtigung von Gl. (A1.4) als Lösung der aus Gl. (A1.7) folgenden quadratischen Gl.

$$(\underline{v}^T\underline{v})\alpha^2 - 2\,\alpha + f^{-1} = 0 \qquad \text{(A1.9)}$$

ergibt.

Einsetzen von Gl. (A1.7) in Gl. (A1.6) liefert nun mit Gl. (A1.9) die gewünschte rekursive Bestimmungsgl.

$$S_{k+1} = S_k[I-\alpha\, \underline{v}\, \underline{v}^T]/\sqrt{\lambda} = S_k\left[I - \frac{\underline{v}\,\underline{v}^T}{\sqrt{f}(\sqrt{f} + \sqrt{\lambda})}\right]/\sqrt{\lambda} =$$

$$= \frac{S_k}{\sqrt{\lambda}} - \frac{\sqrt{f}}{\sqrt{\lambda} + \sqrt{f}}\, S_k \frac{\underline{v}\,\underline{v}^T}{f\sqrt{\lambda}} = \frac{S_k}{\sqrt{\lambda}} - [\sqrt{f}/(\sqrt{\lambda} + \sqrt{f})]\,\underline{x}\,\underline{v}^T/\sqrt{\lambda} \qquad \text{(A1.10)}$$

und

$$\underline{x}_{k+1} = S_k\underline{v}/f \qquad \text{(A1.11)}$$

Der zyklische Durchlauf der Gln. (A1.3), (A1.4), (A1.11) und (A1.10) ist algebraisch identisch mit Gl. (2.36) und (2.37). Die Parameterwerte erhält man rekursiv aus Gl. (2.32) unter Verwendung von Gl. (A1.11).

A2: UD-Faktorisierung

Man zerlegt zunächst Gl. (2.37):

$$P_{k+1} = U_{k+1}D_{k+1}U_{k+1}^T = \frac{1}{\lambda}\,U_k\left[D_k - \frac{D_kU_k^T\underline{\psi}_{k+1}\underline{\psi}_{k+1}^TU_kD_k}{\lambda + \underline{\psi}_{k+1}^TU_kD_kU_k^T\underline{\psi}_{k+1}}\right]U_k^T \qquad (A2.1)$$

Führt man die Vektoren

$$\underline{f}_{k+1} = U_k^T\underline{\psi}_{k+1} \qquad (A2.2)$$

und

$$\underline{v}_{k+1} = D_k\underline{f}_{k+1} = D_kU_k^T\underline{\psi}_{k+1} \qquad (A2.3)$$

ein und schreibt für den Nenner in Gl. (A2.1)

$$\alpha = \alpha_{k+1} = \lambda + \underline{f}_{k+1}^T\underline{v}_{k+1} \qquad (A2.4)$$

so vereinfacht sich Gl. (A2.1) zu

$$U_{k+1}D_{k+1}U_{k+1}^T = \frac{1}{\lambda}U_k[D_k - \alpha^{-1}\underline{v}_{k+1}\underline{v}_{k+1}^T] \qquad (A2.5)$$

und der Korrekturvektor $\underline{\gamma}$ kann zu

$$\underline{\gamma}_{k+1} = U_k\underline{v}_{k+1}\alpha^{-1} \qquad (A2.6)$$

berechnet werden.

Der geklammerte Ausdruck in Gl. (A2.5) hat dieselbe Struktur wie Gl. (2.48), wenn man dort

$$\underline{a} = \underline{v}_{k+1} \quad \text{und} \quad c=-1/\alpha \qquad (A2.7)$$

setzt. Man kann daher den Klammerausdruck in Gl. (A2.5) nochmals zerlegen in

$$[D_k - \alpha^{-1} \underline{v}_{k+1} \underline{v}_{k+1}^T] = \tilde{U}_k \tilde{D}_k \tilde{U}_k^T \qquad \text{(A2.8)}$$

Es gilt dann mit Gl. (A2.5)

$$U_{k+1} = U_k \tilde{U}_k$$
$$D_{k+1} = \tilde{D}_k / \lambda \qquad \text{(A2.9)}$$

Über eine umfangreiche Rechnung kann nun direkt ein numerisch stabiler Algorithmus zur Aktualisierung von U und D abgeleitet werden, vgl. Kofahl (1984), der so effizient gestaltet wurde, daß er in Komponentenschreibweise vorliegt und in dieser Form unmittelbar programmiert werden kann

$$\alpha_1 = 1 + v_1 f_1 \quad ; \quad d_1(k+1) = d_1(k)/(\alpha_1 \lambda)$$

$$\left.\begin{aligned} \alpha_j &= \alpha_{j-1} + v_j f_j \\ d_j(k+1) &= d_j(k)\alpha_{j-1}/(\alpha_j \lambda) \\ \underline{u}_j(k+1) &= \underline{u}_j(k) - f_j \underline{k}_j / \alpha_{j-1} \\ \underline{k}_{j+1} &= \underline{k}_j + v_j \underline{u}_j(k) \end{aligned}\right\} \; j=2,\ldots,n \qquad \text{(A2.10)}$$

mit

$$U = [1 \; \underline{u}_2 \ldots \underline{u}_j \ldots \underline{u}_n] \quad ; \quad \underline{k}_2 = \big[v_1 \; \overbrace{0 \ldots 0}^{n-1}\big] \quad ; \quad f_j \text{ und } v_j \text{ aus}$$

Gln. (A2.2) und (A2.3).

Der Korrekturvektor folgt dann entsprechend Gl. (A2.6) zu

$$\underline{\gamma}(k+1) = \underline{k}_{n+1} / \alpha_n \qquad \text{(A2.11)}$$

A3: Robustheitsbereiche von Deadbeat-Reglern

Für einen Prozeß 1.Ordnung mit μ-facher Verstärkung gilt die Differenzengl.

$$y(k) = -a_1 y(k-1) + \mu\, b_1 u(k-1) \quad \text{mit} \quad b_1/(1+a_1) = 1 \qquad \text{(A3.1)}$$

Dazu gehört der nominale Deadbeat-Regler

$$u(k) = u(k-1) + \frac{1}{b_1}[w(k) - y(k)] + \frac{a_1}{b_1}[w(k-1) - y(k-1)] \qquad \text{(A3.2)}$$

Für Sollwertsprung w: 0 → 1 in k=0 folgt

$$y(0) = 0 \quad ; \quad u(0) = \frac{1}{b_1}$$

$$y(1) = \mu \quad ; \quad u(1) = \frac{1}{b_1}[2 + a_1 - \mu]$$

Also gilt: Bei Variation der Verstärkung um den Faktor $\mu=1\pm\epsilon$ bleibt die Regelgröße y(k) in dem Band

$$(1-\epsilon)w(k) < y(k) < (1+\epsilon)w(k) \quad ; \quad 0 \le \epsilon < 1 \qquad \text{(A3.4)}$$

unabhängig von den Parametern a_i, b_i.

Der Stabilitätsbereich folgt direkt aus der charakteristischen Gl. und den Schur/Cohn/Jury-Bedingungen

I) $$N(z=1) = \mu(1+a_1) \overset{!}{>} 0 \qquad \text{(A3.5)}$$

Dies ist für $-1<a_1<0$ immer erfüllt. Da aus der z-Transformation $a_1=-\exp(-T_0|T_1)$ und damit $-1<a_1<0$ für alle T_0/T_1 erfüllt ist, gilt Gl. (A3.5) immer.

II) $$N(z=-1) = 1 - 2a_1 - (1-a_1)\mu \overset{!}{<} 0 \qquad \text{(A3.6)}$$

III) $1 > |a_1(\mu-1)|$

$\longrightarrow \quad 1 > \mu - 1 \quad \longrightarrow \quad \mu < 2$ (A3.7)

Hiermit ist auch Bedingung III immer erfüllt.
Die Stabilitätsgrenze für Prozesse 1.Ordnung ist also ebenfalls unabhängig von den Prozeßparametern.

Für Prozesse 2.Ordnung folgt bei μ-facher Verstärkung die Differenzen-Gl.

$$y(k) = \mu\, b_1 u(k-1) + \mu\, b_2 u(k-2) - a_1 y(k-1) - a_2 y(k-2) \tag{A3.8}$$

$$u(k) = q_0 [b_1 u(k-1) + b_2 u(k-2) + w(k) - y(k) + a_1 [w(k-1)-y(k-1)] + a_2 [w(k-2)-y(k-2)]] \text{ mit } q_0 = 1/(b_1+b_2) \tag{A3.9}$$

Für $w(k)$: $0 \to 1$ folgt dann

$$y(0) = 0 \quad ; \quad u(0) = q_0 \quad ; \quad y(1) = \mu\, b_1 q_0 \; ;$$
$$u(1) = q_0 [b_1 q_0 + 1 - \mu\, b_1 q_0 + a_1] \; ;$$
$$y(2) = \mu\, b_1 q_0 [b_1 q_0 + 1 - \mu\, b_1 q_0] + \mu\, b_2 q_0 \tag{A3.10}$$

Fordert man wieder aus $\mu = 1 \pm \epsilon$ ein $\pm\epsilon$-Toleranzband um $y_{nominal} = 1$, so gilt im Grenzfall

$$y(2) \overset{!}{=} 1 \pm \epsilon \longrightarrow \mu\, b_1^2 q_0^2 + \mu\, b_1 q_0 - \mu^2 b_1^2 q_0^2 + \mu\, b_2 q_0 = 1 \pm \epsilon$$
$$\longrightarrow \mu^2 - \mu \left(1 + \frac{b_1 [b_1+b_2]}{b_1^2} + \frac{b_2 [b_1+b_2]}{b_1^2} \right) + \frac{[1\pm\epsilon][b_1+b_2]^2}{b_1^2} = 0$$
$$\longrightarrow \mu^2 - \mu \left(1 + \frac{[b_1+b_2]^2}{b_1^2} \right) + \frac{[1\pm\epsilon][b_1+b_2]^2}{b_1^2} = 0 \tag{A3.11}$$

Aus der Standardlösungsformel für quadratische Gl. folgt direkt das Ergebnis Gl. (3.12) unter Beachtung von Definition Gl. (3.13). Hieraus erhält man mit der Forderung nach reeler Lösung der Wurzel in Gl. (3.12) und Umstellung nach ϵ die Gl. (3.14).

Die Stabilitätsbereiche folgen wieder analog zu dem System 1.Ordnung aus der Bedingung $|z|=1$ für die Wurzeln der charakteristischen Gleichung.

A4: Positivität von Q_μ

Die untere Grenze μ_{optmin}, Gl. (4.49), sichert gerade noch $Q_\mu=0$. Damit $Q_\mu>0$ für alle $\mu>\mu_{optmin}$, muß wegen Gl. (4.46) gelten (da $\beta<0$)

$$\beta[\mu>\mu_{optmin}] > \beta[\mu_{optmin}] \tag{A4.1}$$

also mit Gl. (4.47)

$$\left(\frac{\beta_{min}}{r + \underline{b}^T P\ \underline{b}} + \epsilon\right)[r + \underline{b}^T P\ \underline{b}] \overset{?}{>} \beta_{min} \tag{A4.2}$$

mit $\epsilon > 0$.

Nach kurzer Rechnung folgt

$$\beta_{min} + \epsilon[r + \underline{b}^T P\ \underline{b}] \overset{?}{>} \beta_{min} \tag{A4.3}$$

was wegen $r + \underline{b}^T P\ \underline{b} > 0$ immer erfüllt ist.

A5: Eigenwertberechnung des LS-Parameterschätzers

Mit Gl. (6.15) gilt

$$\det[zI - I + \underline{\chi}(k)\underline{\psi}^T(k)]$$
$$= \det[(zI - I)[I + (zI - I)^{-1}\underline{\chi}(k)\underline{\psi}^T(k)]]$$
$$= \det[zI - I]\ \det[I + [(zI - I)^{-1}\underline{\chi}(k)]\underline{\psi}^T(k)] \quad \text{(A5.1)}$$

Durch Anwendung der Beziehung

$\det(A + \underline{u}\ \underline{v}^T) = \det(A)\ [1 + \underline{v}^T A^{-1}\underline{u}]$, (Gröbner, 1966) folgt aus Gl. (A5.1)

$$\det[zI - I]\det(I)[1 + \underline{\psi}^T(k)I^{-1}[(zI-I)^{-1}\underline{\chi}(k)]]$$
$$= (z-1)^n\ [1 + \underline{\psi}^T(k)\ (z-1)^{-1}\underline{\chi}(k)]$$
$$= (z-1)^{n-1}\ [z - 1 + \underline{\psi}^T(k)\underline{\chi}(k)] \quad \text{(A5.2)}$$

$$\longrightarrow z_i = 1 \quad ; \quad i = 1 \ldots n-1 \quad \text{(A5.3)}$$

$$\longrightarrow z_n = 1 - \underline{\psi}^T(k)\underline{\chi}(k) \quad \text{(A5.4)}$$

A6: Ljapunov-Stabilität des LS-Parameterschätzers

Mit $\underline{e}_\Theta(k+1)$ aus Gl. (7.2) und $V[\underline{e}_\Theta(k),k]$ aus Gl. (7.3) folgt

$$V[\underline{e}_\Theta(k+1),k] - V[\underline{e}_\Theta(k),k]$$
$$= \underline{e}_\Theta^T(k)[I-\underline{\chi}(k)\underline{\psi}^T(k)]^T P^{-1}(k)\cdot$$
$$\cdot[I-\underline{\chi}(k)\underline{\psi}^T(k)]\underline{e}_\Theta(k) - \underline{e}_\Theta^T(k)P^{-1}(k-1)\underline{e}_\Theta(k)$$

$$=[\underline{e}_\Theta^T(k)I\ P^{-1}(k) - \underline{e}_\Theta^T(k)\underline{\psi}(k)\underline{\chi}^T(k)P^{-1}(k)]\cdot$$
$$\cdot[I\ \underline{e}_\Theta(k)-\underline{\chi}(k)\underline{\psi}^T(k)\underline{e}_\Theta(k)] - \underline{e}_\Theta^T(k)P^{-1}(k-1)\underline{e}_\Theta(k)$$

$$= \underline{e}_\Theta^T(k)P^{-1}(k)\underline{e}_\Theta(k)$$
$$- \underline{e}_\Theta^T(k)P^{-1}(k)\underline{\chi}(k)\underline{\psi}^T(k)\underline{e}_\Theta(k)$$
$$- \underline{e}_\Theta^T(k)\underline{\psi}(k)\underline{\chi}^T(k)P^{-1}(k)\underline{e}_\Theta(k)$$
$$+ \underline{e}_\Theta^T(k)\underline{\psi}(k)\underline{\chi}^T(k)P^{-1}(k)\underline{\chi}(k)\underline{\psi}^T(k)\underline{e}_\Theta(k)$$
$$- \underline{e}_\Theta^T(k)P^{-1}(k-1)\underline{e}_\Theta(k)$$

Mit $\underline{\chi}(k)$ aus Gl. (2.36) und $\underline{h}(k)$ aus Gl. (7.6) mit $0<\lambda\leq 1$ folgt

$$\underline{\chi}(k)\underline{\psi}^T(k) = \frac{P(k-1)\ \underline{\psi}(k)\underline{\psi}^T(k)}{\lambda + \underline{\psi}^T(k)P(k-1)\ \underline{\psi}(k)} = P(k-1)\underline{h}(k)\underline{h}^T(k)$$

$$\Delta V = V[\underline{e}_\Theta(k+1),k] - V[\underline{e}_\Theta(k),k] =$$
$$- \underline{e}_\Theta^T(k)P^{-1}(k)P(k-1)\underline{h}(k)\underline{h}^T(k)\underline{e}_\Theta(k)$$
$$- \underline{e}_\Theta^T(k)\ \underline{h}(k)\underline{h}^T(k)P(k-1)P^{-1}(k)\underline{e}_\Theta(k)$$
$$+ \underline{e}_\Theta^T(k)\underline{h}(k)\underline{h}^T(k)P(k-1)P^{-1}(k)P(k-1)\underline{h}(k)\underline{h}^T(k)\underline{e}_\Theta(k)$$
$$+ \underline{e}_\Theta^T(k)[P^{-1}(k) - P^{-1}(k-1)]\underline{e}_\Theta(k)$$

Mit $P^{-1}(k) = \lambda\ P^{-1}(k-1)+\underline{\psi}(k)\underline{\psi}^T(k)$ gilt

$$\begin{aligned}\Delta V = &\ \underline{e}_\Theta^T(k)[\lambda\ P^{-1}(k-1) + \underline{\psi}(k)\underline{\psi}^T(k)-P^{-1}(k-1)]\underline{e}_\Theta(k)\\ &-\underline{e}_\Theta^T(k)[\lambda\ P^{-1}(k-1) + \underline{\psi}(k)\underline{\psi}^T(k)]P(k-1)\underline{h}(k)\underline{h}^T(k)\underline{e}_\Theta(k)\\ &-\underline{e}_\Theta^T(k)\underline{h}(k)\underline{h}^T(k)P(k-1)[\lambda\ P^{-1}(k-1)+\underline{\psi}(k)\underline{\psi}^T(k)]\underline{e}_\Theta(k)\\ &+\underline{e}_\Theta^T(k)\underline{h}(k)\underline{h}^T(k)P(k-1)[\lambda\ P^{-1}(k-1) + \underline{\psi}(k)\underline{\psi}^T(k)]\cdot\\ &\cdot P(k-1)\underline{h}(k)\underline{h}^T(k)\underline{e}_\Theta(k) \qquad \text{(A6.1)}\end{aligned}$$

Unterdrückt man k, k-1 und beachtet, daß $\underline{a}^T\underline{b}\underline{b}^T\underline{a} = (\underline{a}^T\underline{b})^2 = (\underline{b}^T\underline{a})^2$ gilt, so wird aus Gl. (A6.1)

$$\begin{aligned}\Delta V = &-2\lambda(\underline{e}_\Theta^T\underline{h})^2 + \lambda(\underline{e}_\Theta^T\underline{h})^2(\underline{h}^TP\ \underline{h}) + (\underline{e}_\Theta^T\underline{\psi})^2 +\\ &+(\underline{e}_\Theta^T\underline{h})^2(\underline{h}^TP\ \underline{\psi})^2 -2(\underline{e}_\Theta^T\underline{h})(\underline{h}^TP\ \underline{\psi})(\underline{\psi}^T\underline{e}_\Theta) + (\lambda-1)\underline{e}_\Theta^TP^{-1}\underline{e}_\Theta\end{aligned} \qquad \text{(A6.2)}$$

Mit $f = \underline{e}_\Theta^T\underline{h}$ und $\underline{e}_\Theta^T\underline{\psi} = \underline{e}_\Theta^T\underline{h}\ [\lambda + \underline{\psi}^TP\ \underline{\psi}]^{1/2} = f[\lambda+\underline{\psi}^TP\ \underline{\psi}]^{1/2}$ wobei $\underline{h} = \underline{\psi}[\lambda + \underline{\psi}^TP\ \underline{\psi}]^{-1/2}$ war, Gl. (7.6), hat man schließlich

$$\begin{aligned}V[\underline{e}_\Theta(k+1),k] - V[\underline{e}_\Theta(k),k] = &-f^2[2\lambda - \lambda\underline{\psi}^TP\ \underline{\psi}\ [\lambda + \underline{\psi}^TP\ \underline{\psi}]^{-1} -\\ &- [\lambda + \underline{\psi}^TP\ \underline{\psi}] - (\underline{\psi}^TP\ \underline{\psi})^2[\lambda + \underline{\psi}^TP\ \underline{\psi}]^{-1} + 2(\underline{\psi}^TP\ \underline{\psi})]+\\ &+ (\lambda-1)\underline{e}_\Theta^TP^{-1}\underline{e}_\Theta = -\lambda f^2 + (\lambda-1)V[\underline{e}_\Theta(k),k] =\\ &- \lambda(\underline{e}_\Theta^T\underline{h})^2 - (1-\lambda)V[\underline{e}_\Theta(k),k] \overset{!}{<} 0\end{aligned} \qquad \text{(A6.3)}$$

für asymptotische Stabilität. Gl. (A6.3) ist für $0<\lambda\leq 1$ erfüllt, sofern $P^{-1}(k)$ die Gl. (7.4) erfüllt, also endlich und positiv definit bleibt. Dies ist für $0<\lambda\leq 1$ und fortdauernde Anregung, Gl. (7.7), immer gewährleistet. Ohne Anregung bleibt das System für $\lambda=1$ wegen $\Delta V\leq 0$ zumindest stabil (nicht asymptotisch); für $0<\lambda<1$ ist Stabilität nur gewährleistet, falls eine endliche untere Grenze für $P^{-1}(k)$ existiert, vgl. Gl. (7.4). Die exakten Parameterwerte $[\underline{e}_\Theta(k) \rightarrow \underline{0}]$ werden im störungsfreien Fall also nur bei fortdauernder (ausreichender) Anregung erreicht; für $\lambda<1$ kann der Wegfall der Anregung zu Instabilität führen.

B: Testprozesse

Prozeß I Typ: PT_1

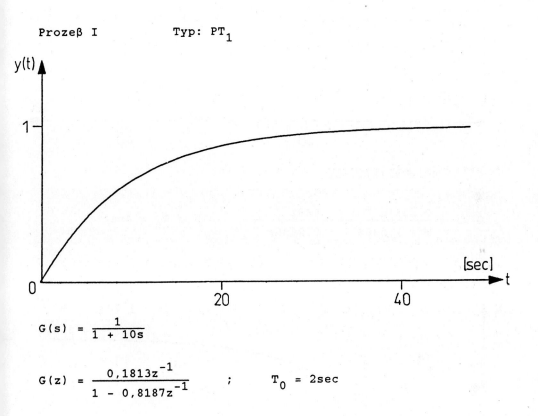

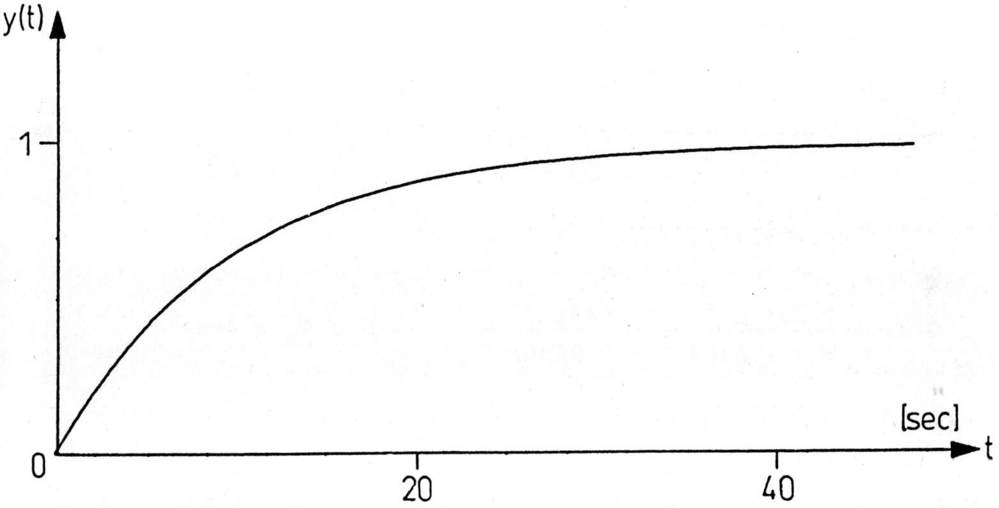

$$G(s) = \frac{1}{1 + 10s}$$

$$G(z) = \frac{0,1813z^{-1}}{1 - 0,8187z^{-1}} \quad ; \quad T_0 = 2sec$$

Prozeß II Typ: PT_2

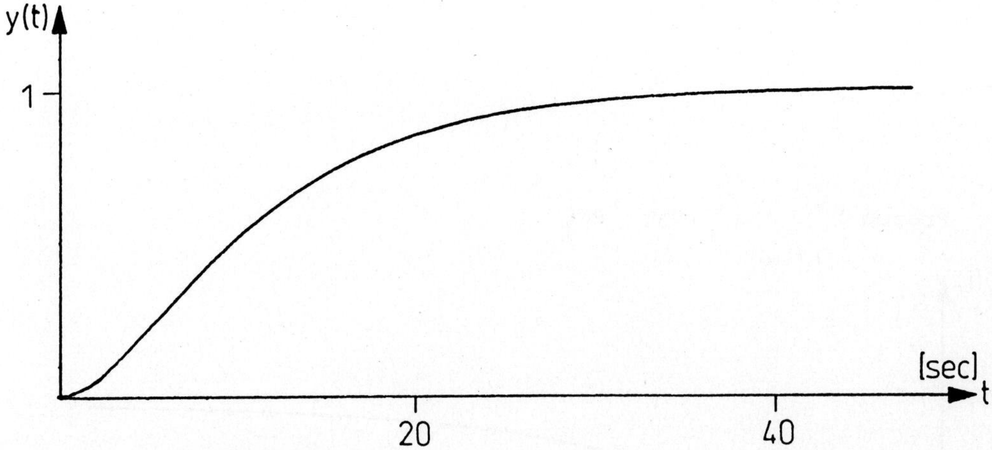

$$G(s) = \frac{1}{(1+5s)(1+7,5s)}$$

$$G(z) = \frac{0,1387z^{-1} + 0,0889z^{-2}}{1 - 1,036z^{-1} + 0,2636z^{-2}} \quad ; \quad T_0 = 4sec$$

Prozeß III Typ: PT_3

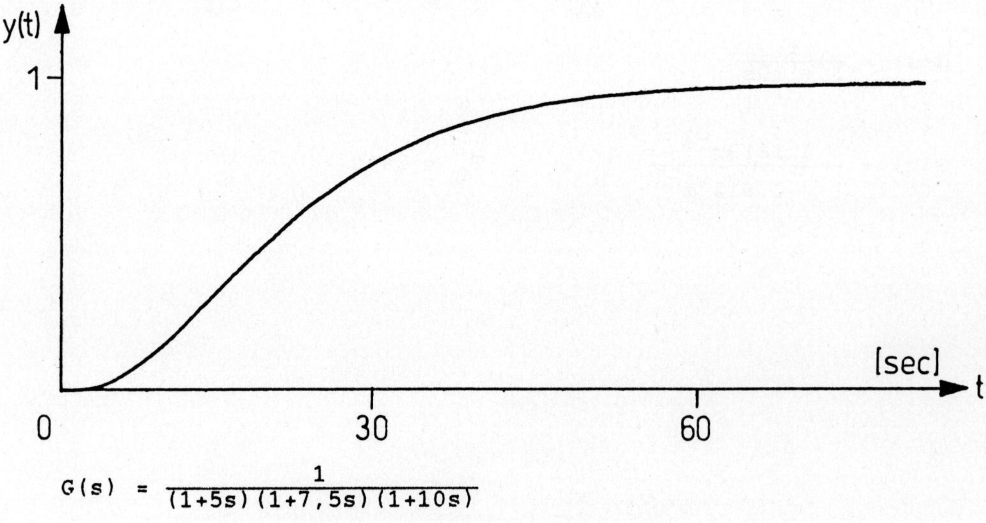

$$G(s) = \frac{1}{(1+5s)(1+7,5s)(1+10s)}$$

$$G(z) = \frac{0,0186z^{-1} + 0,0486z^{-2} + 0,0078z^{-3}}{1 - 1,7063z^{-1} + 0,9580z^{-2} - 0,1767^{-3}} \quad ; \quad T_0 = 4sec$$

Prozeß IV Typ: IT_2 (integrierend)

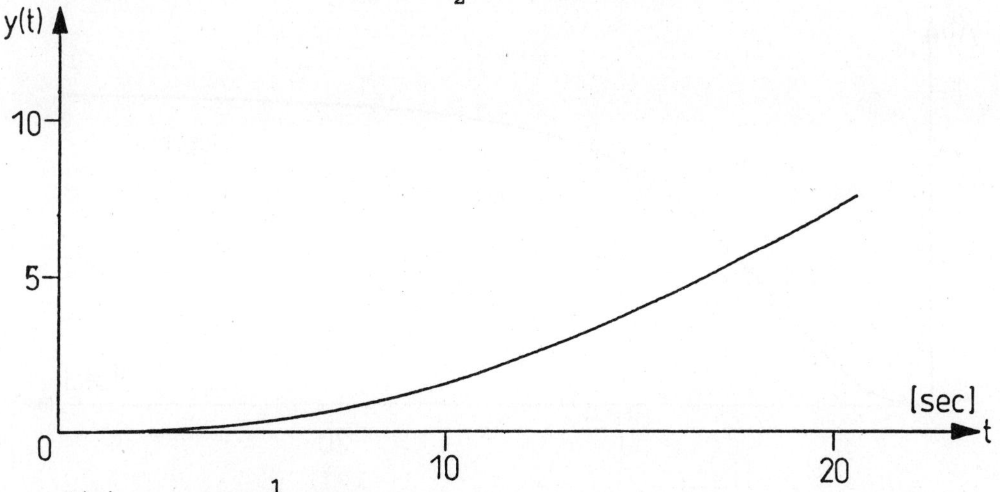

$$G(s) = \frac{1}{s(1+10s)(1+5s)}$$

$$G(z) = \frac{0{,}1598z^{-1} + 0{,}4787z^{-2} + 0{,}08771z^{-3}}{1 - 2{,}1197z^{-1} + 1{,}4208z^{-2} - 0{,}3012z^{-3}} \quad ; \quad T_0 = 4\text{sec}$$

Prozeß V Typ: monoton instabil, 2.Ordnung

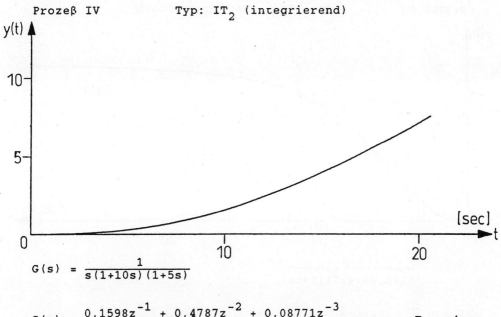

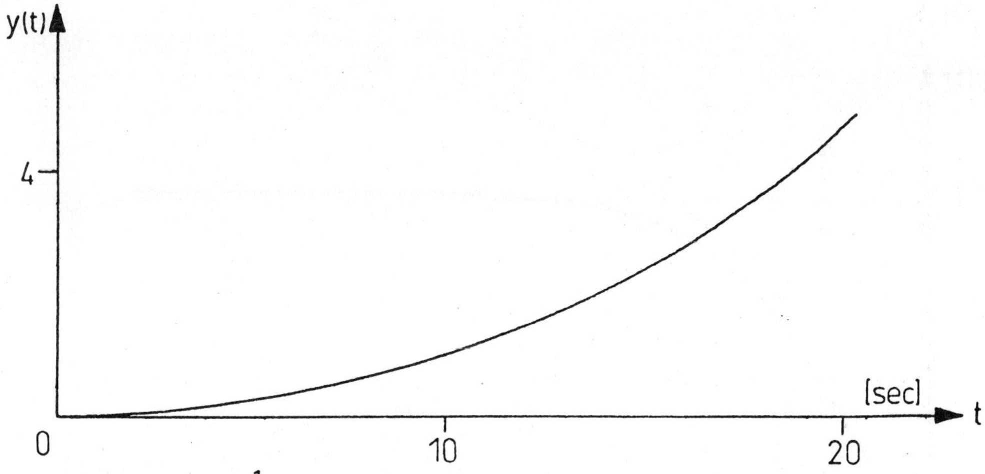

$$G(s) = \frac{1}{(1+5s)(1-10s)}$$

$$G(z) = \frac{-0{,}144326z^{-1} - 0{,}126507z^{-2}}{1 - 1{,}94115z^{-1} + 0{,}670320z^{-2}} \quad ; \quad T_0 = 4\text{sec}$$

Prozeß VI Typ: PT_3, schwingungsfähig

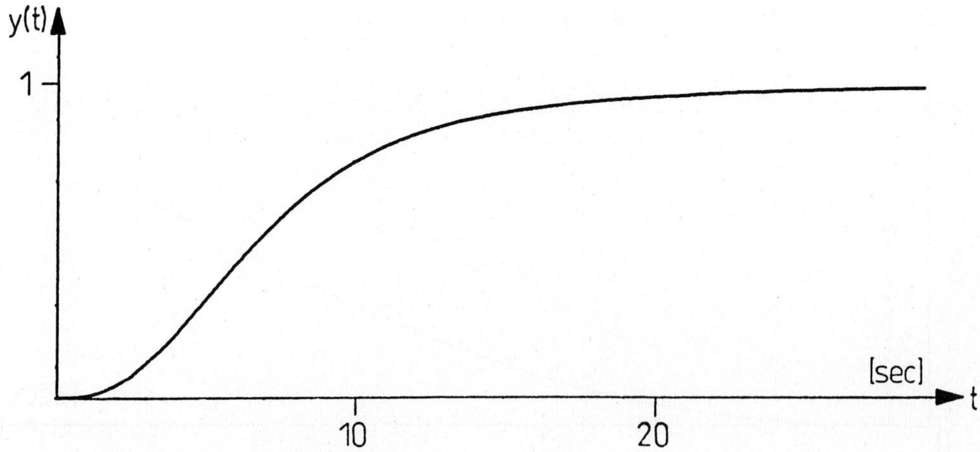

$$G(s) = \frac{1}{(1+2{,}8s+4s^2)(1+5s)}$$

$$G(z) = \frac{0{,}04188z^{-1} + 0{,}1047z^{-2} + 0{,}01695z^{-3}}{1 - 1{,}42081z^{-1} + 0{,}7497z^{-2} - 0{,}1653z^{-3}} \quad ; \quad T_0 = 2\,\text{sec}$$

Prozeß VII Typ: nichtlinear, PT_3

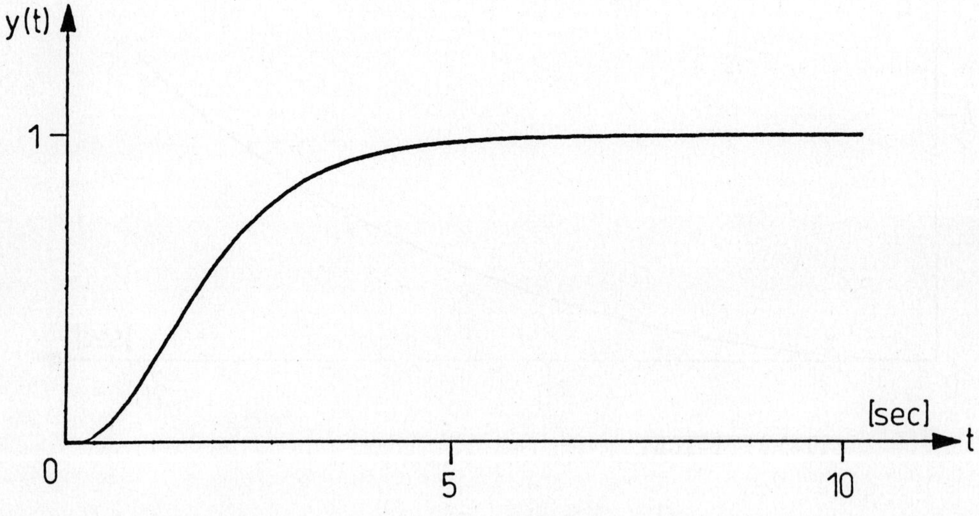

$$G(s) = \frac{1}{(1+s)(1+0{,}9s+0{,}25s^2)} = \frac{y(s)}{u^*(s)}$$

$$G(z) = \frac{0{,}04715z^{-1} + 0{,}1064z^{-2} + 0{,}01489z^{-3}}{1 - 1{,}3436z^{-1} + 0{,}61238z^{-2} - 0{,}1002z^{-3}} \quad ; \quad T_0 = 0{,}5 \text{ sec}$$

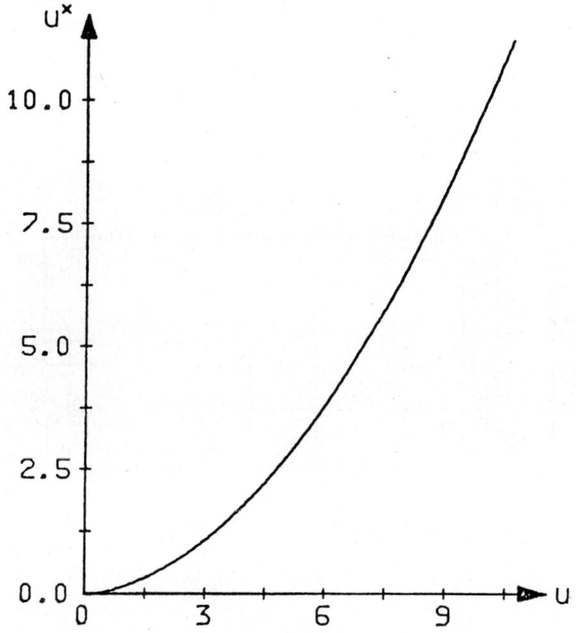

$u^* = 0{,}1\ u + 0{,}09\ u^2$

C: Instrumentierung der Pilotanlage

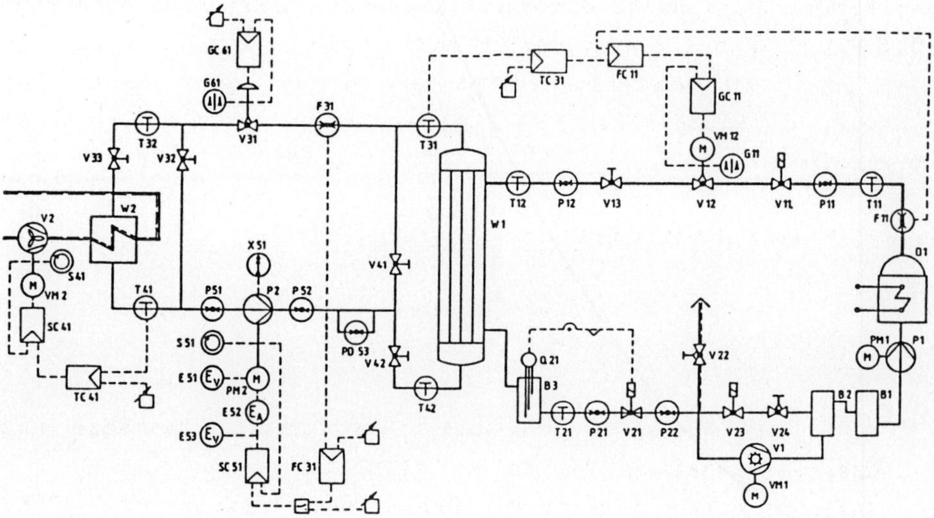

D: Programmsystem DIPAC

Alle dargestellten Verfahren zu Reglerentwurf, Schätzung und Überwachung wurden experimentell mit einem Programmpaket verifiziert, das neben einem zentralen Ablaufsteuerungsprogramm die Algorithmen für die einzelnen Funktionen der adaptiven Regelung als Hauptprogramm-Module enthält und unter dem Echtzeit-Betriebssystem RTE-A der 16-bit-Minirechnerfamilie HP 1000 betrieben wird.

Die wichtigsten Verfahren des Paketes sind:

Regelalgorithmen

- PID- und PI-Regler: Entwurf über Stabilitätsgrenze und Übergangsfunktion, Kapitel 3.3.3 (FRERG)
- Zustandsregler: Entwurf über Matrix-Riccati-Gl. mit Zustandsrekonstruktion, Kapitel 3.2 (ZUSRG)
- Minimal-Varianz-Regler: Kapitel 3.1.3 (FRERG)
- Deadbeatregler: Kapitel 3.1.1 (FRERG)

Parameterschätzung

- SRIF-Schätzverfahren der Informationsform mit Ordnungs- und Totzeitsuche (ORDSU und DSUCH); auch unterschiedliche Abtastzeiten für Regelung und Identifikation, vgl. Kapitel 2.2.2 und 9.2 (DSFI)
- U-D-Faktorisierung, Kapitel 2.3.2 mit einstellbarer Robustheit über LS-Eigenwert, Kapitel 8.3 sowie eigenwertabhängige Überwachung, Kapitel 9.3 (RLSU)

Überwachung

- Signalanalyse Stell- und Regelgröße, Kapitel 9.4 (UEBAUP)
- Adaptions-Zustandssteuerung entsprechend Kapitel 9.5 (IWACH, RLSU)
- Begleitende Regelgütensimulation, Kapitel 9.4 (RLOG)
- back-up-System, Kapitel 9.4 (UEBAUP)

Neben diesen regelungstechnischen Funktionen stehen umfangreiche benutzerfreundliche Bedien- und Monitorprogramme zur Verfügung, so ein interpretergestütztes, seitenstrukturiertes Konfigurationsprogramm DIPAC, ein on-line-Änderungsprogramm AENDE, ein Anzeigeprogramm für die wichtigsten Regelkreis- und Adaptionsgrößen AUSGA und GRAPH zur Darstellung von Zeitverläufen auf Farbgrafik und Plotter.

Das zentrale Steuerprogramm REGEL enthält die zur Test- und Stellsignalberechnung (TESTS, STFRE, STZUR) sowie A/D- und D/A-Wandlung notwendigen Routinen; UMREC bewirkt die Umrechnung der Prozeßparameter bei unterschiedlichen Abtastzeiten für Regelung und Identifikation.

Das Programm NSIMU erlaubt die digitale Simulation von linearen und nichtlinearen Prozessen, ABLEG die Datenablage auf Festplatte zur nachfolgenden Auswertung. AUANF und ANFZY realisieren ein automatisches oder benutzergesteuertes Anfahren des adaptiven Kreises; also die Voridentifikation im offenen oder geschlossenen Kreis mit anschließender zweistufiger Prozeßmodellverifikation.

Die Rechenzeiten für ein vollständig konfiguriertes adaptives System mit Überwachung und PID-Regler betragen mit dem Prozessor A900 ca. 200 ms. Minimalversionen (RLSU mit Deadbeat-Regler ohne Überwachung) unter 10 msec.

Bild D.1 zeigt die Hauptprogramme und wichtigsten Unterprogramme in ihrem zeitlichen Ablauf im Uhrzeigersinn angeordnet.

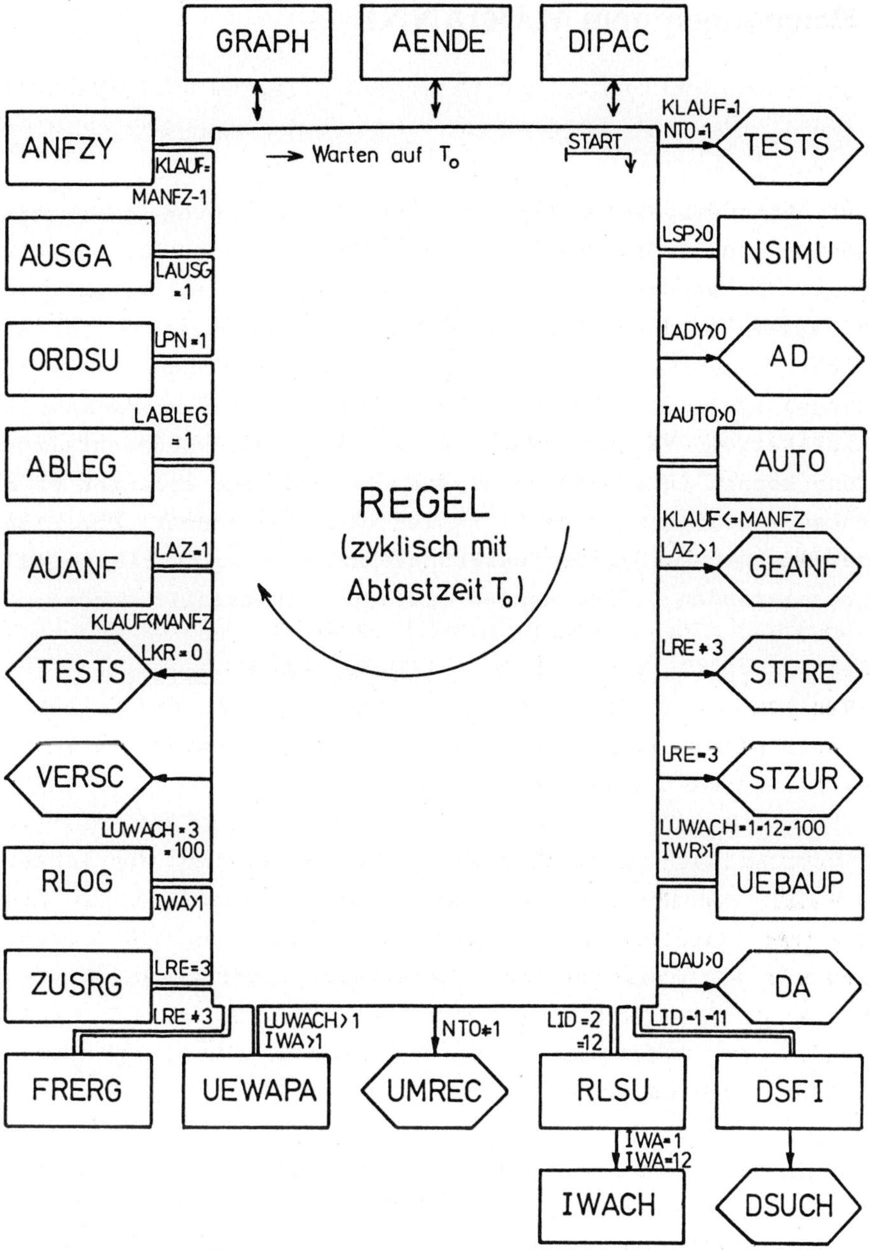

Bild D.1: Struktur des Programmsystems DIPAC zur parameteradaptiven Regelung.

E: Programmsystem MARIANNE

Dieses Programmpaket gestattet den Entwurf von quadratisch optimalen Zustandsregelungen und -beobachtern für diskrete Systeme. Es werden die Stabilitäts- und Optimalitätsbereiche nach Kapitel 4 und 5 für jeden Entwurf berechnet. Es ist auch möglich, diese für einen Bereich von r zu zeichnen. Die Auswirkungen nicht exakter Modelle der Strecke im Beobachter und multiplikative Variationen von Regler- und Beobachterrückführung können interaktiv analysiert werden und erlauben so die Synthese geeigneter (fester) Regler oder Beobachter. Die Eigenwerte des Systems werden berechnet und die Zeitverläufe aller interessierenden Größen können grafisch dargestellt werden.

Das System ist ebenfalls auf HP 1000/A900 installiert.

Sachverzeichnis

Identifikation dynamischer Systeme

Digitale Regelsysteme